机电类专业系列丛书
互联网+创新型“十四五”精品教材

电子学

（微课版）

主　编◎杨敏杰　张友生　谢　茹
副主编◎谢翔晔　尹冬立　莫景焕
刘　佳　晁松杰　郭艳丽
熊浩龙

哈尔滨工程大学出版社
Harbin Engineering University Press

内 容 简 介

全书共 6 个项目，主要包括电子学基础知识、直流稳压电源的分析与设计、集成运算放大器的分析与应用、组合逻辑电路的分析与应用、时序逻辑电路的分析与应用、D/A 转换器和 A/D 转换器的应用。读者学习后可以融会贯通、举一反三，快速掌握电子学的相关电源、电路的应用方法。

本书结构清晰，语言简洁，既可作为应用型本科院校、职业院校电气自动化技术、机电一体化技术专业的教材，也可供从事电子测试和设计工作的工程技术人员参考。

图书在版编目（CIP）数据

电子学 ： 微课版 / 杨敏杰， 张友生， 谢茹主编.
哈尔滨 ： 哈尔滨工程大学出版社， 2025. 1. -- ISBN 978-7-5661-4639-7

Ⅰ. TN01

中国国家版本馆 CIP 数据核字第 2025HR5283 号

电子学（微课版）
DIANZI XUE（WEIKE BAN）

选题策划 张林峰
责任编辑 吴振雷

出版发行 哈尔滨工程大学出版社
社　　址 哈尔滨市南岗区南通大街 145 号
邮政编码 150001
电　　话 0451-82519328
传　　真 0451-82519699
经　　销 新华书店
印　　刷 廊坊市广阳区九洲印刷厂
开　　本 787 mm×1 092 mm　1/16
印　　张 14.5
字　　数 371 千字
版　　次 2025 年 1 月第 1 版
印　　次 2025 年 1 月第 1 次印刷
书　　号 ISBN 978-7-5661-4639-7
定　　价 49.80 元
http://www.hrbeupress.com
E-mail:heupress@hrbeu.edu.cn

前　言

党的二十大报告指出，“坚持尊重劳动、尊重知识、尊重人才、尊重创造，实施更加积极、更加开放、更加有效的人才政策”“着力形成人才国际竞争的比较优势，加快建设国家战略人才力量”“深化人才发展体制机制改革……把各方面优秀人才集聚到党和人民事业中来”。

电子学是一门以应用为主要目的的科学和技术。它主要研究电子的特性和行为，以及电子器件的物理学科。电子技术是应用电子学的原理设计和制造电路、电子器件来解决实际问题的科学。现代的电子学已经成为了举世瞩目的学科。本书重点讲述电子学的应用方法，帮助读者快速掌握电源电路的应用等操作。本书主要有以下特点。

（1）6 个项目专题讲解。本书体系结构完整，由浅入深地对电子学的电源、电路及电子器件进行了细致的讲解，帮助读者快速掌握电源电路的核心操作方法。同时，每个项目均有项目小结和思考练习，所设习题均具有很强的可操作性和实用性，便于读者巩固所学知识和加强综合应用能力。

（2）20 个任务方法。本书是一本侧重实践的实例手册，读者通过书中的实例可以逐步掌握电子学实践的核心知识与操作方法。

（3）丰富的图片、例题和公式全程图解。本书采用 200 多张图片，对电子学实践的讲解进行全程式图解。大量的图片、公式和例题，让课程内容变得更加通俗易懂，读者可以一目了然，快速领会所学知识，大幅提高学习效率。

本书由杨敏杰（张掖市职业技术教育中心）、张友生（菏泽技师学院）、谢茹（烟台文化旅游职业学院）担任主编，由谢翔晔（重庆市农业机械化学校）、尹冬立（泰安技师学院）、莫景焕（曲靖工商职业技术学校）、刘佳（天津市化学工业学校）、晁松杰（漯河职业技术学院）、郭艳丽（郓城县高级技工学校）担任副主编。本书的相关资料和售后服务可扫描封底二维码或登录 www.bjzzwh.com 下载获得。

由于编者水平有限，书中难免存在疏漏和不当之处，敬请各位专家及读者批评指正。

编　者

前言

编者

目 录

CONTENTS

项目 1　电子学基础知识

项目导读

电子是构成物质的基本粒子之一，带负电荷，构成原子和分子。电子学则是一门研究电子系统及其应用的学科，涉及电子信号的产生、传输、处理和检测等过程。电子器件包括真空管、晶体管、集成电路等，是电子学中的基本元件。电子器件与技术是电子学的基础技术之一，涉及电子器件的设计、制造和应用。电路则是电子学中的基本概念，包括电路模型、理想元件、基本物理量等。

学习目标

◎知识目标

1. 了解电子与原子结构，掌握电流、电子学的发展历程、电子器件与技术的基础知识。
2. 熟悉电路的基本概念和物理量。

◎技能目标

1. 能够识别和制作简单的电子器件。
2. 掌握电路设计和搭建的基本技能。
3. 能够使用电子测量仪器进行基本的电路测试。

◎素质目标

1. 培养学生严谨的科学态度，具备团队协作精神。
2. 提高学生解决问题的能力。

思政目标

1. 使学生树立正确的科学观，培养爱国主义精神。
2. 使学生增强环保意识和社会责任感。

任务 1　电子与电子学

电子学是一门以应用为主要目的的科学和技术。主要研究电子的特性和行为，以及电子器件的物理学科。

扫一扫

电子与电子学

电子学的诞生可以追溯到 20 世纪初，当时科学家们开始研究电子和电磁波。随着技术的发展，人们开始使用真空管和半导体等电子元件来制造电子设备，从而形成了电子学的基础。电子学是一门研究电子系统及其应用的学科，它涉及电子信号的产生、传输、处理和检测等过程。电子学在现代社会中有着广泛的应用，如通信、计算机、医疗设备、航空航天等领域。电子学的发展也推动了微电子学和集成电路的发展，从而推动了计算机和信息技术的发展。因此，电子学在现代科学技术中扮演着重要的角色。

学习电子学，首先需要清楚电子、原子与电流的关系。电子在原子里高速移动时形成了电流，而电子的移动或流动则构成了电路。原子中的电子数决定了原子的类型和性质，不同类型的原子构成了不同的物质和现象，包括电流的形成。电流的大小取决于单位时间内通过导体横截面的电荷量，即电流强度，与电子的数量和运动速度有关。因此，电子的移动速度决定了电流的大小和方向。

1.1.1　电子

分子作为物质的基本构成单元，是指能够独立存在并维持物质纯化学性质的最小粒子。原子作为构成元素的基础，是元素维持其化学性质的最小单位。当原子失去或获得电子时，会转变为离子状态。原子被认为由电子、质子和中子构成，其中氢原子仅由质子和电子构成，这些构成成分统称为亚原子粒子。

电子作为带负电的次原子粒子，其质量极小，在原子中围绕原子核旋转，如图 1－1 所示。不同的原子所含电子数目各异，例如，碳原子含有 6 个电子，而氧原子含有 8 个电子。电子的能量状态决定了其离原子核的距离，能量较高的电子离核较远，而能量较低的电子则离核较近。电子在原子中的这种分层排布是普遍存在的现象。由电子、中子和质子组成的原子是物质的基本单位。

相较于中子和质子，电子的质量极小。质子的质量约为电子的 1 842 倍。当原子的电子数与质子数不相等时，原子会带电，这种带电的原子称为离子。若原子获得额外电子，则带负电，称为阴离子；若原子失去电子，则带正电，称为阳离子。当物体所含电子数量与原子核电量不平衡时，物体会带电，这种现象称为静电。当电子与原子核之间的库仑力使电子被束缚在原子内时，这些电子被称为束缚电子。

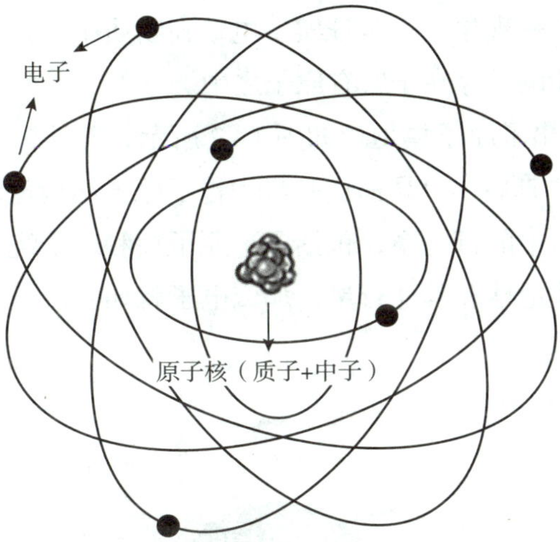

图 1－1　电子在原子中围绕原子核旋转

原子之间通过交换或共享它们的束缚电子来形成化学键，这是物质结构的基础。当电子从原子核的束缚中解脱出来，能够自由移动时，它们被称为自由电子。大量自由电子的移动形成了电流。

在许多物理现象（如电传导、磁性和热传导）中，电子都扮演着重要的角色。移动的电子能产生磁场，并受到外部磁场的影响而偏转。加速运动的电子会发射电磁辐射。电子在真空、气体、液体、固体和等离子体中的运动，以及电磁波在这些介质中的传播，都涉及电子与电磁波的相互作用，这些构成了电子学基础研究的重要内容。

知识拓展

电子的质量

现代电子显微镜才能看见原子，而肉眼只能看见阳光下的尘埃，其中包含无数原子。将原子放大一百亿倍，其形态如直径为 1 m 的圆球，而同等倍数下的别针将与地球等大。每支自来水笔挥洒时，都有成百亿亿个原子跃然纸上。然而，与电子相比，原子显得巨大。电子在原子内快速旋转，原子可容纳千万个电子，但电子和原子核合占原子体积的比例极小。例如，1 000 t 铅板中所有铅原子核与电子集中，体积小于一个铅笔头，但运输这些“笔头”需要 60 节火车车厢。这是因为除去这些“笔头”，余下全是空间。电子的质量也极轻，比氢原子轻 1 840 倍，需要在小数点后加 26 个零才能表示其质量。因此，在原子世界中，日常生活的标尺和磅秤不再适用。

1.1.2 原子

经过对不同金属材料作为阴极时发射出的电子流的研究，人们发现这些射线均由完全相同的电子流构成，这表明电子普遍存在于普通物质之中。1888 年，莫斯科大学的斯托列托夫教授对光与电的关系进行了深入研究。他观察到，当光照射到金属板上时，能够从金属板中激发出电子。这一现象进一步证实了电子在物质中的存在。既然所有物质均由原子构成，则由此可以推断电子存在于所有原子之中。

汤姆逊于 1903 年提出了原子模型，如图 1–2 所示，并认为电子位于原子的壳层中。1911 年，英国科学家欧内斯特•卢瑟福进一步完善了原子结构理论，提出了行星模型。他将原子内部结构比作宇宙中的行星系，包括一个原子核和若干绕核旋转的电子。如果将原子核比作太阳，电子比作地球和其他行星，那么电子就如同行星围绕太阳旋转一样，不断地绕着原子核转动。

图 1–2 原子模型

学者们的进一步研究表明，原子核由质子和中子组成。质子带有正电荷，而中子不带电，因此整个原子核呈现正电性。原子核中质子所带的正电荷量与绕核旋转的电子所带的负电荷量相等，使得原子在外部表现为中性。尽管正、负电荷相互吸引，但由于电子在原子核周围快速旋转，它们并不会被吸入原子核内。这与生活中的经验类似，当一个物体绕着中心旋转时，需要一股向心力来保持其在轨道上的运动。电子绕原子核旋转时，原子核中的正电荷对电子产生吸引力，同时电子在旋转过程中产生的离心力与这种吸引力相平衡，使得电子能够稳定地沿轨道运动，而不会落入原子核或飞离轨道。

原子核及其周围的电子共同构成了一个原子。与原子核相比，电子的轨道要大得多。在化学元素中，最大的原子核也只有大约十个电子的大小。在一个原子中，原子核所占的体积大约只有整个原子体积的一百亿分之一。

1.1.3 电流

电荷的流动称为电流（图 1–3）。在电路中，电流的方向是从电源的正极流向负极。电流的强弱用电流强度来表示，通常用符号 I 表示，单位是安培（A）。

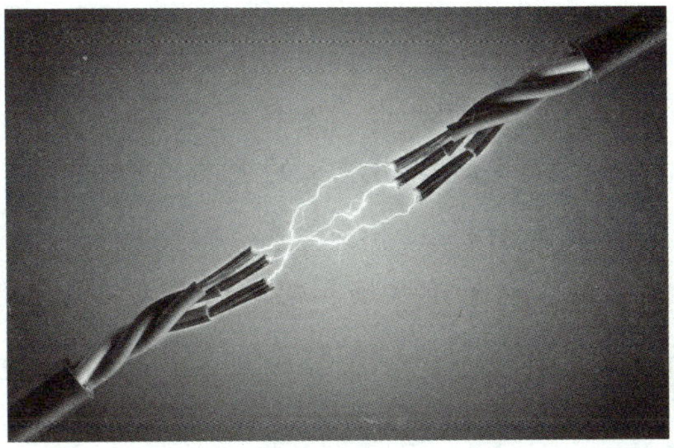

图 1－3　电流

在物理学的基本原理中，水流与电流之间存在诸多相似之处。以水管中的水为例，要想实现水的定向流动，必须在水管两端维持一定的水压差。同理，要使导体或导线中的自由电子定向移动形成电流，也必须在导体或导线两端施加电压。值得注意的是，推动电子流动的力量并非机械压力，而是电场力，即电的压力。

在电路中，电压的获得是通过在导线的两端积聚不同电荷来实现的。当导线的一端积聚正电荷（失去电子的原子），另一端积聚负电荷（电子）时，就形成了电压差。根据电荷间的相互作用原理，电子受到来自负电荷的推力和正电荷的吸引力，从而产生定向流动，形成电流。电流的方向与电子流动的方向相反。

值得注意的是，只要维持导线两端的电压差，导线中的自由电子就不会耗尽。这是因为随着电子从一端流出，会有新的电子从另一端补充进来。实际上，导线两端通常连接到电池或发电机的正负极上，这些设备负责维持电路中的电压差，并确保电子在电路中循环流动。

此外，电子在导体中的流动受到电阻的影响。电阻反映了导体对电子流动的阻碍程度，它与导体的材料、长度和截面积等因素有关。与水管中的水流类似，电阻越大，电子流动所受的阻力也越大。

知识拓展

电子与光和磁

千百年来，人们探索光和磁的起源。直到近代电子理论建立，问题才得到明确回答：电子的跳跃产生光，电子的运动产生磁。

1. 电子的跳跃产生光

电子在不同轨道间跳跃，以光的形式吸收和释放能量。电子跃迁到外层轨道需克服核的拉力，吸收额外能量，返回时释放能量，发出光子。光的颜色与电子跃迁的能量相关。电子受热激发，可以跳跃到外层轨道，返回时发光。这是物体高温发光的实质。各种发光现象，如电弧光、白炽光、手表夜光字盘和萤火虫闪光，都是电子跳跃的结果。

2. 电子的运动产生磁

直到19世纪初，磁现象的本质和起源仍未得到科学解释。奥斯特发现电磁效应后，人们开始将电和磁联系起来。安培提出磁现象的电本质假说，认为磁铁的磁性来源于其内部微粒的环形电流。电子的旋转产生环形电流，磁铁内部原子排列有序，使微粒环形电流取向一致，从而产生磁性。电子是电场和磁场的源泉，电子的发现推动了量子力学、波动力学、原子物理学、量子电动力学和相对论的发展。

1.1.4 电子学的发展

电子学自产生至今已走过约一个世纪的发展历程，其根基可追溯至早期的电磁学和电工学。1897年，英国物理学家约瑟夫•汤姆逊揭示了电子的存在，这一发现为电子学的诞生奠定了基石。汤姆逊在曼彻斯特的欧文学院研习工程学后，转至剑桥大学三一学院继续深造。1884年，他荣任卡文迪许物理学教授及实验室主任。其学生中，欧内斯特•卢瑟福因对原子核物理学的杰出贡献而广受赞誉。卢瑟福于1919年接任汤姆逊的职位，并因对元素蜕变及放射化学的研究荣获1908年诺贝尔化学奖。

受麦克斯韦的理论及X射线发现的影响，汤姆逊推断出阴极射线由带负电的粒子组成，这些粒子被他命名为“微粒”，即现今所称的电子。尽管电子的概念曾由约翰斯东•斯通尼提出作为电化学中电荷的单位，但汤姆逊首次揭示了电子的亚原子粒子属性。1897年，他的这一发现广为传播，并在科学界引起了巨大的反响，最终于1906年为他赢得了诺贝尔物理学奖。值得一提的是，他的儿子乔治•汤姆逊因证实电子具有波动性亦荣获诺贝尔物理学奖。

在电子学诞生之前，人类对电磁现象已进行了深入的研究，并确立了一系列物理定律，如库仑定律、安培定律、欧姆定律、楞次定律及法拉第电磁感应定律等。英国科学家J.C.麦克斯韦集电磁学研究之大成，创立了完整的电磁学理论——麦克斯韦方程，并预言了电磁波的存在。与此同时，电磁学的应用也取得了显著进展，如有线电报和有线电话的发明，以及横跨美洲大陆和大西洋的海底电缆的铺设。此外，美国发明家爱迪生的白炽灯发明也为电子学的诞生创造了有利条件。

电子学诞生的两大标志性事件分别是爱迪生效应的发现和电磁波存在的验证实验。1883年，爱迪生在研究延长碳丝白炽灯寿命的过程中，意外发现了电流在灯丝与正极间流动而在负极间不流动的现象，即爱迪生效应。这一发现为后来的电子管发明奠定了基础。1887年，德国物理学家海因里希•赫兹通过实验验证了麦克斯韦关于电磁波存在的预言，他的这一重要实验为无线电报的发明铺平了道路。赫兹对电磁学做出了巨大贡献，因此频率的国际单位制单位以他的名字命名。尽管赫兹曾表示不认为他发现的无线电磁波具有实际应用价值，但事实上，电磁波已经深刻改变了人类生活的方方面面。

经过长期的实践与研究，电子技术的发展已取得了显著成就。封装技术的不断突破，使得元器件的尺寸逐渐逼近极限，集成电路封装的引线节距在达到 0.3 mm 后已难以进一步减小。为了推动产品的小型化，科研人员积极探索新型高效元器件、三维组装方式以及微组装等新技术和新工艺，推动产品微型化的新高度。

集成化是元器件小型化的关键手段，其优势不仅限于尺寸的减小。集成化有助于实现成熟电路的规模化制造，进而推动电子产品的普及与发展，满足信息化社会的多元化需求。集成电路的发展经历了从小规模到中规模、大规模再到超大规模的演变，同时，无源元件与有源元件的混合集成、不同半导体工艺器件的集成化、光学与电子的集成化以及机、光、电元件的集成化等，都是元器件集成化的重要体现。

近年来，元器件的柔性化已成为新兴趋势，这标志着硬件产品正逐渐实现软化。可编程器件（programmable logic device，PLD），特别是复杂的可编程器件（complex PLD，CPLD）和现场可编程阵列（field programmable gate array，FPGA）以及可编程模拟电路（programmable automation controller，PAC）的快速发展，使得器件本身不再局限于特定的硬件功能，而是通过载入不同的程序实现多样化的电路功能。这一变革不仅拓宽了元器件的应用范围，还适应了现代电子产品个性化、小批量多品种的柔性化发展趋势。

随着系统级芯片（system on chip，SoC）、系统级封装（system in a package，SiP）和系统级可编程芯片（system on a programmable chip，SoPC）的出现与发展，元器件的系统化趋势日益明显，如图 1-4 所示。这些技术通过集成电路和可编程技术，将一个电子系统的全部功能集成在一个芯片或封装内。例如，数字电视 SoC 能够实现从信号接收、处理到转换为音视频信号的全部功能，从而模糊了元器件、电路和系统之间的界限。

图 1-4　芯片

电子学的发展历程与电磁频谱的开拓紧密相连。无线电波和光波作为电磁波的不同表现形式，其利用率在电子技术的发展过程中呈现出不均衡的特点。在电子技术发展的初期，许多频率的利用率较低，主要集中在中波频率范围内。然而，随着短波通信的广泛应用，电子技术的应用开始向高频领域拓展，从短波到超短波再到微波。

20 世纪 60 年代初，激光技术的出现填补了无线电波与光波之间的频率空白，引发了通信技术的革命性变革。区域通信、卫星通信、洲际通信等技术的发展已经基本成熟，而光纤通信以巨大的传输能力和极小的损耗引起了全球的关注。近年来，对极长波和超长波的研究也取得了显著进展，同时在短波领域的红外、紫外、X 射线、γ 射线等方面也取得了重要突破，为远距离潜水艇通信、导弹预警系统和物质微观结构研究提供了有力支持。

此外，电子学与其他学科的结合与渗透深度以及电子技术推广应用的广度也是其发展水平的重要指标。随着电子技术的不断进步，信息革命已经拉开序幕。电子技术在处理庞大、微小、遥远且精度要求极高的信息方面展现出了卓越的能力，不仅具备检测与传递的功能，还兼具记忆、变换计算、判断过滤等多种功能，并易于与其他学科融合。这种融合催生了射电天文学等新兴领域，借助高灵敏度的无线电接收机深入探测宇宙中的物质释放的谱线，为天文学研究提供了新的视角和工具。

综上所述，电子技术的发展史是人类物质文明发展中的重要篇章，凝聚了人类智慧与创造力的结晶。虽然人类在探索中所取得的成就只是冰山一角，但这些宝贵的发现足以推动人类社会发生深刻的变革。

知识拓展

现代电子战

1982 年，英国与阿根廷在马尔维纳斯群岛（英国称为福克兰群岛）的争端中，阿根廷成功使用了一枚价值 20 万美元的带电脑制导的“飞鱼”导弹，一举击沉了价值两亿美元的英军“谢菲尔德”号巡洋舰。这一成就归功于精确的电子装置。随着雷达系统的不断完善，高炮和防空导弹的命中率得到了显著提高，飞机的安全受到了严重威胁。因此，现代飞机都装备了先进的电子设备，各国空军也都在努力提高机载警戒和电子干扰设备的能力。

目前，电子对抗已成为一门系统的科学，主要研究电子侦察与电子干扰。电子侦察的手段多种多样，包括派遣无人驾驶飞机侦察敌方阵地，使用高空飞机投掷带有发报机的电子侦察仪器到敌方导弹发射场或核武器试验场附近等。这些仪器伪装得非常好，犹如自然界的风化石头一般难以被发现。它们定期发回有关敌方导弹及核武器试验情况的信息，成为潜伏在敌方阵营中的狡猾奸细。侦察卫星则不受国界限制，能够居高临下地拍摄别国军工设施和工业基地的分布情况。

在战时，各种形式的雷达能够提前发现敌方部队的行动，而电子侦察仪器则能不断地在空中电波中搜索敌方的指挥和联络通信信号等。电子干扰的目的是减弱敌方侦察设备的侦察能力，使其失去作用。例如，当得知对方雷达的工作频率后，可以使用发射机发射与该频率相同的大功率干扰信号，使雷达的回波被淹没，从而使其无法正常工作。这种方法被称为瞄准式干扰。

然而，在实际战斗中，雷达的工作频率都是严格保密的，很多雷达的开机时间也受到严格控制，以减少被敌方侦察到的可能性。此外，还有一种跳频式雷达，当某一频率被干扰后，它能够自动跳变到其他频率上继续工作，这使得瞄准式干扰难以奏效。因此，人们又开发了极宽频带噪声（也称杂波）的阻塞式干扰机。这种干扰方式不论雷达工作频率是多少，都能在噪声频带覆盖范围内进行干扰。尽管这种干扰方式用途广泛，但也存在频带太宽、能量分散、有用功率不足等缺点。

扫描式干扰机是一种频带窄但不固定的干扰方式，能搜捕雷达信号。这种干扰方式使用了电子器件，被称为有源干扰，常配备电子计算机，反应速度快。尽管强大，但它也有克星——反杂波辐射导弹（能摧毁干扰机）。

另一种干扰手段是无源干扰，用金属箔片形成干扰带，为轰炸机群提供掩护。现代军用飞机涂有导电材料吸收雷达电波，减少反射回波，难以被雷达探测。还会施放假目标、角反射器等迷惑敌方。电子侦察、电子干扰和电子遥控的设备和武器工作频率和信号形式高度机密，否则导弹可能被敌方控制或摧毁。反导弹系统更高级，可使导弹返回发射方。

1.1.5　电子学的应用

电子器件的发展历程经历了多个阶段。从电子管的发明到晶体管的问世，耗时 44 年。然而，从晶体管到集成电路的演变仅用了 10 年时间。集成电路的快速发展，使得从小规模到中规模，再到大规模和超大规模集成成为可能，同时催生了从单位到 4 位，再到 32 位的微处理器。

在通信技术方面，同样取得了划时代的进步。从电子学诞生前的架空明线，到无线电的出现，再到长、中、短波的扩展，以及超短波、微波，甚至红外与可见光频段的应用，通信技术不断突破边界。同时，超长波也获得了广泛应用，从微波中继到同轴电缆，再到现代的同步卫星中继，以及最新的光纤通信，通信技术的覆盖范围和应用深度都在不断扩大。

军用雷达技术同样取得了显著进展。其作用距离增加了 2~3 个数量级，对于无应答器的非合作目标，最远探测距离可达上万公里，而对于有应答器的合作目标，探测距离更是可达几千万公里以上。雷达的测量精度也大幅提高，精密跟踪雷达的测距精度已达到米量级，测角精度更是达到了毫弧量级。雷达的应用范围也从军事领域扩展到了气象、测绘、民航、水陆交通、城市建设和环境保护等多个民用领域。

在工业领域，电子学的应用极大地提高了劳动生产率，推动了数控机床、机械手和机器人等自动化设备的发展。在生产检验方面，电子学可以有效地控制产品质量，指导产品设计和生产的改进方向。在油田开发、电力生产管理、交通引导、农业生产等方面，电子学都发挥着重要作用。

电子学还为科学研究提供了强有力的手段。天文学家利用巨型射电望远镜观测到了宇宙深处的天体；地理学家通过遥感技术发现了被沙漠淹没的古河道；生物学家利用信息论方法揭示了生物遗传的奥秘；物理学家则通过高灵敏度的天线接收系统发现了宇宙背景辐射。同时，电子学还为各行各业的科学工作者提供了便捷的资料查询手段。

在教育领域，电子学为教育的现代化提供了许多新技术。收音机、录音机、电视机、录像机等电子设备已成为教育手段的重要组成部分，而电子语言教室（图 1-5）、程序教学机器、电视教育卫星等新型教育工具也相继问世。随着知识的迅速更新和增加，终身教育的概念逐渐形成，以电子技术为核心的开放式教育在教育系统中的比重越来越高。

图 1-5　电子语言教室

在医学领域，电子学的应用同样广泛。各种类型的电子监护系统（图 1-6）、物理治疗系统、辅助诊断系统以及医学专家系统的出现，为医学诊断和治疗提供了有力支持。X 射线断层成像技术作为 20 世纪 70 年代的重要科学进展之一，其核心技术就是图像处理技术和高速大容量计算机。

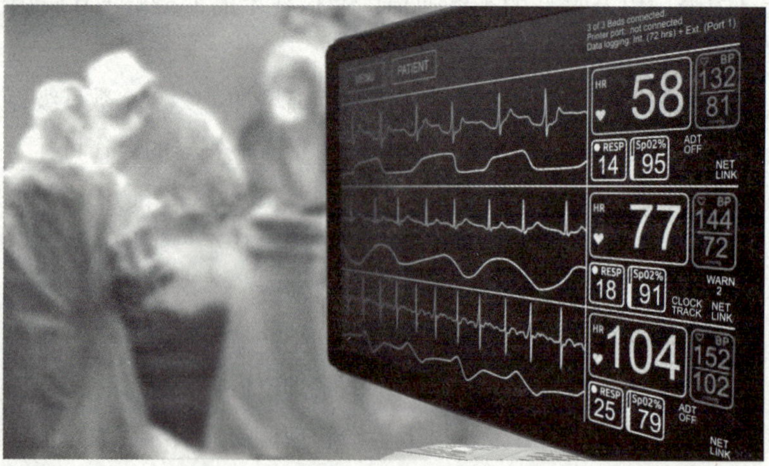

图 1-6　电子监护系统

电子学已经进入家庭生活，减轻了人们的家务劳动量，使家庭生活更加丰富多彩。随着信息技术的飞速发展，人类社会正进入一个以信息急剧膨胀为主要特征的新阶段。在这场以信息技术为主流的新技术革命中，电子学发挥着至关重要的作用。许多国家都将发展电子学，特别是微电子技术，作为自己的重要国策之一。

知识拓展

国际单位制电学单位

国际单位制电学单位见表 1－1。

表 1－1　国际单位制电学单位

基本单位			
单位	符号	物理量	备注
安【培】	A	电流	
导出单位			
伏【特】	V	电势，电势差，电压	＝W/A
欧【姆】	Ω	电阻，阻抗，电抗	＝V/A
法【拉】	F	电容	
亨【利】	H	电感	
西【门子】	S	电导，导纳，磁化率	$=\Omega^{-1}$
库【仑】	C	电荷，带电量	＝A · s
欧【姆】米	Ω · m	电阻率	ρ
西【门子】每米	S/m	电导率	
法【拉】每米	F/m	电容率，介电常数	ε
反法【拉】	F^{-1}	电弹性	$=F^{-1}$
用在电学中的力学导出单位			
瓦【特】	W	电功率，电能	＝J/s
千瓦时	KW · h	电功，电能	＝3.6 MJ

课后实训

一、实训名称

电子学在智能家居控制系统中的应用实践。

二、实训目的

（1）了解电子学的基本原理和技能，掌握电子元器件的识别和测试方法。

（2）掌握智能家居控制系统的基本组成和工作原理，了解其在实际应用中的优势和局限性。

（3）培养学生实际操作能力和团队协作精神，提高解决实际问题的能力。

三、仪器设备及元器件

电子万能表、示波器、电源适配器、继电器、传感器、蓝牙模块、导线、电子元器件（如电阻、电容、二极管、三极管等）。

四、实训步骤

（1）搭建智能家居控制系统的硬件电路，包括电源电路、传感器电路、蓝牙模块电路和继电器电路等。

（2）使用电子万能表测试各个元器件的性能，确保其正常工作。

（3）连接导线，将各个电路连接起来，形成完整的智能家居控制系统。

（4）编写蓝牙模块的通信程序，实现手机与智能家居控制系统的通信。

（5）调试程序，确保智能家居控制系统能够正常工作。

（6）对智能家居控制系统进行测试，观察其实际效果，记录数据。

五、实训要求

（1）实训过程中要注重团队协作，共同解决问题。

（2）严格按照仪器设备的使用说明进行操作，确保安全。

（3）实训结束后要对实训成果进行总结和反思，总结经验教训，提高自己的实践能力和问题解决能力。

（4）在实际应用中，要考虑到智能家居控制系统的局限性和不足，提出改进方案。

任务 2　电子器件与技术

电子科学简称电子学，主要研究电子运动的原理、利用电子运动原理制成的器件以及利用这些器件所组成的线路和系统。

20 世纪 40 年代以来，由于微波、激光、半导体、集成电路和计算机技术的迅速发展，使得“电子学”这一名称有了更新和更加广泛的含义。

电子学研究的对象不仅包括人类所熟悉的通信、广播、电视、雷达、导航、电子对抗、录音、录像、微波器件和设备、信息处理、电磁场理论、各类真空和固态电子元器件等，而且还包括自动控制、人工智能、生物工程等一些新兴的学科，并和信息论、控制论和系统工程学等学科互相交叉和渗透，形成了一个十分复杂的学科网。

1.2.1　真空二极管的发展

托马斯•爱迪生是19~20世纪著名的发明家，以电灯、留声机等超过2 000种创新闻名。尽管他主要关注实用发明，但在探索电灯泡寿命的过程中，意外发现了“爱迪生效应”，即灯泡内灯丝与铜丝间产生的微弱电流。爱迪生对此申请了专利，但未深入探索。后来，这一发现为弗莱明发明真空电子管奠定了基础，开创了电子学世界。爱迪生的这一成就被一些传记作家忽略，但被认为是其一生中的最大贡献之一。

爱迪生的新发现传到英国，引起麦克斯韦的学生弗莱明对“爱迪生效应”的兴趣。经过研究，弗莱明认为灯泡内电流是带电粒子流从阴极流向阳极。1884 年，弗莱明向爱迪生汇报自己的见解，但爱迪生更关注实用发明，于是弗莱明继续研究。

19 世纪末，阴极射线之谜解开和电子的发现为弗莱明的研究带来光明，他揭示了“热电子发射效应”。1896 年，弗莱明在马可尼无线电公司发明了真空二极管，可以控制从灯丝飞出的自由电子，从而实现电流的整流。1904 年，弗莱明改进整流原理，增大电流，发明了热离子阀（后称真空二极管），如图 1－7 所示，取代原先的粉末检波器，成为无线电设备中广泛使用的检波器。电子管的发明标志着人类控制电子的开始，开创了电子学世界。

图 1－7　二极管

1.2.2　真空三极管的发展

电子管中，栅极与阴极的紧密邻近导致栅极电位的微小变动能引起板极上电子数量的显著变化。因此，当栅极受到微小的交流电压作用时，电子管的交流电流幅度会产生明显的波动。

为了获取放大的电压，需在板极与电源间串联高阻值电阻，从而提取出放大的电压。

在真空三极管的正常工作状态下，栅极相对于阴极保持负电位，这意味着从阴极发射的电子不会被栅极收集，栅极几乎不吸收任何电流。这一特性使得输入到栅极的待放大的交流电压（信号电压）几乎不产生输入电流，或仅产生极其微小的输入电流。

从上述分析可得出，三极管（图 1－8）具有极强的电流放大能力，可利用三极管将微弱的电信号放大到足够的强度。

图 1－8　三极管

通信用的无线电波频率极高，例如，当使用的长波频率也在 500 kHz 以上时，要放大此类无线电信号，栅极上的信号电压方向和大小每秒需循环变化 50 万次以上。电子在真空管中的运动速度决定了其能否跟上栅极电压的快速变化。只有当电子从阴极穿过栅极到达板极所需的时间远小于栅极上信号电压变化一周所需的时间时，电子管电流才能完全跟随栅极上的信号电压变化。幸运的是，电子在真空管中的运动速度非常快，从阴极发射出来的电子能以每秒数十公里以上的高速度向负极移动。这使得德富雷斯特发明的电子器件非常适合用于高频放大。

最初的真空电子管设计灵感来源于电灯泡，其管基为多脚插头，可插入管座。到 1913 年，出现了众多使用真空电子管的电路，如检波、再生反馈、高频振荡等，这些电路的发明者也先后获得了专利。

1917 年，菲利普灯泡厂化学试验室的助理舍尔曼成功研制出具有两个栅极和两个阳极与灯丝平行的三极管。尽管该电子管真空度并不统一，但其增益却非常高。1919 年 2 月，在荷兰乌德勒支工业博览会上，人们利用菲利普公司制造的电子管进行了距离为 12 km 的通话现场表演。然而，电子管并未立即投入工业生产。部分原因在于政府希望保留这一新发明用于军事目的；另一部分原因则是关于真空管及其电路的专利权分散在多个公司手中。直到 1921 年，美国无线电股份有限公司成立后，将马可尼、贝尔电话、通能电器、西屋和阿姆斯特朗等公司的专利集中起来，真空三极管才真正开始大规模应用于工业生产。

三极管的发明对无线电电子学的崛起具有重大意义。它不仅实现了电信号的放大功能，而且后来逐步发展成为能对电信号进行各种处理的万能器件（如具有振荡、检波、混频以及其他各种功能），从而推动了无线电技术的飞速发展。

1.2.3　晶体三极管

经过试验，研究者们成功通过调节载入电流值改变第三极上的大电流值，诞生了最早的晶体三极管，这是电子学领域的重大突破。1947 年，肖克利等试验的半导体三极管放大倍数已达到 18，随后更取得了 40 倍和 100 倍的突破。1948 年，贝尔实验室宣告晶体管的诞生，为电子技术的发展开启了新篇章。

相较于电子管，晶体管（图 1–9）以体积小、耗电少、无发热、寿命长等优点在电子器件领域崭露头角。随着技术进步，晶体管制造成本大幅降低，具备与真空管竞争的实力。锗和硅是主要的半导体材料，尽管存在多种半导体元素，但仅有锗、硅等少数几种在实际应用中得到了广泛采纳。

图 1–9　晶体管

除了元素半导体，化合物半导体也受到了广泛的关注和研究。目前，砷化镓、磷化镓等化合物半导体正成为研究热点。外延法是一种重要的半导体工艺，可以获得异质结半导体，具有广泛的应用。此外，一些传统的玻璃态材料和具有半导体特性的有机物也受到了关注。

晶体三极管问世之初，由于人们对半导体材料的提纯和杂质掺入等技术问题尚未完全掌握，人们对其性能持有一定的怀疑。但随着半导体材料处理工艺的大幅提升，逐渐掌握了提纯技术，并成功获得了高纯和超高纯的单晶锗和单晶硅。这标志着半导体器件市场的蓬勃发展，电子技术的发展也进入了一个崭新的阶段。

锗是第一代材料的代表，硅是第二代材料的代表，而砷化镓则有望担当第三代的重任。砷化镓在激光雷达、激光通信等领域得到了广泛应用。碳化硅也展现出了广阔的应用前景。半导体三极管的发明推动了广播事业的发展，晶体收音机迅速吸引了消费者。

1.2.4　集成电路

杰克 • 基尔比（美国）是一位拥有六十多项专利的杰出科学家，他的工作为电路部件的发展引入了新的视角，并为该领域的发展奠定了基础。

1959 年 1 月，罗伯特·诺伊斯在仙童半导体公司提出了打造集成电路的方案，并开始进行相关研发。他采用了一层氧化膜作为半导体的绝缘层，制作出铝条连线，成功地将元件和导线合成一体。尽管此时基尔比已经制成了集成电路，但诺伊斯的设计在实际应用中更为实用。同年 7 月 30 日，仙童公司提出了“半导体器件连线结构”的专利申请，而基尔比的专利则在 1964 年 6 月 23 日才被批准。1969 年，法院判定诺伊斯和基尔比发明的集成电路不存在侵权问题，因此两个专利均有效。

被誉为“硅谷之父”的诺伊斯生前一直热衷于半导体行业，并与人共同创立了仙童半导体和英特尔两家世界知名的芯片公司。此外，他还是集成电路这一重要电子器件的发明者之一。在诺伊斯去世前，他担任着半导体制造技术公司的首席执行官，致力于推动美国芯片公司之间的合作，以应对来自日本的竞争。

诺伊斯是一位杰出的科学家，他的研究成果本应为他赢得两次诺贝尔奖。然而，他在肖克利半导体实验室形成的“负阻二极管”概念并未得到实验室老板肖克利的认可，导致他不得不终止研究。后来，日本科学家江崎玲于奈基于这一概念发明了该器件，并获得了诺贝尔奖。尽管诺伊斯与基尔比共同发明了集成电路，但基尔比最终在 2000 年时，获得了诺贝尔奖，而诺伊斯则未能获得这一殊荣。

自 1961 年起，仙童公司开始推出平面型集成电路，这是一种仅包含几十个元件的小规模集成电路（small scale integration，SSI）。随着硅平面工艺的不断发展，集成电路的规模逐渐扩大，从包含近千个晶体管的中规模集成电路（medium scale integration，MSI）发展到包含数万个晶体管的大规模集成电路（large scale integration，LSI），如图 1－10 所示。

图 1－10　集成电路

到了 20 世纪 80 年代，英特尔公司推出的 16 位 80286 微处理器芯片内集成了 13.4 万个晶体管。此后，超大规模集成电路（very large scale integration，VLSI）迅速将元件的集成度提高到百万级。如今，特大规模集成电路的集成度已超过千万级，其发展均遵循摩尔定律。Intel 的微处理器芯片 Pentium4 的主频已高达 2 GHz，而 2011 年推出的高集成度芯片则含有 10 亿个晶体管，每秒可执行 1 000 亿条指令。

传统的晶体管采用锗、硅和半导体化合物砷化镓等传统半导体材料制成。然而，目前的研究正在关注宽禁带半导体、纳米半导体等第三代半导体材料，如碳化硅、氮化镓以及高分子材料中的塑料和蛋白质等。这些新材料的应用使得晶体管的尺寸和功能远远超出了传统晶体管的范畴。

集成电路技术充分发挥了晶体管小型化、低功耗和低成本的优点，并实现了大规模自动化生产。目前，全球每年生产的晶体管数量已远超全球蚂蚁的数量，而每只晶体管的生产成本仅相当于印刷一个字符。与早年的大型电子管计算机相比，现代 PC 机在性能上远超前者，同时体积更小、功耗更低。集成电路技术的发展不仅推动了通信技术的革命，还为社会进步做出了重要贡献。

1.2.5　微电子技术

在现代物理学的发展历程中，19 世纪 90 年代至 20 世纪初是一个关键时期。在这一时期，众多重大发现为物理学的发展奠定了坚实基础。其中，1895 年德国科学家伦琴发现的 X 射线、1886 年贝克勒尔发现的放射性、1897 年英国科学家汤姆逊发现的电子、1898 年居里夫人发现的镭、1900 年普朗克建立的量子论，以及 1905 年至 1915 年爱因斯坦提出的狭义相对论和广义相对论等，都是具有里程碑意义的成就。这些发现不仅揭示了微观世界的基本规律，还为海森堡、薛定谔等建立起量子力学的理论体系提供了重要支撑，为现代电子信息技术革命奠定了理论基础。

微电子技术作为现代科技的杰出代表，不仅在各种科学技术领域中占据重要地位，而且对于经济建设和国防建设具有深远的战略意义。事实上，微电子技术的引入已成为行业改造的关键。在机械加工、轻纺等传统行业中，微电子技术的运用极大地提高了生产效率和产品质量，推动了行业的转型升级。

此外，微电子技术还是新技术和新产业的重要基础。通过与生物技术、光电子技术等领域的融合，微电子技术催生了许多新技术和新产业，如生物电子技术、光纤通信技术等。这些新技术和新产业的兴起，不仅推动了科技进步，也为经济发展注入了新的活力。

在国防建设领域，微电子技术的作用更是举足轻重。现代军事与国防高度依赖微电子技术，从高速、灵活、准确的通信指挥系统，到海陆空各军种的配合与联络，再到海底导弹的发射，都离不开微电子技术的支持。

微电子技术还深刻地改变着人类的生活。从收音机、电视机到自动洗衣机、电饭煲等家用电器，再到汽车、飞机等交通工具，微电子技术的广泛应用使得人们的生活更加便捷、高效。同时，微电子技术还在医疗、教育等领域发挥着重要作用，为人类的健康和发展提供了有力支持，例如，心脏起搏器（图 1－11）在医学领域的运用。

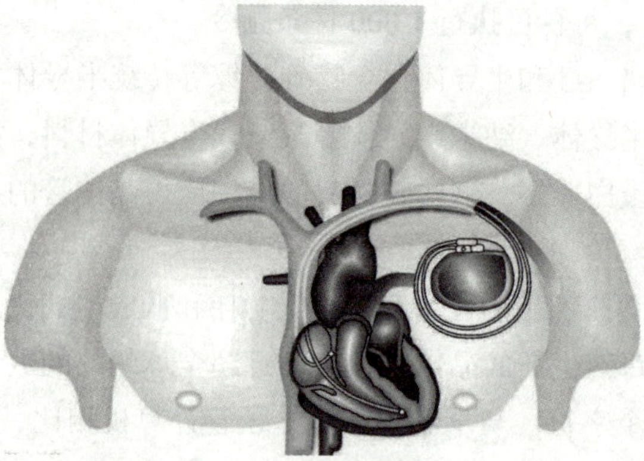

图 1－11　心脏起搏器

1.2.6　光电子技术

光电子技术是现代信息科学技术中的一个重要分支，它是由光学和电子技术相结合而形成的一门高新技术，已成为世界各国竞相发展的现代高科技的重要组成部分。

20世纪60年代由于激光的出现，使古老的光学焕然一新，光电子技术得到飞速的发展。特别是20世纪70年代以后，由于半导体激光器和光导纤维技术的重大突破，导致以光纤通信为代表的光信息技术蓬勃发展，促进了相应各学科的发展和彼此间互相渗透，于是这门新的综合性交叉学科便从光学、电子学领域中脱颖而出。它是研究光波与物质中的电子相互作用及其能量相互转换的学科。

光电子技术是科学技术中的先导技术。当今世界上几乎所有领域的各个学科都在应用光电子技术，它已遍及国民经济的各行各业、人类日常工作和生活的各个方面。

光电子技术在军事领域中的应用尤为重要。它是夜战和精确制导武器的重要基础之一，尤其是在空－地的探测定位和制导中，光电子技术占主要地位。

随着光电子技术的发展，光电子技术在民用、军用方面的应用也愈来愈广，可以形成一代新的极有生命力的高技术产业。

光电子技术是一个知识高度密集、发展更新极快、内容丰富的技术领域。其中主要的、典型的三部分内容即激光技术、红外技术和光纤通信技术。

1. 激光技术

有人把激光比作是继原子能、半导体、计算机之后，人类在20世纪中的又一重大发明。计算机延伸了人的大脑，而激光则延伸了人的五官。激光是人类探索自然奥秘的超级“探针”。

（1）激光的特性

激光和日光、灯光以及人眼看不见的紫外线、红外线、无线电波、X射线等一样，都是电磁波。所不同的是，激光是一种受激辐射产生的光波。而普通光则是一种自发辐射的光波。

普通光是一种由大量的原子（原子中的电子从高能态向低能态跃迁）向各个方向无规则地自发辐射的光波，其波长和相位都杂乱无章，持续时间极短并以指数函数形式急剧衰减。而激光虽然也是由大量的原子、分子所发射的，但在时间上、空间上相位完全保持一致，几乎是一列无限的光波，它是一种人造光波。激光具有以下神奇的特性。

① 光颜色最单纯（谱线宽度窄）

众所周知，人们用眼睛能感觉到的不同颜色，正是由于光波具有不同波长所致。光的波长从 0.76 ~ 0.40 μm 为可见光范围。波长大于 0.76 μm 的光波为红外线，波长小于 0.40 μm 的光波为紫外线，它们是人眼看不见的光线。

如果一个光源发射光波所包含的波长范围越窄，即光谱线宽度越窄，那么它的颜色就越单纯，人们就说这光源的单色性越好。因此，单色光就是指波长范围很窄的一段光辐射。激光出现之前的光源中，单色性最好的光源是红色氢灯，其所发光的谱线宽度为 10^8 Hz。而氦－氖激光器所发出的激光，其谱线宽度却小于 10^4 Hz。可见，激光是世界上发光颜色最纯的光波。

② 光的亮度最强

光源的亮度是一个光源在单位时间、单位面积和单位立体角内辐射的能量。由于激光发光时间最短、发光面积和发光立体角又最小，所以激光器是当今世界上最亮的人造强光源，它的亮度甚至可以比自然界最强的光源太阳还大几百亿倍。

③ 方向性最好，发射角最小

激光器的发射角比普通光源的发射角要小得多，激光几乎只沿着一个方向传播，其发射角仅 0.1° 左右，所以激光能射得很远。它从地球射到月球，长达约 400 000 km，其光斑直径不超过 200 m，这是其他光源绝对无法相比的。

由于激光具有这些特性，所以，它在各种科技领域中、在国民经济各行各业中、在人类生活的各个方面及军事方面都得到广泛地应用。

（2）激光的应用

激光因其独特的优越特性，已在国民经济各领域、科技研究各方面展现出广泛的应用前景。

在工业生产中，激光因其强烈的热源性质，常被用于材料切割、钻孔、焊接等机械加工处理，如图 1－12 所示。其方向性好、发射角小的特点则使其在准直光和导向应用中独具优势，如安装定位、隧道导向、铁路平直控制等。同时，激光的高单色性和高亮度使其在精密测量领域具有广泛应用，如长度、速度、转速的精确测量，以及地震预测和平面度检查等。

图 1-12　激光技术的应用

① 在农业领域的应用

在农业领域，虽然激光应用尚处于初级阶段，但其潜力巨大。激光通过光、热、压力和电磁场等效应对有机体产生影响，已在激光育种、作物生长期照射处理、激光灭虫等方面取得显著成果。

② 在医学领域的应用

医学领域中，激光因其高强度和高单色性被广泛应用于提高医疗效果和诊断水平，特别是在肿瘤诊断和治疗方面成效显著。激光手术刀和激光理疗在医学实践中得到广泛应用，预示着激光在医学领域的更多可能性。

③ 在军事领域的应用

军事方面，激光自问世以来便受到高度重视，其已广泛应用于防御和进攻武器系统，包括激光测距、激光雷达、激光制导等，对现代战争的战略和战术产生深远影响。

④ 在科学技术领域的应用

在科学技术领域，激光已成为强有力的研究工具，其在计算机科学、地球物理学、高能物理学、海洋学、非线性光学、集成光学、激光化学等领域的应用前景广阔，预示着激光将在未来科学研究中发挥更加重要的作用。

2. 红外技术

红外技术，即针对红外光辐射的产生、传播、转化、测量及其应用的科学技术。自 1800 年英国天文学家威廉·赫歇尔发现红外线以来，红外技术历经近 200 年的发展历程，其中长时间未得到实质性的应用。直至第二次世界大战后，各国开始重视红外技术的研究，才促使其得到迅速地发展。

（1）红外技术的应用

我国红外技术的研究始于 20 世纪 50 年代，发展迅速应用领域持续扩展。从最初的军事应用，逐步拓展至工农业各部门及科学技术研究等领域。尽管我国红外技术的发展取得了显著成就，但与国际先进水平相比，仍存在一定差距。

① 在军事和民用领域的应用

红外技术在军事和民用领域具有广泛的应用。由于红外辐射在大气和云雾中的穿透能力优于可见光，因此在军事上常用于通信、导航、制导、定位、跟踪、侦察、对抗和夜视等。此外，红外遥感在战略侦察、预警、气象、地质资源勘测及卫星等方面也取得了成功的应用。

② 在工业生产中的应用

在工业生产中，红外测温技术用于监控和检测高温、高压、高速运转的设备，有助于确保设备安全运行，并及时发现异常情况，排除潜在隐患。热成像技术在工业产品质量控制和管理中也发挥着重要作用，同时在电子工业中用于检查半导体器件、集成电路、印刷电路等。在医疗领域，红外技术可用于检查皮下肿瘤、血管疾病及皮肤疾病等，如图 1－13 所示。

图 1－13　红外技术在医学仪器中的应用

（2）红外技术的分类

红外技术主要分为以下几类。

① 远红外辐射加热技术

远红外辐射加热技术原理是当辐射源的辐射波长与被辐照物体的吸收波长相一致时，物体材料吸收辐射能，从而改变或加剧分子热运动，实现发热升温。远红外加热技术相较于常用的热风加热技术，具有缩短处理时间、减少能源消耗以及控制辐射功率空间分布等优点。

② 红外测温技术

红外测温技术是一种温度监测技术。任何物体的温度超过绝对零度都会发射红外辐射，辐射功率与物体温度相关。通过测量物体发射的辐射光功率，可以确定物体的温度。红外测温具有非接触性、快速响应和宽测温范围等特点，适用于各种环境和目标。

③ 红外成像技术

红外成像技术将红外图像转换为可见光图像，以直观、形象的热图像显示物体的温度分布。这在分析物体结构、探测内部缺陷等方面具有重要应用。目前主要的成像方式包括红外线变像管成像、红外摄像管成像、光学机械扫描成像和电荷耦合器件（CCD）成像等。

④ 红外无损检测技术

红外无损检测技术是一种非接触式检测方法，利用物体表面温度差异检测内部缺陷。该技术分为主动式和被动式两类，广泛应用于火箭发动机壳体、集成电路和多层印刷电路板等领域的质量检测。

3. 光纤通信技术

光纤通信（图 1－14）作为一项革命性的技术，已在全球范围内受到广泛重视，并实现了迅猛的发展与普及，充分展现了其强大的生命力。目前，光纤通信已步入实用化阶段，并以惊人的速度持续向更高层次迈进。据国际统计，全球光纤线路的总长度已达到惊人的 108 800 000 km。从光纤通信的当前发展趋势来看，未来由光纤通信逐步取代传统的电气通信已成为不可逆转的全球趋势。

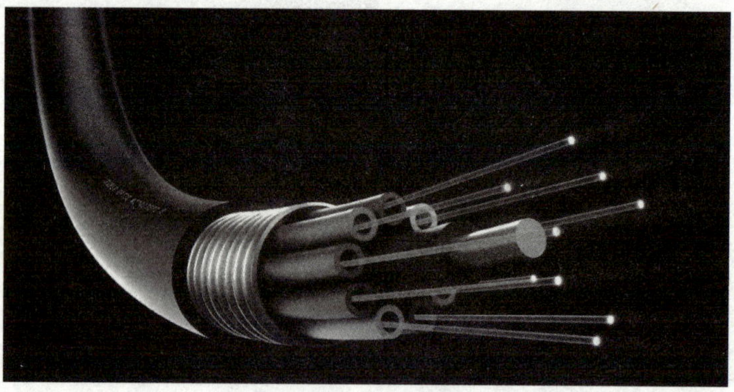

图 1－14　光纤通信

光纤通信以其高码率传输的潜在容量，成功适应了迅速增长的信息业务量的需求。它不仅在长途通信网中发挥着重要作用，同时在短距离的市内用户网和局部地区网中也具有广阔的应用前景。随着话务、计算机数据和电视图像等多种信息综合服务需求的持续扩大，光纤通信系统正好满足了信息时代的需求，因此受到了广泛欢迎。

光纤通信是以光波为载波，利用光导纤维（简称光纤）作为传输介质的信息传输系统。该系统由发送、传输、接收三大部分组成。在发送端，通过电光转换器将需传递的电信息（如话音、图像、数据等）转换为光信息。目前，这种转换主要依赖于半导体激光器中的发光二极管实现，使光源发出的光波通过电信号调制，携带所需信息。接收部分则通过光电探测器将接收到的光信号还原为电信息，完成逆转换过程。在这一过程中，光电子器件和光导纤维发挥着至关重要的作用。

光纤是一种新型的介质光波导。它由纤芯、包层和涂敷层构成，细如头发的透明玻璃丝，用于传导光信息实现通信。光纤的导光原理基于光在介质界面上的全反射。纤芯的折射率高于包层，使得光线在纤芯中传播时，当以大于一定倾斜角射入界面时，会发生全反射。光纤的传输特性包括损耗特性和色散特性，其中损耗特性决定了光纤通信系统的传输距离，而色散则可能导致光信号波形畸变。因此，长波长（1.3 μm 和 1.55 μm）光纤通信相较于短波长（0.85 μm）更具优势，成为光纤通信的发展方向。

为了满足工程应用需求，多根光纤被绞合成光缆，并外包各种护套以防止外界损伤。光缆的结构主要有层绞式和骨架式两种。层绞式光缆内有一根钢质加强芯，以增强光缆的抗拉强度，并可内置铜线以提供中继站所需电能或传递遥测、监控信息。骨架式光缆则对抗侧压力具有较大的强度。

光电器件主要包括光源器件和探测器件。光源器件如半导体激光器和发光二极管，而探测器件则包括半导体 PIN 光电二极管和雪崩光电二极管。这些光电器件具有体积小、质量轻、结构紧凑、效率高、寿命长等优点，对光纤通信系统的性能具有决定性影响。

在实用化光纤通信系统中，半导体激光器或发光管还常被用作电光调制器。它们在正向偏置下工作，输出光功率随正向注入电流的变化而变化。通过在正向偏置电流上叠加小电信号，可以输出与电信号变化相应的调制光波，实现电光转换。同时，广泛应用的探测器件如半导体 PIN 光电二极管及其组件和雪崩光电二极管，具有高效、快速、低噪声、稳定性好和寿命长等优点。它们利用光生伏特效应将光信号转换为相应变化的电信号，实现光电检测。

课后实训

一、实训名称

认知激光技术在光通信中的应用。

二、实训目的

（1）认知激光技术的基本原理和特点，掌握其在实际应用中的优势和局限性。

（2）掌握光通信系统的基本组成和工作原理，了解其在现代通信网络中的重要地位和作用。

（3）培养学生实际操作能力和团队协作精神，提高解决实际问题的能力。

三、仪器设备及元器件

激光器、光检测器、光纤、连接器、示波器、计算机及配套软件、实验用光纤收发器、路由器等设备、元器件（如光隔离器、耦合器等）。

四、实训步骤

（1）搭建光通信系统的硬件电路，包括激光器、光纤、连接器和路由器等设备。

（2）使用激光器发射激光信号，并通过光纤传输到接收端。

（3）使用光检测器检测接收到的激光信号，并将其转换为电信号。

（4）使用示波器测试电信号的波形和幅度，观察其是否符合要求。

（5）搭建认知激光技术的软件系统，实现激光信号的自动识别和调整。

（6）对光通信系统进行测试，观察其实际效果，记录数据。

五、实训要求

（1）实训过程中要注重团队协作，共同解决问题。

（2）严格按照仪器设备的使用说明进行操作，确保安全。

（3）实训结束后要对实训成果进行总结和反思，总结经验教训，提高自己的实践能力和问题解决能力。

（4）在实际应用中，要考虑到光通信系统的局限性和不足，提出改进方案。同时，要注重保护知识产权，遵守相关法律法规。

任务3 电　路

1.3.1 电路的基本概念和物理量

电路分析的任务是确定给定电路的电性能，而电路的电性能通常可以通过一组物理量来描述，最常用的便是电流、电压和功率。

1. 电路组成

电路是电子元器件按一定方式连接构成的电流通路。有的电路十分庞大，如电力系统及通信系统等；有的电路只有几平方毫米，如集成电路芯片。图1–15为简单的手电筒电路。电路中，电池用来提供电能，简称电源；小灯泡将电能转变为光能，称为负载；导线用来连接电源与负载；开关是控制元件，用来控制电路的接通与断开。

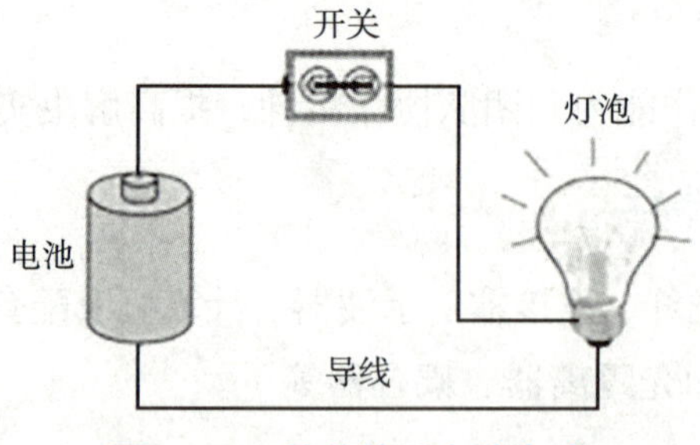

图1–15 简单的手电筒电路

电路按其作用和功能可分为两大类：一类是进行能量产生、传输、转换的电路，如电力系统；另一类是实现信号传递与处理的电路，如通信系统和各种信息处理系统。

2. 电路的基本物理量

（1）电流及其参考方向

电路中带电粒子的定向运动形成电流。一般把单位时间内通过导体横截面的电量定义为电流，用符号 $i(t)$ 表示，即

$$i(t)=\frac{\mathrm{d}q}{\mathrm{d}t}$$

习惯上把正电荷运动的方向规定为电流的方向。电流的单位为安［培］，符号为 A。

如果电流的大小和方向都不随时间变化，这种电流称为恒定电流，或称直流电流，一般用大写字母 I 表示。随时间变化的电流称为交流电流，常用小写字母 i 表示。

电流是一个有方向的物理量，但是对给定的电路进行分析计算时，常常需要预先假设一个电流方向。这个预先假设的电流方向叫作参考方向，参考方向是在电路图中用箭头任意标定的电流方向，如图 1－16 所示。

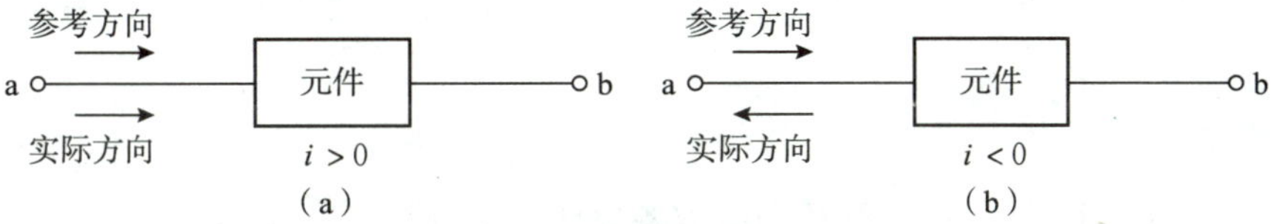

图 1－16　电流的参考方向

电流的参考方向可以任意选定，但一经选定，就不再改变。经过计算，若求得 $i>0$，则表示电流的实际方向和参考方向一致；若 $i<0$，则表示电流的实际方向和参考方向相反。

如图 1－16（a）所示，当 $i=5$ A 时，表示电流的实际方向和参考方向都为 $\mathrm{a}\xrightarrow{\text{流向}}\mathrm{b}$；当 $i=-5$ A 时，表示电流的实际方向为 $\mathrm{b}\xrightarrow{\text{流向}}\mathrm{a}$，如图 1－16（b）所示。

在进行电路分析时，必须先标出电流的参考方向，方能正确进行方程的列写和求解，题目中给出的电流方向均是参考方向。只有规定了参考方向，电流的正负才有意义。

（2）电压及其参考方向

电场力对电荷所做的功定义为电压（voltage），即

$$u=\frac{\mathrm{d}w}{\mathrm{d}q}$$

不随时间变化的电压称为直流电压，用大写字母 U 表示。随时间变化的电压称为交流电压，常用小写字母 u 表示。电压的单位是伏【特】，符号为 V。

如同电流标定参考方向一样，在进行电路分析时首先需对电压预先标定参考方向（也称为参考极性）。如图 1－17 所示，电压的参考方向是在元件或电路的两端用“+”“－”符号来表示的，“+”表示高电位，“－”表示低电位。

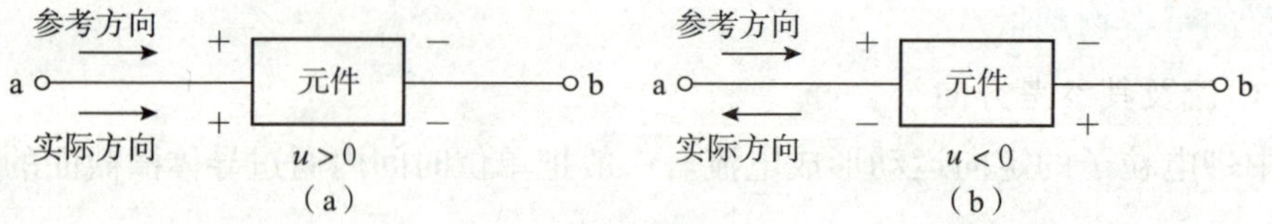

图 1-17　电压的参考方向

电压的参考方向可以任意选定，但一经选定，就不再改变。经过计算，若求得 $u>0$，则表示电压的实际方向和参考方向一致；若 $u<0$，则表示电压的实际方向和参考方向相反。另外还可以用双下标表示，例如，u_{ab} 表示 a、b 两点间电压的参考方向是从 a 指向 b（a 点为高电位，b 点为低电位）。

为了便于分析，常在电路中选某一点为参考点，把任一点到参考点的电压称为该点的电位，参考点的电位一般选为 0，所以，参考点也称为零电位点。

电位用 v 或 V 表示，单位与电压相同，也是伏（V）。

已知 $U_a=30$ V，$V_b=5$ V，则有 $U_{ab}=V_a-V_b=25$ V，两点之间的电压就是 a、b 两点之间的电位差。

（3）关联参考方向

在以后的电路分析中，完全不必先考虑各电流、电压的实际方向究竟如何，而应首先在电路中标定它们的参考方向，然后按参考方向进行计算，由计算结果的正负值与标定的参考方向来确定它们的实际方向，图中不需标出实际方向。参考方向可以任意选定，在图中相应位置标注（包括方向和符号），但一经选定，在分析电路的过程中就不再改变。

为了分析电路方便，常将电压和电流的参考方向选为一致，称其为关联参考方向。关联参考方向：如果指定流过元件电流的参考方向是从标准电压“+”极流向“-”极的一端，即两者的参考方向一致，称电压、电流的这种参考方向为关联参考方向；否则称为非关联参考方向。图 1-18（a）为关联参考方向，图 1-18（b）为非关联参考方向。

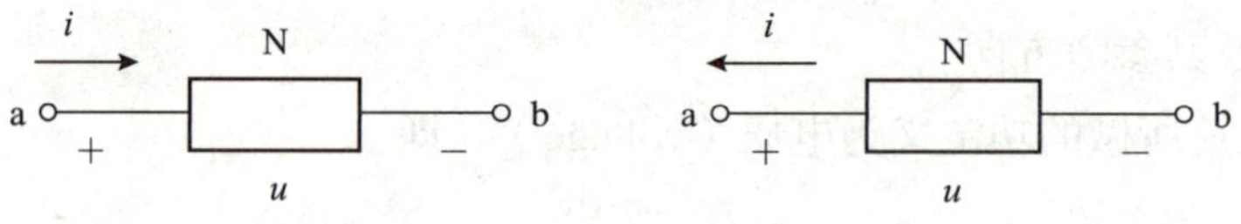

图 1-18　电压电流的关联参考方向与非关联参考方向

（4）功率与能量

电场力在单位时间内移动正电荷所做的功称为电功率，简称功率，功率的国际单位是瓦［特］，符号为 W。

如果电路元件的电压 u 和电流 i 取关联参考方向，如图 1-18（a）所示，电路消耗的功率为

$$p(t)=u(t)i(t)$$

如果电路元件的 u 和 i 取非关联参考方向，如图 1－18（b）所示，可将电压或电流视为关联参考方向的负值，此时功率计算公式应该写为

$$p(t)=-u(t)i(t)$$

根据电压和电流是否为关联参考方向，可以相应选用上式计算功率 p。

（1）若 $p>0$，则表示电路 N 确实消耗（吸收）功率，起负载作用。

（2）若 $p<0$，则表示电路 N 吸收的功率为负值，实质上它提供（或发出）功率，起电源作用。

从 t_0 到 t 的时间内，元件吸收（或提供）的电能用 W 表示为

$$W=\int_{t_0}^{t}p\mathrm{d}t=\int_{0}^{t}ui\mathrm{d}t$$

单位：焦［耳］，简称焦，符号为 J。实用中常用千瓦时（kW · h）（俗称度）作电能单位。

$$1\text{ 度}=1\ \mathrm{kW\cdot h}=10^3\ \mathrm{W}\times 3\,600\ \mathrm{s}=3.6\times 10^6\ \mathrm{J}$$

1.3.2　电路模型及电路理想元件

电路中的电源、负载等器件都是电路元件。在电路中能提供电能的元件（如电池等）称为有源元件；不能提供电能的元件称为无源元件。理想电路元件主要有理想电压源、理想电流源、理想电阻、理想电容、理想电感等。

1. 电路模型

用理想电路元件构成的电路叫做电路模型。

理想元件就是对实际元件的抽象化和理想化。例如，电灯、电炉等器件通常用电阻元件来表征。实际电源有内阻，理想电源没有内阻。

图 1－19 为手电筒的电路模型图，图中 U_S 是一个电压源，代替电池；R 是理想电阻元件，只消耗电能，代替灯泡；S 是开关元件；连接三个元件的细实线是理想导线，起传输电能的作用。

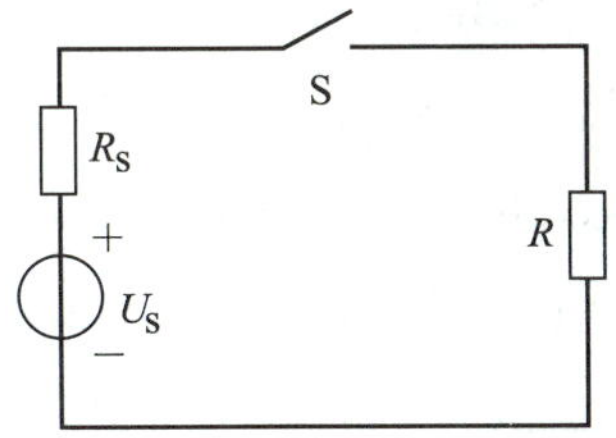

图 1－19　手电筒的电路模型图

电路模型就是用抽象的理想元件及其组合近似地替代实际器件，从而构成了与实际电路相对应的电路模型，有利于电路的分析与计算。

理想电路元件不完全等同于电路器件，而一个电路器件在不同条件下的电路模型也可能不同。例如电炉主要是将电能转变为热能，一般用电阻元件表示；但若电路电源频率增

大，则电路内的电阻丝产生的磁场能量就不能忽略，其模型就不能只用一个电阻元件表示，还需要包含电感。

2. 理想电压源和理想电流源

（1）理想电压源

理想电压源是从实际电源抽象出来的一种电路模型，是有源元件。

若一个两端元件接到任何电路后，该元件两端电压总能保持给定的时间函数 $u_S(t)$，与通过它的电流大小无关，则此两端元件称为理想电压源（亦称独立电压源），简称为电压源。图 1-20（a）为电压源的一般符号，"+" "-"号表示电压源电压的参考极性，u_S 为电压源的端电压值，可以用其表示交流电压源或直流电压源，表示直流电压源时 $u_S=U_S$；也常用图 1-20（b）来表示直流电压源。

图 1-20（c）为理想直流电压源的伏安特性，直流电压源的伏安特性为平行于电流方向（x 轴）的直线。电压源的电压是由它本身决定的，流过它的电流则是任意的，由电压源与外电路共同决定。因为理想电压源的电压与外电路无关，所以与电压源并联的电路，其两端的电压等于理想电压源的电压。

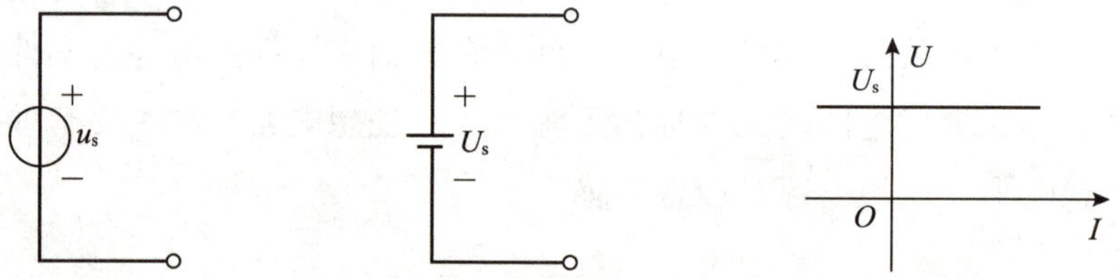

（a）电压源的一般符号　（b）直流电压源的符号　（c）理想直流电压源的伏安特性

图 1-20　电压源的符号及伏安特性

（2）理想电流源

理想电流源也是从实际电源抽象出来的另一种电路模型，是有源元件。

如果一个两端元件的输出电流总能保持给定的电流，与该元件两端电压无关，则称此两端元件为理想电流源，简称为电流源，也称独立电流源。电流源的符号如图 1-21（a）所示，图中箭头表示电流源电流的参考方向。

当 i_S 为恒定值时，也称为直流电流源 I_S，其伏安特性如图 1-21（b）所示。电流源的电流是由它本身决定的，电压则任意，电流源的端电压是由电流源与外电路共同决定的。因为理想电流源的电流与外电路无关，所以与电流源串联的电路，其电流等于理想电流源的电流。

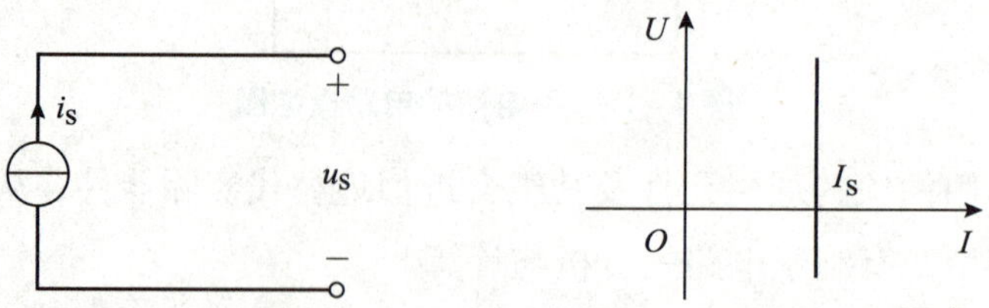

（a）电流源的符号　（b）直流电流源的伏安特性

图 1-21　电流源的符号及伏安特性

3. 电阻元件

（1）电阻元件伏安关系

电路最常用的元件是两端电阻元件，电阻元件是消耗电能的理想元件。滑动变阻器如图 1－22 所示。

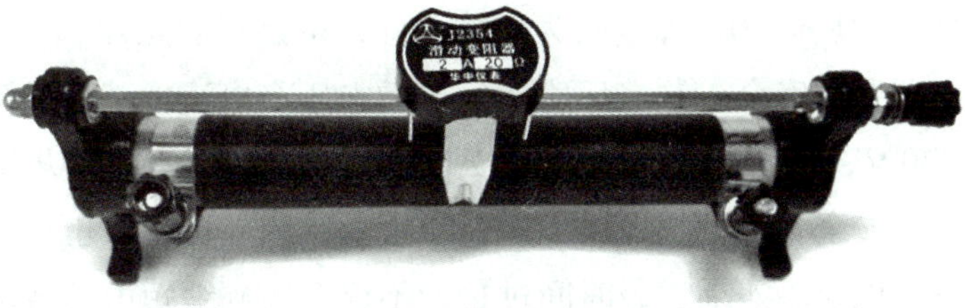

图 1－22　滑动变阻器

电阻分为线性和非线性电阻，这里讨论理想线性电阻。电阻的符号如图 1－23 所示。

电压的单位是伏，电流的单位是安，电阻元件的电压电流关系称为伏安特性或伏安关系 VCR。

如果电阻的 VCR 在任意时刻都是通过 $u-i$ 平面坐标原点的一条直线，如图 1－24 所示，则称该电阻为线性时不变电阻元件。其电阻值为常量，用 R 表示，单位为欧姆，符号为 Ω。

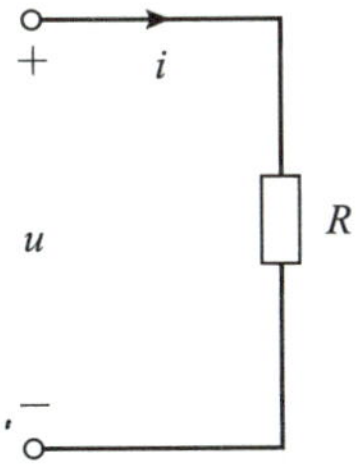

图 1－23　电阻的符号

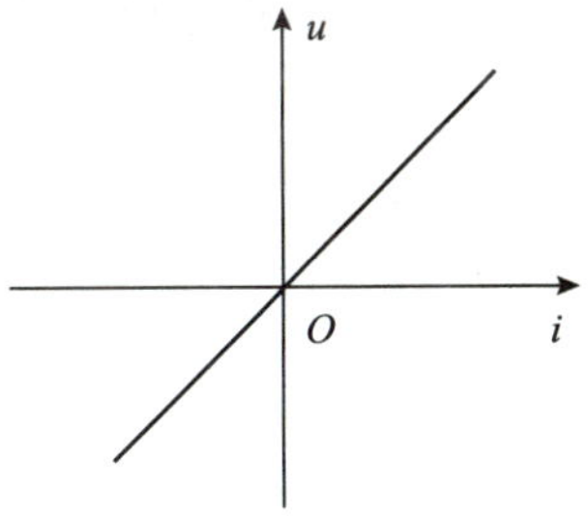

图 1－24　线性电阻的伏安特性

线性电阻的电压电流关系满足欧姆定律

$$u = Ri \text{（}u\text{ 和 }i\text{ 为关联参考方向）}$$

$$u = -Ri \text{（}u\text{ 和 }i\text{ 为非关联参考方向）}$$

式中，u 为电阻两端电压，i 为流过电阻的电流。

电阻的倒数定义为电导，以符号 G 表示，即

$$G = \frac{1}{R}$$

电导的国际单位为西［门子］（SI），符号为 S，用电导表征电阻时，欧姆定律为

$$i(t) = \pm Gu(t)$$

（2）电阻元件的功率

当线性电阻元件的电压和电流为关联参考方向时，其消耗的功率为

$$p = ui = i^2R = \frac{u^2}{R}$$

显然，若 $R \geqslant 0$，则 $p \geqslant 0$，即电阻为耗能元件，也是无源元件。

额定值就是为了保证安全，制造厂家所给出的电压、电流或功率的限制数值。例如，一只灯泡上标明 220 V、40 W，如果所接电压超过 220 V，灯泡消耗功率大于 40 W，就有可能将灯泡烧坏（不安全）。电气设备额定值通常在铭牌上标出，也可以在产品目录中找到，使用时必须遵守规定。如果过载时间过长，不仅会大幅缩短电源或电气设备的使用寿命，严重时还会导致火灾事故等。在实际电路中，要注意防止过载情况发生。

4. 电容元件

（1）电容元件伏安关系

电容器是用来表征电路中电场能储存性质的理想元件，如图 1-25 所示。

（a）　　（b）　　（c）　　（d）

图 1-25　陶瓷电容

理想线性电容元件的特性是它所储存电荷 q 同它的端电压 u 成正比。这里设 u 和 q 为关联参考方向，有

$$q = Cu$$

式中，C 为电容元件的参数，简称电容，其符号如图 1-26 所示。

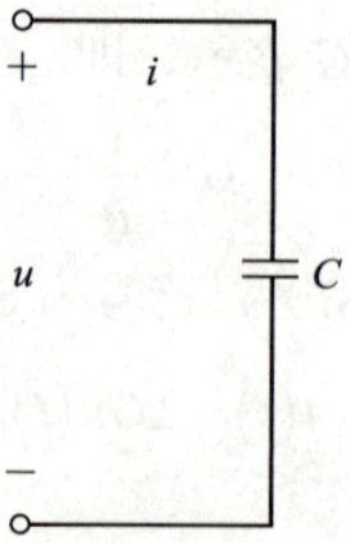

图 1-26　电容的符号

在国际单位制中，C 的单位为法【拉】，符号为 F，工程上多使用微法（μF）或皮法（pF）。

理想线性电容的库伏特性可用 $u-q$ 平面上直角坐标系中一条通过原点的直线来表示，如图 1-27 所示。

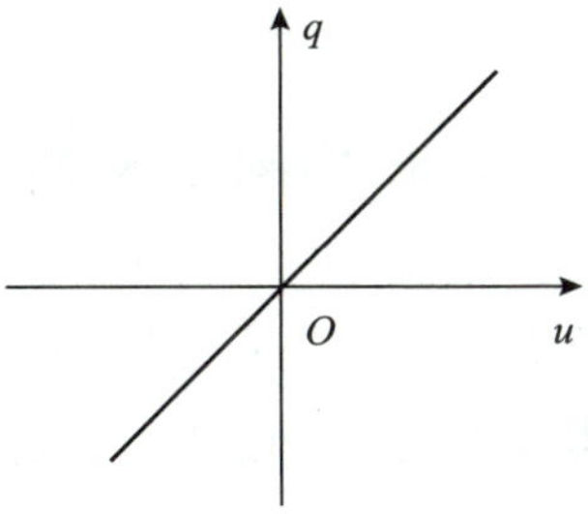

图 1-27　线性电容的库伏特性

当电容上的电荷量 q 或电压 u 发生变化时，在电路中将引起电流的流过。

由 $i(t)=\dfrac{\mathrm{d}q}{\mathrm{d}t}$ 及 $q=Cu$ 可推得

$$i(t)=\frac{\mathrm{d}Cu}{\mathrm{d}t}=C\frac{\mathrm{d}u}{\mathrm{d}t}$$

上式是电容的 VCR，它是在电容元件的电压 u 和电流 i 的参考方向相关联情况下的表达式，若 u 和 i 的参考方向为非关联参考方向，则要加上负号。

上式表明：某一时刻电容的电流正比于该时刻电容与电压的变化率。如果电容两端加直流电压，那么 $\mathrm{d}u/\mathrm{d}t$ 为 0，虽有电压，但电流为 0，电容相当于开路。因此，电容有隔断直流的作用。电容电压变化越快，即 $\mathrm{d}u/\mathrm{d}t$ 越大，则电流也就越大。

将上式两边积分，可得电容上的电压与电流的关系式，即

$$u(t)=\frac{1}{C}\int_{-\infty}^{t}i(\xi)\mathrm{d}\xi=\frac{1}{C}\int_{-\infty}^{0}i(\xi)\mathrm{d}\xi+\frac{1}{C}\int_{0}^{t}i(\xi)\mathrm{d}\xi=u_0+\frac{1}{C}\int_{0}^{t}i(\xi)\mathrm{d}\xi$$

式中，u_0 是在 $t=0$ 时电容两端的电压值，称为电压的初始值。因此，电容电压与电流的“全部过去历史”有关，即电容电压具有记忆电流的作用。

（2）电容元件的功率与储能

若电容的电压、电流为关联参考方向，则任一瞬间电容吸收的瞬时功率为

$$p=ui=Cu\frac{\mathrm{d}u}{\mathrm{d}t}$$

当 $p>0$ 时，电容元件吸收功率，处于充电状态；当 $p<0$ 时，电容元件释放功率，处于放电状态。

由于

$$p=\frac{\mathrm{d}w}{\mathrm{d}t}$$

若设 $u(-\infty)=0$，可得

$$w_C(t)=\int_{-\infty}^{t}p\mathrm{d}t=\int_{-\infty}^{t}Cu\frac{\mathrm{d}u}{\mathrm{d}t}\mathrm{d}t=\int_{u(-\infty)}^{u(t)}Cu\mathrm{d}u=\frac{1}{2}Cu^2(t)$$

上式表明，电容储能与该时刻电压的平方成正比，为非负值。这说明电容是一种储能元件，电容所储存的是电场能量。

实际的电容器除了有储能作用外，也会消耗一部分电能，因此实际的电容器元件可以看成理想电容元件和理想电阻元件的并联组合。一个电容器，除了标明电容量外，还需标明额定工作电压。每一个电容器允许承受的电压是有限度的，电压过高，介质就会被击穿，从而导致电容器的损坏。因此，电容器工作时电压不应超过额定工作电压。

5. 电感元件

（1）电感元件及伏安关系

电感器是用来表征电路中磁场能储存性质的理想元件。图 1–28 为小型变压器。

图 1–28　小型变压器

理想电感元件的特性是：元件中的磁链 ψ 与流过的电流 i 成正比，即

$$\psi=Li$$

式中，L 为电感元件的参数，简称电感，图 1–29 为电感符号。在国际单位制中，L 的单位为亨【利】，符号为 H，工程上常使用毫亨（mH）或微亨（μH）。

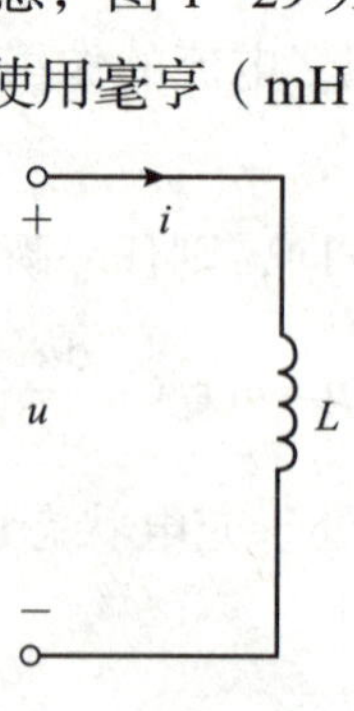

图 1–29　电感的符号

理想线性电感元件的磁链与电流之间的关系可用 $\psi-i$ 平面上一条通过原点的直线表

示，如图 1－30 所示，且不随时间而变。

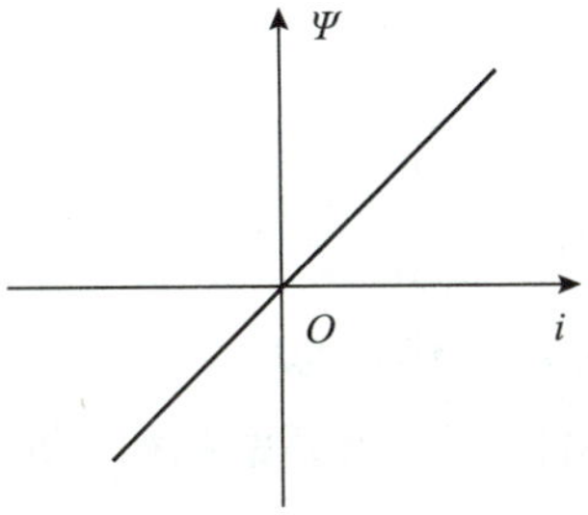

图 1－30　线性电感的 $\psi-i$ 特性

当变化的电流流过电感线圈时，在线圈中会产生变化的磁通或磁链，变化的磁链在线圈两端引起感应电压 u。

由 $u=\dfrac{\mathrm{d}\psi}{\mathrm{d}t}$ 及 $\psi=Li$ 可推得

$$u=\frac{\mathrm{d}Li}{\mathrm{d}t}=L\frac{\mathrm{d}i}{\mathrm{d}t}$$

上式是电感的 VCR，它是在 u 和 i 的参考方向相关联情况下的表达式，若 u 和 i 的参考方向为非关联参考方向，则要加上负号。

上式表明：在某一时刻电感的电压正比于该时刻电流的变化率。如果电流不变，那么 $\mathrm{d}i/\mathrm{d}t$ 为 0，虽有电流，但电压为 0，电感相当于短路。因此，电感对直流起短路的作用，电感电流变化越快，即 $\mathrm{d}i/\mathrm{d}t$ 越大，则电压也就越大

将上式两边积分，可得电感上的电流与电压的关系式，即

$$i(t)=\frac{1}{L}\int_{-\infty}^{t}u(\xi)\mathrm{d}\xi=\frac{1}{L}\int_{-\infty}^{0}u(\xi)\mathrm{d}\xi+\frac{1}{L}\int_{0}^{t}u(\xi)\mathrm{d}\xi=i_0+\frac{1}{L}\int_{0}^{t}u(\xi)\mathrm{d}\xi$$

式中，i_0 是在 $t=0$ 时电感元件的电流值，称为电流的初始值。因此，电感电流与电压的“全部过去历史”有关，即电感电流具有记忆电压的作用。

（2）电感元件的功率与储能

若电感的电压、电流为关联参考方向，则电感吸收的瞬时功率为

$$p=ui=Li\frac{\mathrm{d}i}{\mathrm{d}t}$$

当 $p>0$ 时，电感元件吸收功率，处于充磁状态；当 $p<0$ 时，电感元件释放功率，处于放磁状态。和电容相类似，电感也是储能元件，电感储能与该时刻电流的平方成正比，电感所储存的是磁场能量。

实际的电感元件除了有储能作用外，也会消耗一部分电能，因此实际的电感元件可以看成理想电感元件和理想电阻元件的串联组合。一个实际的电感线圈，除了标明它的电感量外，还应标明它的额定工作电流。电流过大，会使线圈过热或使线圈受到过大电磁力的

作用而发生机械变形，甚至烧毁线圈。

1.3.3 正弦交流电路

交流电路是指电路中的激励是交流电，即它的大小和方向随时间作周期性变化，其中正弦交流电在工农业生产和生活中的应用最广泛。在正弦交流电路中，若响应是与激励同频率的正弦电压（或电流），则称此工作状态为正弦交流稳态。

正弦交流电的实际变化规律由振幅、角频率和初相确定，故称这三个量为正弦交流电的三要素。

1. 正弦交流电的三要素

正弦交流电是指大小和方向随时间按正弦规律作周期性变化的电流或电压等物理量，统称为正弦量。在分析中可以使用 sin 函数或 cos 函数来描述正弦量，本书采用 sin 函数代表正弦量。

电力系统中的交流电是由交流发电机产生的，在实验室中正弦交流电可由正弦信号发生器提供。以正弦电压为例，其数学表达式为

$$u(t)=U_{\mathrm{m}}\sin(\omega t+\varphi_u)$$

上式也称为正弦量的瞬时值表达式，瞬时值用小写字母 $u(t)$ 表示，式中有三个常量：U_{m} 称为最大值、ω 称为角频率、φ_u 称为初相位。正弦交流电压波形图如图 1－31 所示。

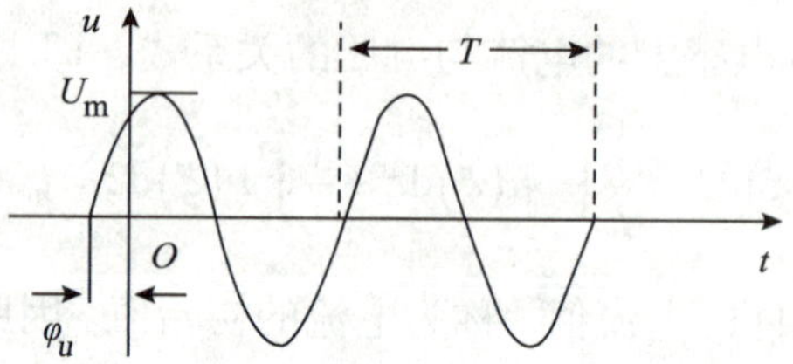

图 1－31　正弦交流电压波形图

（1）振幅（最大值）

正弦量瞬时值中的最大值为 U_{m}，称为振幅。一般用大写字母带下标“m”表示，如 U_{m}、I_{m} 等。振幅反映了正弦量变化幅度的大小。

（2）角频率 ω

ω 称为角频率，表示正弦量在单位时间内变化的弧度数。式中，T 表示正弦量变化一周所需的时间，称为周期，单位为秒（s）；f 表示正弦量每秒变化的周数，称为频率，单位为赫【兹】（Hz）。周期和频率互为倒数。

我国电力网所供给的交流电的标准频率（简称工频）是 $f=50$ Hz，它的周期是 $T=1/f=0.02$ s；美国电力网频率为 60 Hz；日本电力网频率同时存在 50 Hz 和 60 Hz 两种情况。

（3）初相

$\omega t+\varphi_u$ 称为相位角；$t=0$ 时，相位为 φ_u，称其为正弦量的初相位（角），简称初相。通常规定初相角的取值在 $-\pi\sim\pi$ 范围内。

正弦电量的特征表现在变化的大小、快慢和初始值三个方面，由它的振幅（最大值）、角频率（频率或周期）和初相决定，也就是知道了这三项就能确定该信号的数学表达式或波形图，U_m、ω、φ_u 与正弦量具有一一对应的关系。振幅、角频率（频率或周期）和初相这三个参数称为正弦量的三要素。

2. 正弦交流电的有效值

交流电的瞬时值表达式描述的只是某一瞬间的数值，实际测量瞬时值的大小不方便，在电路中需要研究它们的平均效果，因而引入有效值的概念。

正弦交流电的有效值定义为：让正弦交流电流 i 和直流电流 I 在同一个周期 T 内通过相同电阻 R，如果所产生的热量相等，那么这个直流电流 I 的数值就称为交流电流 i 的有效值。

由此定义得出

$$I^2RT=\int_0^T i^2R\mathrm{d}t$$

交流电流的有效值为

$$I=\sqrt{\frac{1}{T}\int_0^T i^2\mathrm{d}t}$$

同理，交流电压的有效值为

$$U=\sqrt{\frac{1}{T}\int_0^T u^2\mathrm{d}t}$$

正弦交流电流为 $i(t)=I_m\sin(\omega t+\varphi_i)$，将其代入以上交流电流的有效值公式中，有效值为

$$I=\sqrt{\frac{1}{T}\int_0^T I_m^2\sin^2(\omega t+\varphi_i)\mathrm{d}t}$$

因为

$$\int_0^T\sin^2(\omega t+\varphi_i)\mathrm{d}t=\int_0^T\frac{1-\cos^2(\omega t+\varphi_i)}{2}\mathrm{d}t=\frac{1}{2}T$$

由此得出有效值和最大值的关系

$$I=\sqrt{\frac{1}{T}I_m^2\cdot\frac{T}{2}}=\frac{I_m}{\sqrt{2}}=0.707I_m \text{ 或 } I_m=\sqrt{2}I$$

$$I=\frac{I_m}{\sqrt{2}}=0.707I_m$$

$$U=\frac{U_m}{\sqrt{2}}=0.707U_m$$

正弦量的最大值与有效值之间存在着$\sqrt{2}$倍的关系。有效值都用大写字母表示，如I、U。大部分交流测量电表测得的值是有效值。

工程上说的设备铭牌额定值、电网的电压等级等一般指有效值。例如，在我国日常生活中使用的电压220 V是指有效值，其振幅（最大值）为$220\sqrt{2}\ \mathrm{V}\approx 311\ \mathrm{V}$；电绝缘水平、耐压值指的是最大值。因此，在考虑电气设备的耐压水平时应按最大值考虑。

3. 正弦交流电的相位差

相位差指两个同频率正弦量的相位之差。

两个同频率的正弦量如果为

$$u(t)=U_{\mathrm{m}}\sin(\omega t+\varphi_{\mathrm{m}})$$

$$i(t)=I_{\mathrm{m}}\sin(\omega t+\varphi_i)$$

则相位差为

$$\varphi=(\omega t+\varphi_u)-(\omega t+\varphi_i)=\varphi_u-\varphi_i$$

上式表明：对于同频率的正弦量而言，相位差就是初相之差，且为定值。相位差和初相均在$-\pi\sim\pi$范围内取值。

相位差用来描述两个同频率正弦量的超前、滞后关系，即谁先到达最大值，谁后到达最大值，相差多少角度。

同频率正弦量的几种相位关系，见表1-2。

表1-2　同频率正弦量的几种相位关系

相位关系	含义
超前关系	$\varphi=\varphi_u-\varphi_i>0$ 且 $\lvert\varphi\rvert\leqslant\pi$ 弧度，称电压u超前i，即u比i先到达正最大值
滞后关系	$\varphi=\varphi_i-\varphi_u<0$，称电流$i$滞后于电压$u$
同相关系	$\varphi=\varphi_u-\varphi_i=0$，称电压与电流这两个正弦量同相
反相关系	$\varphi=\varphi_u-\varphi_i=\pi$，称电压与电流这两个正弦量反相

1.3.4　三相电源

三相电源一般是由三个频率相同、振幅相同、相位彼此相差120°的正弦电压源按一定方式连接而成的对称电源。

在工农业生产和人们的日常生活中，常采用三相交流电源供电。由三相交流电源供电的电路称为三相电路。三相电源由三相交流发电机产生，三相交流发电机比同功率的单相发电机体积小、成本低、更节省材料。

图1-32（a）为对称三相电源的示意图。该电源由定子和转子组成。

定子由机座、定子铁芯和电枢绕组组成。图1-32中L_1L_1'、L_2L_2'和L_3L_3'分别为在空间上互成 120° 的三组定子绕组，其中 L_1 端、L_2 端、L_3 端称为三相绕组的首端，L_1' 端、L_2' 端、L_3' 端称为三相绕组的末端。三组绕组采用同一型号的高强漆包线，匝数相同，绕向一致。

转子是一对特殊形状的磁极，当转子（磁铁）以角速度 ω 顺时针旋转时，转子磁场将依次切割定子电枢绕组，并在每相定子绕组中感应出电压 u_1、u_2、u_3，它们是三个随时间按正弦规律变化的电压，其振幅和频率相同，相位上互差 120°。

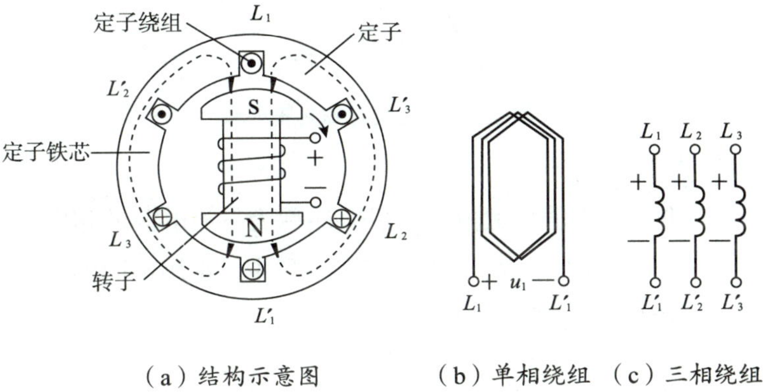

图 1－32　对称三相电压源的产生原理

1. 三相电源的表达式

若以 u_1 为参考正弦量，即 u_1 初相位为零，则三相对称电压瞬时表达式分别为

$$\begin{cases} u_1 = \sqrt{2}U\sin\omega t \\ u_2 = \sqrt{2}U\sin(\omega t - 120°) \\ u_3 = \sqrt{2}U\sin(\omega t - 240°) = \sqrt{2}U\sin(\omega t + 120°) \end{cases}$$

对应三相电压的相量表示

$$\begin{cases} \dot{U}_1 = U < 0° \\ \dot{U}_2 = U < (-120°) \\ \dot{U}_3 = U < 120° \end{cases}$$

2. 相量图及相量之和

三相对称电压的相量图如图 1－33 所示。

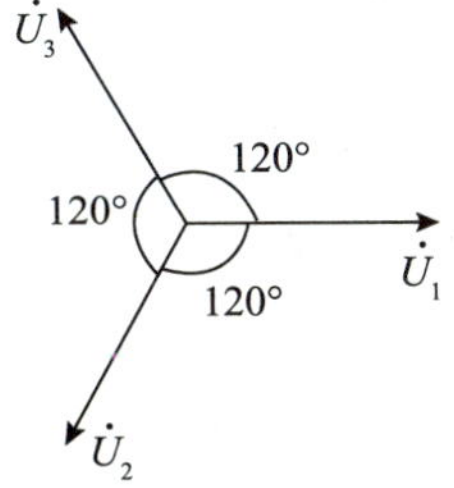

图 1－33　三相对称电压的相量图

由相量图可知：三相对称电压的瞬时值或相量之和恒为零，如图 1-34 所示，即

$$u_1+u_2+u_3=0 \text{ 或 } \dot{U}_1+\dot{U}_2+\dot{U}_3=0$$

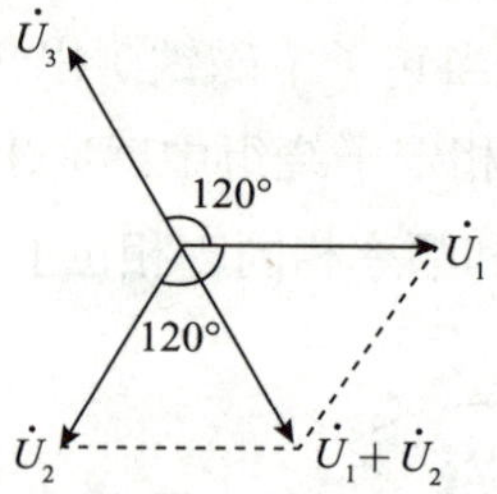

图 1-34　三相对称电压之和

3. 三相电源的相序

三相交流电分别出现正幅值最大值的先后次序称为三相电源的相序，三相电源的正相序为 $L_1\to L_2\to L_3$；负相序为 $L_1\to L_3\to L_2$。实际工程中，常用不同颜色区分这三相电压，如黄色代表 L_1 相，绿色代表 L_2 相，红色代表 L_3 相。

4. 三相电源的连接

发电机三相绕组通常采用星形（Y形）连接，如图 1-35 所示。三个绕组的末端 L'_1、L'_2、L'_3 连接在一个公共点 N 上，N 点称为电源中点或零点。通常发电机的中点接地。中点引出的导线称为中线，又称为零线。三相绕组始端 L_1、L_2、L_3 与输电线相连接，向负载输送能量，三根输电线称为相线，也称为火线。这种连接方式向外引出四根线，称为三相四线制。

5. 相电压和线电压

（1）相线与中线之间的电压称为相电压，用 U_P 表示。图 1-35（a）中，$\dot{U}_1$、$\dot{U}_2$、$\dot{U}_3$ 为三个相电压的相量，有效值为 U_1、U_2、U_3。

（2）任意两个相线之间的电压称为线电压，用 U_L 表示。图 1-35（a）中，$\dot{U}_{12}$、$\dot{U}_{23}$、$\dot{U}_{31}$ 为三个线电压的相量，有效值为 U_{12}、U_{23}、U_{31}。

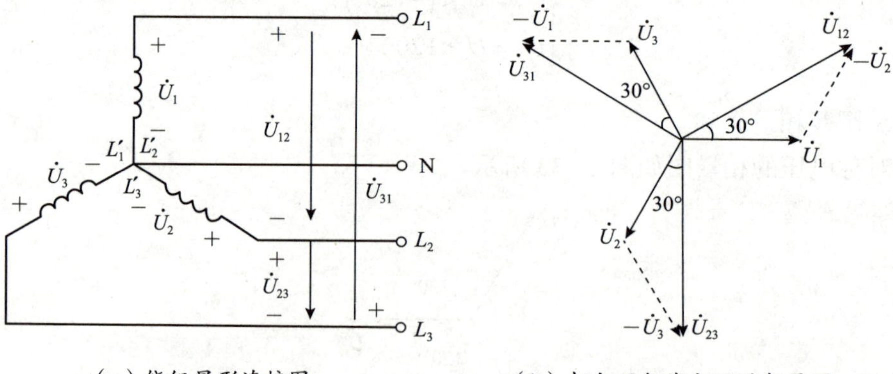

（a）绕组星形连接图　　（b）相电压与线电压的相量图

图 1-35　星形连接的三相电源

具有一根中线和三根相线的三相供电电路，称为三相四线供电体制。

6. 相电压和线电压的关系

由图 1-35（a）可知，线电压与相电压显然是不相等的。在图 1-35（a）中，利用基尔霍夫电压定律有

$$\begin{cases} u_{12} = u_1 - u_2 \\ u_{23} = u_2 - u_3 \\ u_{31} = u_3 - u_1 \end{cases} \text{或} \begin{cases} \dot{U}_{12} = \dot{U}_1 - \dot{U}_2 \\ \dot{U}_{23} = \dot{U}_2 - \dot{U}_3 \\ \dot{U}_{31} = \dot{U}_3 - \dot{U}_1 \end{cases}$$

作电压相量图，如图 1-35（b）所示。由相量图可知

$$\frac{1}{2}U_{12} = U_1 \cdot \cos 30°$$

即

$$U_{12} = \sqrt{3}U_1$$

（1）线电压大小是相电压的 $\sqrt{3}$ 倍。

若线电压有效值用 U_L 表示，相电压用 U_P 表示，则线电压和相电压的大小关系如下

$$U_L = \sqrt{3}U_P$$

（2）线电压超前于相电压 30°。

线电压也是对称的，在相位上超前于其下标第一个字符所对应的相电压 30°，即

$$\begin{cases} \dot{U}_{12} = \sqrt{3}\dot{U}_1 < 30° \\ \dot{U}_{23} = \sqrt{3}\dot{U}_2 < 30° \\ \dot{U}_{31} = \sqrt{3}\dot{U}_3 < 30° \end{cases}$$

由此可知，三相电源采用星形连接具有以下特点

$$\begin{cases} \dot{U}_L = \sqrt{3}\dot{U}_P < 30° \\ \dot{U}_1 + \dot{U}_2 + \dot{U}_3 = 0 \\ \dot{U}_{12} + \dot{U}_{23} + \dot{U}_{31} = 0 \end{cases}$$

由于发电机（或变压器）的绕组采用星形连接时引出四根导线（三相四线制），因此可为负载提供线电压和相电压两种电压。在低压配电系统中，相电压为 220 V，线电压为 380 V（$380 = 220\sqrt{3}$）。

当三相电源采用星形连接而不引出中线时，称为三相三线制电源。该电源只能提供一种线电压。

课后实训

一、实训名称

三相电源的连接与测试。

二、实训目的

（1）了解三相电源的基本概念和特点，掌握其在实际应用中的优势和局限性。

（2）掌握三相电源的连接方法和测试方法，了解其在电力系统中的重要地位和作用。

（3）培养实际操作能力和团队协作精神，提高解决实际问题的能力。

三、仪器设备及元器件

三相电源插座、万用表、导线、插头、插座、电阻、电容等。

四、实训步骤

（1）连接三相电源，确保其正常工作，并使用万用表测试其电压和电流是否正常。

（2）使用导线将三相电源与电阻、电容等元器件连接起来，搭建简单的电路。

（3）使用万用表测试各个元器件的性能，确保其正常工作。

（4）测试整个电路的工作情况，观察其实际效果，记录数据。

（5）分析实验结果，总结经验教训，提高自己的实践能力和问题解决能力。

五、实训要求

（1）实训过程中要注重团队协作，共同解决问题。

（2）严格按照仪器设备的使用说明进行操作，确保安全。

（3）实训结束后要对实训成果进行总结和反思，总结经验教训，提高自己的实践能力和问题解决能力。

（4）在实际应用中，要考虑到三相电源的局限性和不足，提出改进方案。同时，要遵守相关法律法规，确保用电安全。

项目小结

电子学基础知识包括电子、原子、电流、电子学的发展、电子学的应用、电子器件与技术、真空二极管、真空三极管、晶体三极管、集成电路、微电子技术、光电子技术、电路的基本概念和物理量等。掌握这些基础知识有助于理解电子系统的工作原理，设计、制造和应用电子器件，以及分析电路的基本概念和理想元件。同时，还需要了解正弦交流电路和三相电源等知识，以更好地应用电子学技术。

思考练习

1. 光电子技术中主要的、典型的三部分内容是什么?
2. 激光的特性有哪些?
3. 红外技术分为哪几类?

项目2　直流稳压电源的分析与设计

项目导读

直流稳压电源主要由半导体二极管组成，其核心是半导体二极管。半导体二极管是一种具有单向导电特性的电子元件，通过其正向偏置，能够将微弱的交流电转换为直流电。在直流稳压电源中，半导体二极管的应用主要是实现整流和滤波。

半导体二极管的分析与应用是直流稳压电源设计的基础。学生需要掌握半导体二极管的工作原理、特性曲线、正向和反向偏置等基础知识，并能够根据实际应用需求选择合适的半导体二极管。

对于直流稳压电源的分析与设计，首先要确定输出电压的大小和稳定度，这通常需要通过调整半导体二极管的参数来实现。其次，要设计合理的滤波电路，以减少交流成分对直流输出的影响，提高直流输出的质量。最后，还需要考虑电源的效率，以确保系统能源的有效利用。

学习目标

◎知识目标

1. 掌握半导体二极管的工作原理。
2. 掌握半导体二极管的正向和反向偏置等知识。

◎技能目标

1. 掌握电路分析的基本技能。

2. 掌握电路设计的基本技能。

3. 能够根据实际情况灵活调整设计方案。

◎素质目标

1. 培养学生具备严谨的思维方式和良好的工作态度。

2. 培养学生具备团队合作精神和良好的沟通能力。

3. 培养学生具备创新意识和创新能力。

思政目标

1. 培养学生树立正确的价值观和职业道德观，注重知识产权保护和知识产权申请，遵守相关法律法规和行业规范。

2. 培养学生具备高度的社会责任感和环保意识，关注可持续发展和环境保护问题。

任务 1　半导体二极管的分析与应用

2.1.1　稳压电源

扫一扫

直流稳压电源的分析与设计

电源电路是一切电子设备的基础，大到超级计算机，小到袖珍计算器，所有的电子设备都必须在电源电路的支持下才能正常工作。

由于电子技术的特性，电子设备对电源电路的要求是能够提供持续稳定、满足负载要求的电能，而且通常情况下都要求提供稳定的直流电能。提供这种稳定的直流电能的电源就是直流稳压电源。直流稳压电源在电源技术中占有十分重要的地位。

稳压电源的分类方法繁多，按输出电压的类型分为直流稳压电源和交流稳压电源；按稳压电路与负载的连接方式分为串联稳压电源和并联稳压电源；按电源内部电路类型分为简单稳压电源和反馈型稳压电源；按调整管的工作状态分为线性稳压电源和开关稳压电源。这里主要介绍线性稳压电源的工作特性。

线性稳压电源稳压性能好，输出纹波电压很小，但必须使用笨重的工频变压器将其与电网进行隔离，而且调整管损耗很大，需安装大面积的散热器，导致电源的体积和质量大、效率低，一般为 40% ~ 60%，因此主要用在对功率和稳压精确度要求很高的场合。

常用小功率线性直流稳压电源（1 kVA 以下）是由电源变压器、整流电路、滤波电路和稳压电路等四部分组成的，电源各组成部分的功能如下。

1. 电源变压器

电源变压器将交流电源电压变换为符合整流需要的电压。

2. 整流电路

整流电路利用具有单向导电性元件如二极管，将交流电压变换为单向脉动的直流电压。

3. 滤波电路

滤波电路利用电感、电容等储能元件，尽可能滤除整流后单向脉动电压中的交流成分，使之成为平滑的直流电压。

4. 稳压电路

当电网电压波动或负载发生变化时，维持输出稳定的直流电压。

这里介绍整流电路、滤波电路及稳压电路中主要器件的特性，以及各电路的工作原理。

2.1.2 半导体与 PN 结

1. 半导体

半导体是导电能力介于导体和绝缘体之间的一大类物质的总称。常用的半导体材料有硅（Si）、锗（Ge）和砷化镓化合物（GaAs）等。

半导体材料具有热敏性、光敏性和掺杂性。掺杂性是指在半导体中掺入其他微量元素（杂质），其导电能力会显著增加。利用这种性质可以制造出各种不同性质、不同用途的半导体器件，如半导体二极管、三极管、场效应管和集成电路。

（1）本征半导体

本征半导体是纯净的、晶格完整的半导体。在常温下，由于本征半导体中少量价电子受热激发获得足够的能量，挣脱了共价键的束缚成为自由电子，同时，在原来共价键的位置上留下一个空位，称为空穴。在本征半导体中存在着两种参与导电的载流子：自由电子和空穴。

常温下由热激发产生的电子 – 空穴对的数量是很少的，因此本征半导体的导电能力很差。可在本征半导体中掺入杂质，使半导体的导电性能显著增加。

（2）杂质半导体

杂质半导体是掺入杂质后形成的半导体。根据掺入杂质的不同，杂质半导体有 N 型和 P 型两种。

① N 型半导体是在本征半导体中，掺入微量的五价杂质元素，如磷、砷、锑等，其自由电子的浓度远大于空穴的浓度，故自由电子为多数载流子（简称多子），空穴为少数载流子（简称少子）。

② P 型半导体是在本征半导体中，掺入微量的三价杂质元素，如硼、镓、铟等，其空穴浓度远大于自由电子浓度，故空穴为多数载流子，自由电子是少数载流子。

2. PN 结

如果在一块本征半导体的两端采用不同的掺杂工艺，使其两边分别形成 P 型半导体和 N 型半导体，那么就会在它们的交界面处形成 PN 结，如图 2－1 所示。

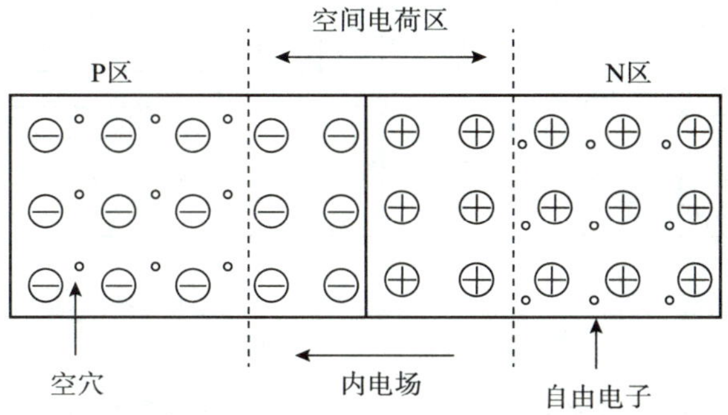

图 2－1　PN 结

在 P 型半导体和 N 型半导体交界面的两边，自由电子和空穴两种载流子出现了浓度差。P 区的空穴浓度大，自由电子浓度小；N 区的自由电子浓度大，空穴浓度小。因此，P 区空穴就会向 N 区扩散，并与 N 区电子复合，N 区电子就会向 P 区扩散，并与 P 区空穴复合。于是就在交界面两端留下了不能移动的正负离子，这个很薄的空间电荷区（也叫作耗尽层和阻挡层）就是 PN 结。

空间电荷区形成了一个内电场，内电场的建立阻碍了多数载流子的继续扩散，却促进了少数载流子（P 区电子和 N 区空穴）越过 PN 结进入对方区域，这种少数载流子在电场作用下的运动叫作漂移运动。当空间电荷区内的扩散运动和漂移运动达到平衡时，空间电荷区的宽度就稳定下来了。

PN 结具有单向导电性，如图 2－2 所示。在图 2－2（a）中，PN 结外加正向电压，即 P 区电位高于 N 区电位，也称为 PN 结正向偏置。此时 PN 结的外电场和内电场方向相反，使空间电荷区变窄，多数载流子的扩散运动不断进行，形成较大的正向电流，PN 结处于导通状态，导电方向从 P 区到 N 区。PN 结导通时呈现的电阻称为正向电阻，其数值很小，一般为几欧到几百欧。

在图 2－2（b）中，PN 结外加反向电压，即 P 区电位低于 N 区电位，也称为 PN 结反向偏置。此时 PN 结的外电场和内电场方向相同，使空间电荷区变宽，多数载流子的扩散运动很难进行，只有少数载流子的漂移形成数值很小的反向电流，可以认为 PN 结基本上不导电，处于截止状态。此时的电阻称为反向电阻，其数值很大，一般为几千欧到十几兆欧。由于环境温度变化时少数载流子的数量会随之变化，故 PN 结的反向电流受环境温度的影响较大。

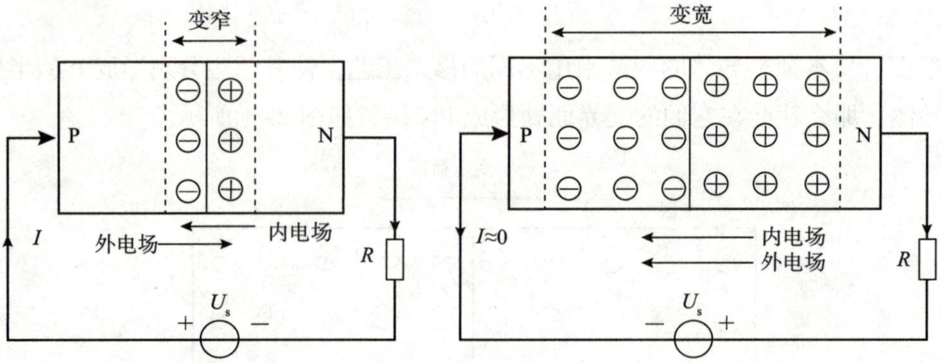

（a）正向偏置　　（b）反向偏置

图 2-2　PN　结的单向导电性

由上述分析可知，PN 结具有单向导电性。即在 PN 结受正向电压时，PN 结电阻很低，正向电流较大，呈导通状态；在 PN 结受反向电压时，PN 结电阻很高，反向电流很小，呈截止状态。

2.1.3　二极管

1. 二极管的结构

半导体二极管（简称二极管）是以 PN 结为管芯，加管壳封装构成的，如图 2-3 所示。由 P 区引出的电极称为阳极或正极，由 N 区引出的电极称为阴极或负极。二极管具有单向导电性。其结构及电路符号如图 2-4（a）和图 2-4（b）所示。

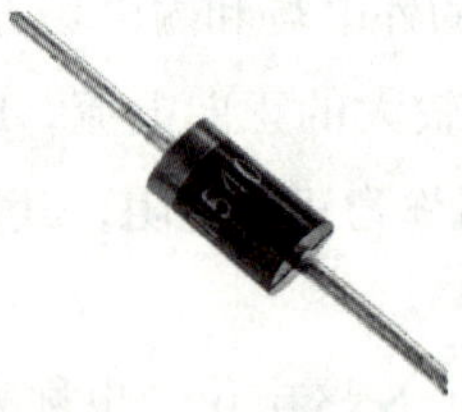

图 2-3　二极管

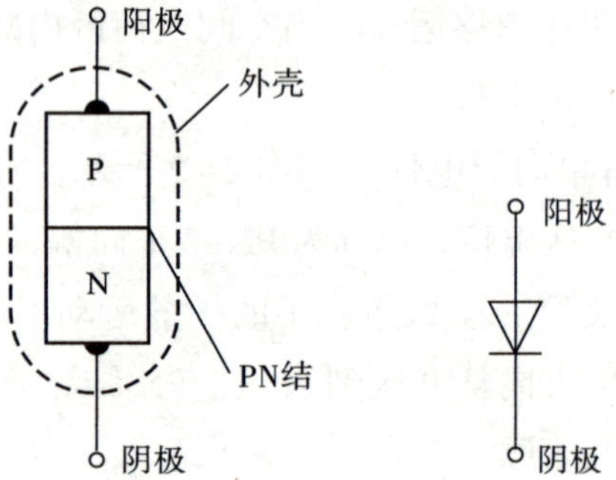

（a）结构　　（b）电路符号

图 2-4　二极管的结构与电路符号

普通二极管有玻璃封装和塑料封装两种，它们的外壳上均印有型号和标记。标记有箭头、色点和色环三种，箭头所指方向或靠近色环的一端为阴极，有色点的一端为阳极。

二极管种类很多，按材料分为锗二极管、硅二极管等。按管芯结构不同，二极管可分为点接触型和面接触型两种，如图 2-5 所示。点接触型二极管的 PN 结面积小，结电容小，适用于高频小电流电路中；面接触型二极管适用于低频大电流电路中。二极管按用途不同分为整流二极管、检波二极管、变容二极管、稳压二极管、开关二极管、发光二极管等。

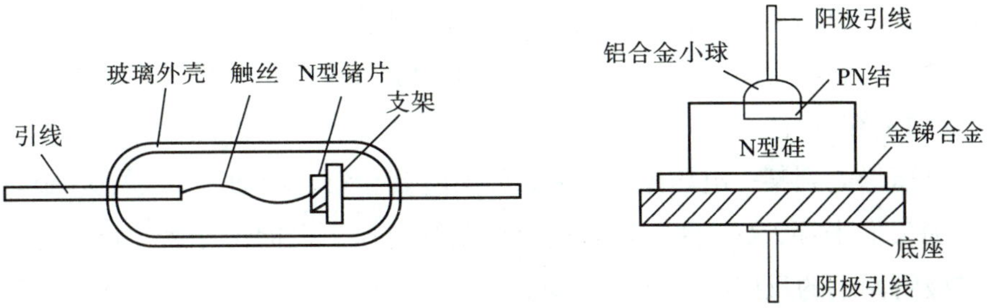

（a）点接触型　　（b）面接触型

图 2-5　点接触型和面接触型二极管

2. 二极管的伏安特性

在二极管上所加电压与流过二极管的电流之间的关系称为二极管的伏安特性，可通过实验测出。图 2-6 为小功率的硅管和锗管的伏安特性曲线。可以看出，二极管的伏安特性是非线性的，正反向导电性能差异很大。

（1）正向特性

当二极管正向电压很小时，正向电流几乎为零。只有在正向电压足够大时，正向电流将增长很快，称为正向导通。使二极管开始导通的临界电压称为“死区电压”或“门槛电压”。死区电压的大小与材料和温度有关，通常，硅管的死区电压约为 0.5 V，锗管约为 0.1 V。

二极管正向导通后，二极管的电流随外加正向电压增大而显著增大，伏安特性曲线几乎陡直上升，即电流迅速增大时，二极管两端的电压变化很小，这个电压称为导通电压，记为 $U_{D(on)}$。实际电路中，小功率硅二极管的 $U_{D(on)}$ 为 0.6 ~ 0.8 V，锗二极管的 $U_{D(on)}$ 为 0.2 ~ 0.3 V。工程上，一般取硅管 $U_{D(on)}=0.7$ V，锗管 $U_{D(on)}=0.2$ V。

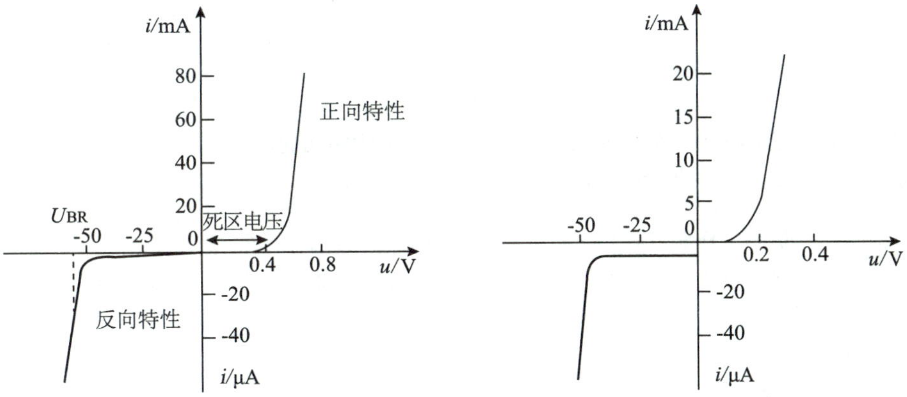

（a）2CP10 硅二极管　　（b）2AP2 锗二极管

图 2-6　二极管的伏安特性曲线

（2）反向特性

当二极管加反向电压时，由于少子的漂移运动，形成很小的反向电流。这个反向电流与反向电压无关，故称为反向饱和电流 I_S。小功率硅管的反向饱和电流 I_S 小于 0.1 μA，锗管约为几十微安。温度升高时，由于少数载流子增加，反向电流将随之增大。

（3）反向击穿特性

当反向电压增大到某一电压值 U_{BR} 时，反向电流会急剧增加，二极管失去单向导电性，这种现象称为反向击穿，U_{BR} 为二极管的反向击穿电压。反向击穿后，反向电流可以变化很大，而二极管两端的反向电压几乎不变。

反向击穿有电击穿（含雪崩击穿、齐纳击穿）和热击穿两种形式。发生电击穿时，只要反向电流和反向电压的乘积不超过二极管的允许耗散功率，二极管一般不会烧毁。当反向电压下降到小于击穿电压后，二极管仍能正常工作，即电击穿是可逆的。热击穿则是破坏性击穿，当反向电压过高，反向电流过大时，二极管耗散功率超过允许值，将引起恶性循环，将很快导致二极管因过热而损坏，这种击穿是不可逆的。

3. 温度对二极管的影响

当温度升高时，二极管的正向特性曲线向左移动，磁区电压减小，反向特性曲线向下移动。实验证明，在室温下，温度每升高 1℃，正向压降减小 2 ~ 2.5 mV；温度每升高 10 ℃，反向饱和电流 I_S 大约增加 1 倍。

4. 二极管的主要参数

二极管的主要参数见表 2－1。

表 2－1　二极管的参数

参数	含义
最大整流电流 I_F	最大整流电流 I_F 是指二极管长时间使用时，允许流过二极管的最大正向平均电流值。当电流超过此值，会因 PN 结过热使二极管损坏
反向电流 I_R	反向电流 I_R 是二极管未击穿时的反向电流值。反向电流大，说明二极管的单向导电性差，并受温度影响大
最高反向工作电压 U_{RM}	最高反向工作电压是指工作时加在二极管两端的最高反向电压。为确保二极管安全运行，一般手册中的 U_{RM} 值是击穿电压 U_{BR} 值的 1/2 或 2/3
最高工作频率	最高工作频率是指二极管两端电压变化的最高频率。当频率过高时，PN 结的电容效应将使二极管的单向导电性变差。结电容小的二极管，最高工作频率较高

5. 二极管应用电路分析

从二极管的伏安特性可以看出，二极管是非线性器件，在实际计算中，常将伏安特性曲线简化，利用二极管的简化曲线及其等效模型进行电路分析。

【例】在图 2－7 中，VD 为硅二极管，试用二极管的理想模型和恒压降模型分别求出 $U=12$ V 和 $U=2$ V 时电路中的电流 I_1、I_2、I_3 和电压 U_{AB}。

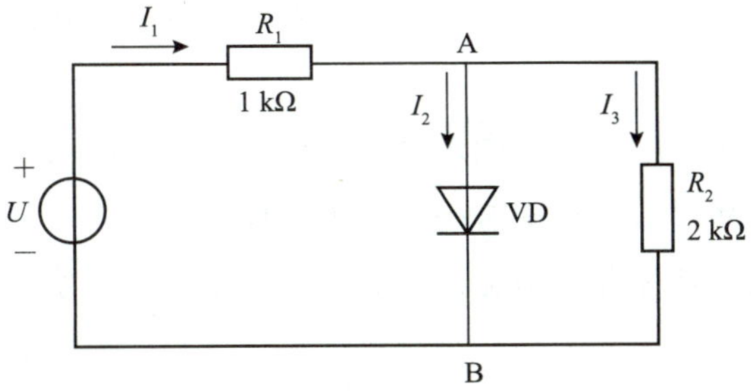

图 2－7　例图

【解】电压和电流的参考极性和方向如图 2－7 所示。

当 $U=12$ V 时，二极管正向导通。

① 用理想模型计算

$$I_1=\frac{U-U_{AB}}{R_1}=\frac{U}{R_1}=12\ \text{mA}$$

$I_2=12$ mA；$I_3=0$；$U_{AB}=0$ V

② 用恒压降模型计算

$U_{D(on)}=0.7$ V。

$$I_1=\frac{U-U_{AB}}{R_1}=\frac{U-U_{D(on)}}{R_1}=11.3\ \text{mA}$$

$$I_3=\frac{U_{AB}}{R_2}=\frac{U_{D(on)}}{R_2}=0.35\ \text{mA}$$

$$I_2=I_2-I_1\approx 11\ \text{mA}$$

$$U_{AB}=0.7\ \text{V}$$

上述①、②两种等效模型计算结果，电流误差小于 10%，在电子电路计算中是允许的。

当 $U=2$ V 时，二极管也正向导通。

③ 用理想模型计算

方法同①，可得

$$I_1=2\ \text{mA};\ I_2=2\ \text{mA};\ I_3=0\ \text{mA};\ U_{AB}=0\ \text{V}$$

④ 用恒压降模型计算

方法同②，可得

$$I_1=1.3\ \text{mA};\ I_3=0.35\ \text{mA};\ I_2=1\ \text{mA};\ U_{AB}=0.7\ \text{V}$$

由于电源电压较低，第③种计算结果误差太大，第④种计算较为准确。

6. 特殊二极管的特性及应用

（1）稳压二极管

稳压二极管是一种特殊的面接触型硅二极管。稳压二极管的伏安特性与普通二极管相似，两者正向特性相同，正偏时的正向压降为 0.6 ~ 0.8 V。不同之处是稳压二极管的反向击穿特性曲线很陡。

正常情况下稳压二极管工作在反向击穿区，由于曲线很陡，反向电流有较大的变化量时，相应的电压变化量却很小，利用这一特性可实现稳压功能。只要反向电流不超过其最大稳定电流，就不会引起破坏性的击穿，因此，在电路中常与稳压二极管串联一个适当阻值的限流电阻。

稳压二极管的主要参数，见表 2-2。

表 2-2　稳压二极管的主要参数

参数	含义
稳定电压 U_Z	稳定电压是指稳压二极管在正常工作时管子两端的电压，其值取决于稳压二极管的反向击穿电压值，它随工作电流和温度的不同而略有变化。对于同一型号的稳压二极管来说，稳压值有一定的离散性
稳定电流 I_Z	稳定电流是指工作电压等于稳定电压时的工作电流，是稳压二极管工作时的参考电流值。若其值低于 I_{Zmin} 时，稳压二极管将失去稳压作用
动态电阻 r_Z	动态电阻是指稳压二极管两端电压变化与电流变化的比值，即 $$r_Z=\frac{\Delta U_Z}{\Delta I_Z}$$ r_Z 值很小，约为几欧到几十欧，且随工作电流的不同而改变。反向击穿区曲线越陡，r_Z 值就越小，则稳压性能越好
电压温度系数 C_{TV}	电压温度示数是指温度每增加 1 ℃，稳定电压的相对变化量，即 $$C_{TV}=\frac{\frac{\Delta U_Z}{U_Z}}{\Delta t}\times 100\%$$ C_{TV} 用来说明稳压值受温度变化影响的系数
最大耗散功率 P_{ZM}	最大耗散功率是指稳压二极管允许温升限定的最大功率耗散，$P_{ZM}=I_{Zmax}U_Z$

（2）光电二极管

光电二极管又叫光敏二极管，其 PN 结在反偏状态下工作。光敏二极管是一种光接收器件，它的管壳上有一个玻璃窗口以便接收光照。当光线照射到 PN 结上时，提高了半导体的导电性，在反偏电压的作用下产生反向电流。反向电流随光照强度的增加而上升，其主要特点是反向电流与照度成正比，图 2-8 为光电二极管电路。

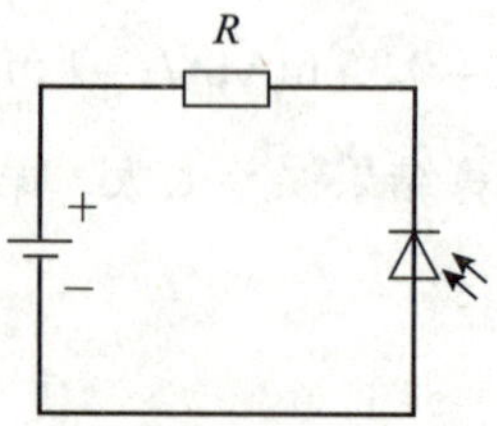

图 2-8　光电二极管电路

光电二极管可用于光的测量。当制成大面积的光电二极管时，能将光能直接转换成电能，可当作一种能源器件，称为光电池。

（3）发光二极管

发光二极管简称 LED，是一种将电能转换为光能的特殊二极管，由一个 PN 结组成，常用的半导体材料是砷化镓和磷化镓。发光二极管电路如图 2-9 所示。

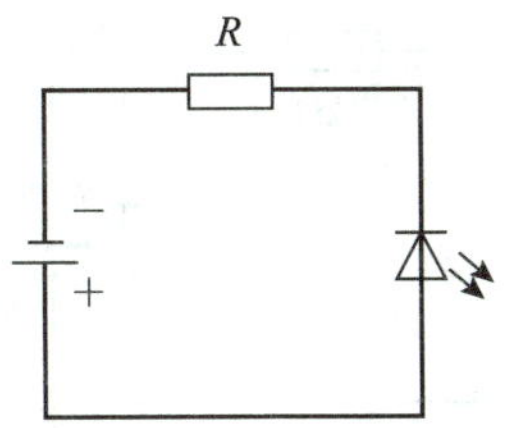

图 2-9　发光二极管电路

当发光二极管外加正向电压时，发光二极管正向导通，从 N 区扩散到 P 区的电子和从 P 区扩散到 N 区的空穴，在 PN 结附近数微米区域内复合，释放出能量，从而发出一定波长的光，磷砷化镓二极管发出红色光，磷化镓二极管发出绿色光，碳化硅二极管发出黄色光。

发光二极管的工作电压一般在 2 V 以下，工作电流为几毫安。可通过调节电流（或电压）来调节发光的亮度。它是直接把电能转换成光能的器件，没有热交换过程。当发光二极管外加反向电压时，发光二极管反向截止。

课后实训

一、实训名称

二极管的检测和应用电路测试。

二、实训目的

（1）学习半导体二极管的工作特性，及其应用电路的分析方法。

（2）学会使用万用表检测半导体二极管的性能。

（3）学会使用常用电子测量仪器。

三、仪器设备及元器件

数字示波器、函数发生器、直流稳压电源、数字万用表、不同规格类型二极管、电阻、10 kΩ 电位器。

四、实训步骤

（1）查阅半导体器件手册，记录所给二极管类别、型号及主要参数。

（2）将数字万用表挡位调至电阻挡，测量二极管两电极间的电阻值。如果有阻值显示，交换红表笔和黑表笔再测量两电极间的阻值，此时若无阻值显示，则说明第一次测量时，红表笔接触的一端为二极管的阳极，黑表笔接触的一端为二极管阴极。

（3）将万用表置于电阻挡，测量并记录二极管的正向电阻值和反向电阻值。

（4）如图 2-10 所示电路，用万用表测量二极管的正向导通压降，硅二极管一般为 0.6～0.7 V，锗管为 0.2～0.3 V。电路中 R 为限流电阻。记录二极管正向电压的测量值，判别二极管类型。

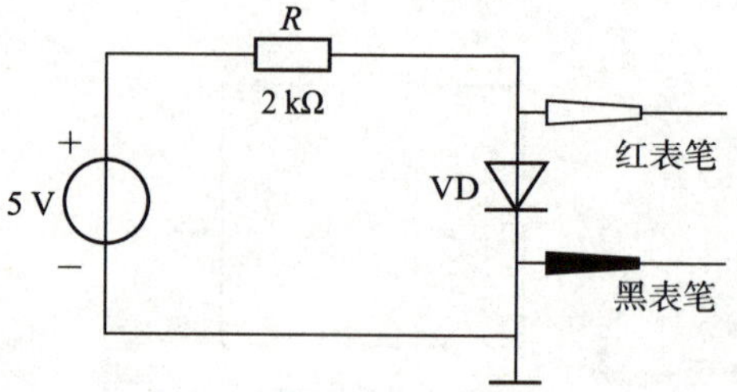

图 2-10　测量二极管的正向电压

（5）进行二极管应用电路的测试，操作如下。

① 半波整流电路

如图 2-11（a）所示电路在面包板上接线，在输入端加频率为 1 kHz、幅度为 5 V 的正弦信号 u_i，用示波器观察 u_i 和输出 u_o 的波形，并记录输入信号和输出信号的波形。

② 限幅电路

如图 2-11（b）所示电路在面包板上接线，使直流基准电压为 $E=5$ V，在输入端加频率为 1 kHz、幅度为 8 V 的正弦信号 u_i，用示波器观察 u_i 和输出 u_o 的波形并记录。

③ 门电路

如图 2-11（c）所示电路在面包板上接线，调节电位器 R_P，使 $U_i=3$ V，将 U_i 分别接至二极管门电路的输入端 A 点和 B 点，用万用表测出相应输出电压 U_O 并记录表 2-3 中。

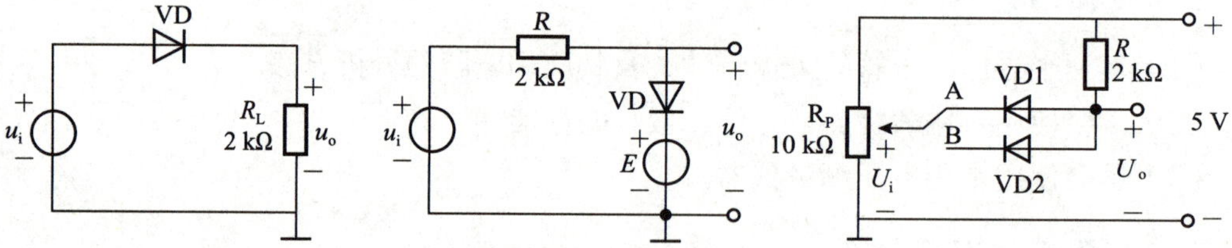

（a）半波整流电路　（b）限幅电路　（c）门电路

图 2-11　二极管应用电路

五、实训要求

（1）整理被测二极管的类型、型号、正反向电阻等测试结果，分析二极管应用电路的功能。

（2）总结二极管的工作特性，撰写测试报告。表 2-3 为测量门电路的输出电压。

表 2-3　测量门电路的输出电压

U_A (V)	U_B (V)	U_o (V)
0	0	
0	3	
3	0	
3	3	

任务 2　直流稳压电源的基本知识

2.2.1　直流稳压电源的组成

目前广泛采用的直流稳压电源是由交流电源经整流、滤波、稳压而得到的，其原理框图如图 2-12 所示。

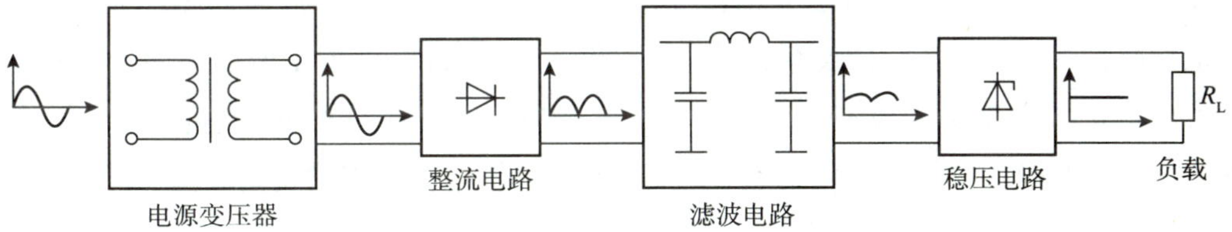

图 2-12　直流稳压电源的组成

1. 电源变压器

由于各种电子设备要求直流稳压电源提供不同幅值的直流电压，而市电提供的交流电压一般为 220 V（或 380 V），因此需要利用变压器先将市电的电压变换成所需要的交流电压，再将变换后的交流电压整流、滤波和稳压，最后获得所需要的直流电压。

2. 整流电路

整流电路是利用具有单向导电性的整流器件（如整流二极管、晶闸管），将大小、方向变化的正弦交流电变换成单向脉动的直流电。这种单向脉动直流电压含有很大的纹波成分，一般不能使用。

3. 滤波电路

滤波电路的主要任务是将整流后的单向脉动直流电压中的纹波成分尽可能滤除掉，使其变成平滑的直流电。滤波电路通常由电容、电感等储能元件组成。

4. 稳压电路

稳压电路的作用是采取某些措施，使直流稳压电源输出的直流电压在市电电压或负载电流发生变化时保持稳定。

2.1.2 单相桥式整流电路

将交流电能转换成直流电能的过程称为整流。完成这一转换的电路称为整流电路。

在小功率直流稳压电路中，通常采用单相整流，常见的有单相半波整流、全波整流和桥式整流等电路。这里主要讨论单相桥式整流电路。

单相桥式整流电路原理图如图 2-13（a）所示，Tr 是电源变压器，VD1～VD4 4 只整流二极管接成电桥的形式，为等效负载电阻。图 2-13（b）为单相桥式整流电路的简易画法。

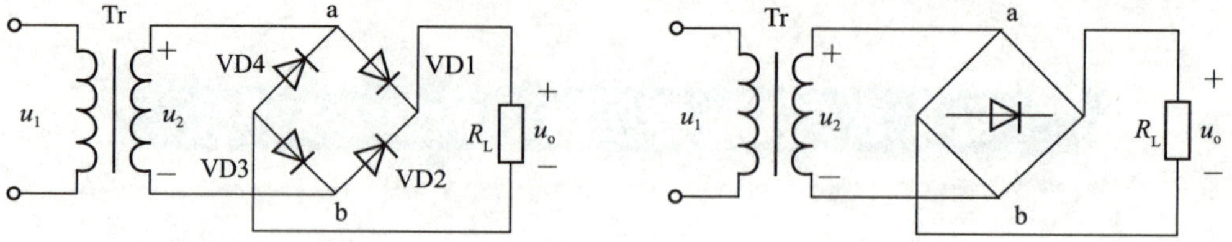

（a）电路原理图　　（b）简易画法

图 2-13　单相桥式整流电路

1. 工作原理

设电源变压器二次电压为 $u_2=\sqrt{2}U_2\sin\omega t$ V，二次电压波形如图 2-14（a）所示。在 u_2 的正半周，即 a 点为正，b 点为负时，二极管 VD1、VD3 处于正偏而导通，VD2、VD4 因反偏而截止，电流通路为 a→VD1→R_L→VD3→b。这时，负载电阻 R_L 上得到一个半波的电压，如图 2-14（b）中的 0～π 段所示。若忽略二极管的正向压降，$u_o=u_2$。

在 u_2 的负半周时，即 a 点为负，b 点为正，则 VD1、VD3 截止，VD2、VD4 导通，电流通路为 b→VD2→R_L→VD4→a。同样，在负载电阻上得到一个半波电压，如图 2-14（b）中的 π～2π 段所示。若忽略二极管的正向压降，$u_o=-u_2$。

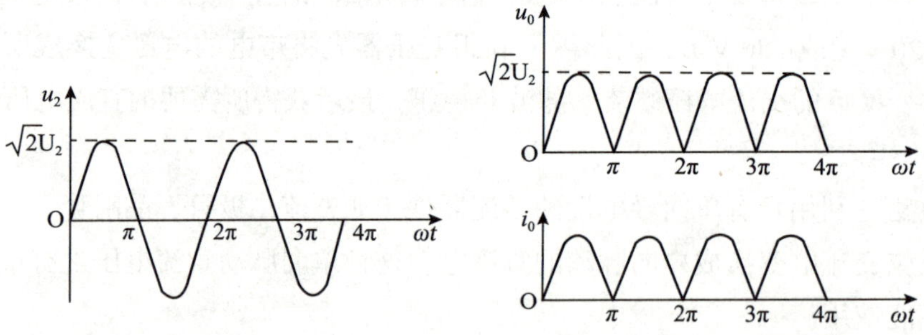

（a）二次电压波形　　（b）负载电压、电流波形

图 2-14　工作波形

这样，在交流电压 u_2 变化一周时，在负载 R_L 上得到一个单向全波脉动电压 u_o 和电流 i_o。

2. 参数计算

桥式整流电路的输出电压的平均值 U_o 为

$$U_o=\frac{1}{\pi}\int_0^{\pi}\sqrt{2}U_2\sin\omega t\mathrm{d}(\omega t)=\frac{2\sqrt{2}}{\pi}U_2\approx 0.9U_2$$

负载电阻中的平均电流 I_o 为

$$I_o=\frac{U_o}{R_L}=0.9\frac{U_2}{R_L}$$

由于每两只二极管只导通半个周期，故流过每个二极管的平均电流为负载电流的一半，即

$$I_D=\frac{1}{2}I_o=\frac{1}{2}\frac{U_o}{R_L}=0.45\frac{U_2}{R_L}$$

从图 2-14 可以看出，二极管所承受的最高反向电压就是电源电压的最大值，即

$$U_{RM}=\sqrt{2}U_2$$

桥式整流电路的输出电压较高，脉动较小，而且电源变压器在正负半周都有电流供给负载，利用率较高，因此得到广泛应用。常用整流电路的特性见表 2-4。

表 2-4　常用整流电路的特性

电路类型	单相半波整流	单相全波整流	单相桥式整流	倍压电路
输出平均电流 U_o	$0.45U_2$	$0.9U_2$	$0.9U_2$	$2\sqrt{2}U_2$
输出平均电流 I_o	$0.45\frac{U_2}{R_L}$	$0.9\frac{U_2}{R_L}$	$0.9\frac{U_2}{R_L}$	$2\sqrt{2}U_2\frac{U_2}{R_L}$
二极管平均电流 I_D	I_o	$\frac{1}{2}I_o$	$\frac{1}{2}I_o$	I_o
二极管最高反向电压 U_{RM}	$\sqrt{2}U_2$	$2\sqrt{2}U_2$	$\sqrt{2}U_2$	$2\sqrt{2}U_2$
主要特点	电路简单，输出波形脉动大，性能最差	输出波形脉动减小，应用广泛，但变压器要有中心抽头	应用最广，但需要 4 只整流二极管	可实现 N 倍压整流，输出电压脉动大，适合于负载电流很小的场合

3. 整流桥

将 4 只整流二极管接成桥路后，制作在一起封装成一个器件，称为整流桥。图 2-15 为常见整流桥的实物图。器件上的“~”或 AC 表示交流输入电压；“+”和“-”分别表示直流输出电压的正极性端和负极性端。选择整流桥时主要考虑其整流电流和工作电压（最大反向电压）。

（a）整流桥：扁桥　（b）整流桥：圆桥　（c）贴片整流桥

图 2-15　常见整流桥实物图

2.2.3　电容滤波电路

由于整流电路的输出电压是单向脉动电压，含有较大的交流成分（称为纹波电压），应在整流电路后加接滤波电路，以滤除输出电压的交流成分，获得平滑的直流电压。滤波电路有电容、电感和复式滤波电路等多种形式。电容滤波电路是小功率整流电路中的主要滤波形式。

电容滤波电路利用电容器两端电压不能跃变的特性，使输出电压变得平滑。在桥式整流电路中，与负载并联一个大容量的电容器，就构成了电容滤波电路，如图 2-16（a）所示。

1. 工作原理

设电容两端初始电压为零，在 $t=0$ 时刻接通电源，u_2 由零逐渐增大时，VD1、VD3 导通，电流经 VD1、VD3 向负载 R_L 供电，同时对电容 C 充电。若忽略二极管的正向压降和变压器的内阻，电容充电时常数就近似为零，则 $u_C \approx u_2$，当 u_2 到最大值时，u_C 也达到最大值。

随后 u_2 开始下降，电容则开始对 R_L 放电，其放电时常数 R_LC 较大，故 u_C 按指数规律缓慢下降。当 $u_2<u_C$ 时，四个二极管均反偏截止，R_L 两端电压 u_o 依靠 C 放电维持。在 u_2 的负半周，当 $|u_2|>u_C$ 时，二极管 VD2、VD4 导通，电容再被充电，重复上述过程。

电容器两端电压 u_C 即为输出电压 u_o，其波形如图 2-16（b）所示。可见输出电压变得平滑、纹波大为减小，并且输出电压 U_o 较高。

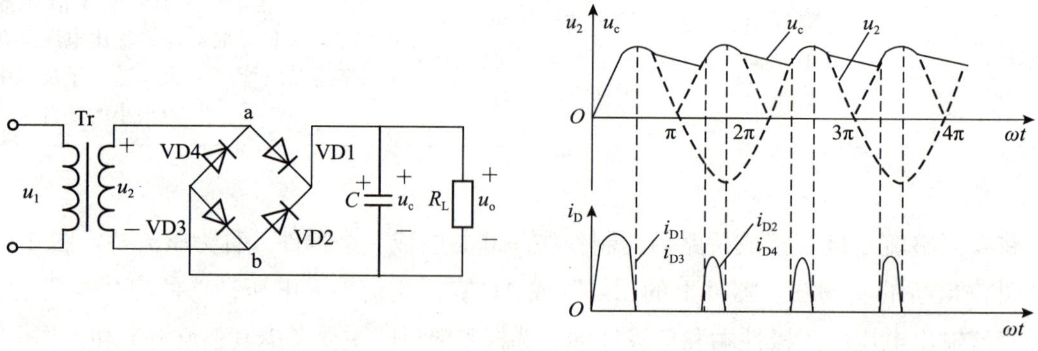

（a）原理电路　（b）电压、电流波形

图 2-16　单相桥式整流电容滤波电路

输出电压 U_o 的大小与放电时间常数 R_LC 有关。在空载（$R_L=\infty$）时，$U_o=\sqrt{2}U_2$。随着负载的增加 R_L 减小，I_o 增大，放电时间常数 R_LC 减小，放电加快，使 U_o 下降。整流滤波电路的输出电压 U_o 与输出电流 I_o 的变化关系曲线称为输出特性曲线或外特性曲线，如图 2－17 所示。由图可见，与无电容滤波时比较，输出电压随负载电阻的变化有较大的变化，即带负载能力较差。

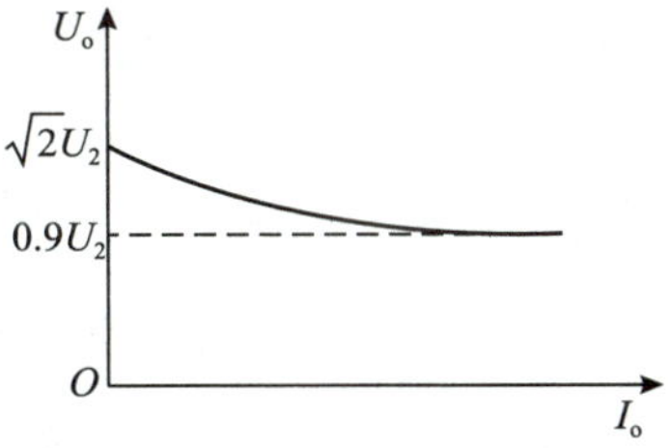

图 2－17　输出特性曲线

2. 参数计算

在工程上，为了得到比较平滑的输出电压，一般取

$$R_LC \geqslant (3\sim5)\frac{T}{2}$$

式中，T 是电源交流电压的周期。滤波电容的数值一般在几十微法到几千微法，由负载电流的大小而定，其耐压值应大于输出电压的最大值，通常都采用极性电容器。

满足上式时，全波整流滤波电路的输出电压的平均值可近似为

$$U_o \approx 1.2U_2$$

流过二极管的平均电流是负载电流的一半，即

$$I_D=\frac{1}{2}I_o=\frac{1}{2}\frac{U_o}{R_L}\approx1.2\frac{U_2}{2R_L}$$

由于二极管的导通时间短，导通角 $\theta<\pi$，只有当 $|u_2|>u_C$ 时才导通，那么在二极管导通期间将流过一个较大的冲击电流，即浪涌电流，容易使管子损坏，因而在选择二极管的最大整流电流时要留有足够的裕量，一般可按（2～3）I_o 来选择。

二极管截止时所承受的最高反向电压为

$$U_{DRM}=\sqrt{2}U_2$$

在桥式整流滤波电路中，流过变压器二次绕组的电流是非正弦波，其有效值可近似为

$$I_2=(1.5\sim2)I_o$$

电容滤波具有电路简单，输出电压较高，脉动较小等优点；但其外特性较差，且电流冲击大，一般用于要求输出电压较高，负载电流较小并且变化也较小的场合。除电容滤波之外还有电感滤波、LC 滤波、π 形滤波等电路。各种滤波电路的性能比较见表 2－5。

表 2-5　各种滤波电路的性能比较

类型	电容滤波	电感滤波	*LC* 滤波	*CLC*π 形滤波	*CRC*π 形滤波
输出电压	$\approx 1.2U_2$	$\approx 0.9U_2$	$\approx 0.9U_2$	$\approx 1.2U_2$	$\approx 1.2U_2$
二极管冲击电流	大	小	小	大	大
带负载能力	差	强	强	较差	很差
特点	电路简单，适合小电流场合	电感较笨重，成本高，适应低电压、大电流场合	脉动成分小，适应性较强	脉动成分小，但电感较笨重，成本高，适合小电流场合	脉动成分小，但电阻上有直流压降，适合小电流场合

2.2.4　线性集成稳压器

整流滤波后的直流电压是不稳定的，它会因电网波动或负载变化而变化。因此，在整流滤波后还需连接稳压电路，保持输出直流电压的稳定。

稳压电路根据调整元件与负载的连接方法，可分为并联型和串联型。

集成稳压器具有高性能、高效率、低成本、体积小、易使用、外围元件少等优点，应用越来越广泛。目前，国内外生产的集成稳压器多达上千种，大致可分成线性集成稳压器和开关式集成稳压器两大类。

在线性集成稳压器中，三端集成稳压器在小功率稳压电源中使用最为广泛。这种稳压器只有输入端、输出端和公共端三个接线端，分为固定式和可调式两种类型。

1. 三端固定输出集成稳压器

（1）基本原理

三端固定输出集成稳压器通用产品有 CW7800 系列（输出正电压）和 CW7900 系列（输出负电压）。输出电压由具体型号中的后两个数字代表，有 5 V、6 V、9 V、12 V、15 V、18 V 和 24 V 等，其额定输出电流以 78（或 79）后面的字母来区分。L 表示 0.1 A，M 表示 0.5 A，无字母表示 1.5 A。例如，CW78M12 表示输出电压为+ 12 V，额定输出电流为 0.5 A。

CW7800 系列和 CW7900 系列塑料直插式封装外形与引脚图如图 2-18 所示。图 2-19 中虚框内是 CW7800 系列集成稳压器的内部组成框图。因内部调整管与负载相串联且调整管工作在线性工作区，又称为串联调整式集成稳压器。它是将取样电路的取样电压和基准电压比较放大后，通过控制调整管来稳定输出电压的。

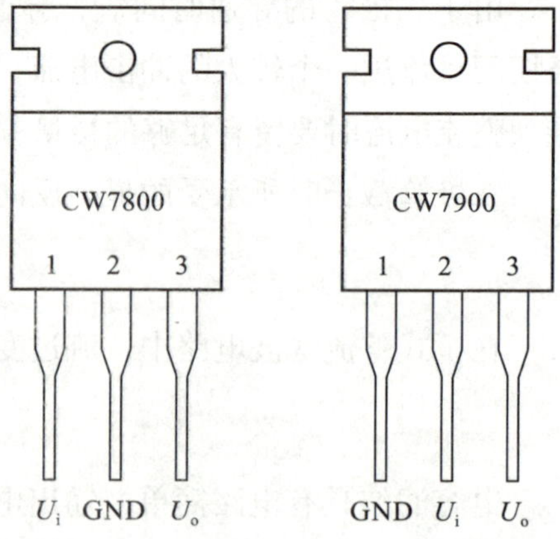

（a）CW7800 系列　（b）CW7900 系列

图 2-18　外形与引脚图

启动电路可以帮助稳压器在有输入电压时快速建立输出电压，稳压器中设有比较完善的保护电路，具有过电流、过电压保护和过热保护等功能。

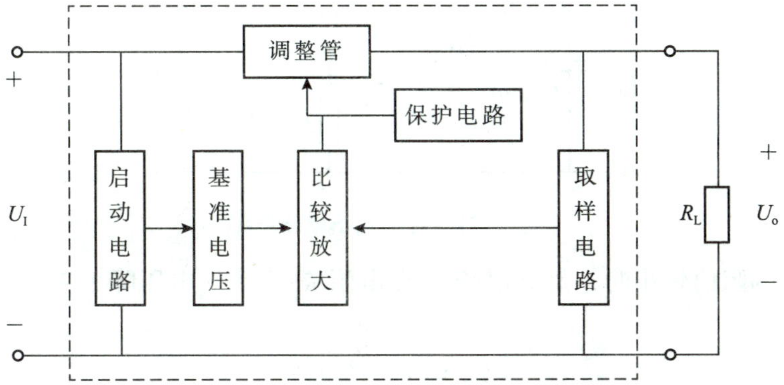

图 2-19　CW7800 系列集成稳压器的内部电路组成框图

（2）应用电路

① 典型应用电路

图 2-20 为 CW7800 系列的典型应用电路。整流滤波后的直流电压输入到引脚 1，从引脚 3 获得稳定的输出电压。

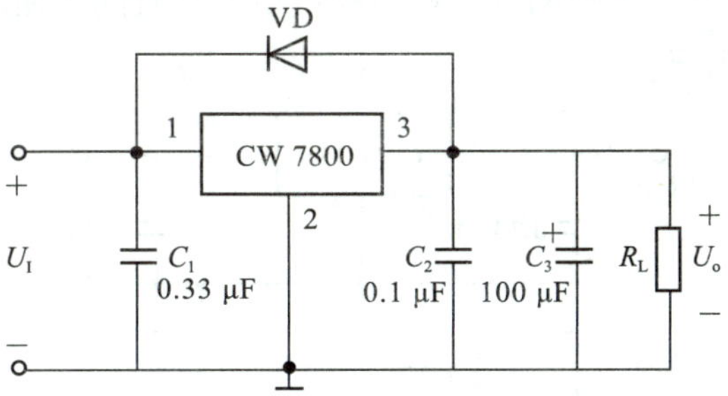

图 2-20　CW7800 系列典型应用电路

为使电路正常工作，输入输出压差应大于 3 V。输入端电容 C_1 用来抵消输入端接线较长时所产生的电感效应，防止自激振荡，并可消除高频脉冲干扰，一般取 0.33 μF；输出端电容 C_2 用于消除输出电压中的高频噪声，一般取 0.1 ~ 1 μF；C_3 用于滤出输出电压中的纹波电压，一般取几十微法的电解电容。VD 是保护二极管，用来防止在输入端短路时输出电容 C_3 所存储电荷通过稳压器放电而损坏器件。

② 提高输出电压的电路

提高输出电压电路如图 2-21 所示，I_Q 为公共端静态电流，一般为 5 mA，最大可达 8 mA。U_{XX} 为稳压器的标称输出电压，由图可得电路的输出电压 U_o 为

$$U_o = U_{XX} + (I_1 + I_Q) = U_{XX} + \left(\frac{U_{XX}}{R_1} + I_Q\right)R_2$$

$$= \left(1 + \frac{R_2}{R_1}\right)U_{XX} + I_Q R_2$$

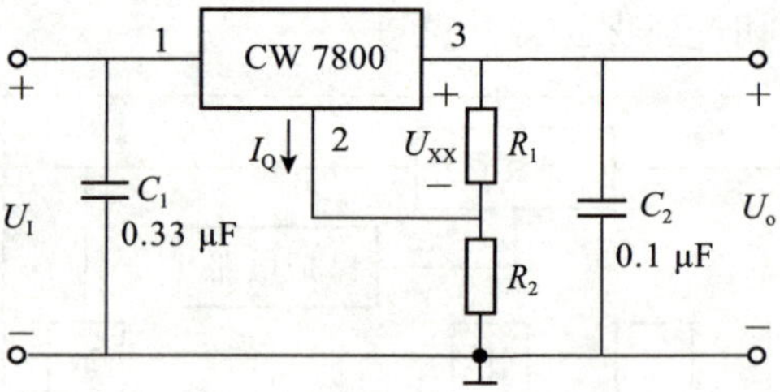

图 2-21　提高输出电压电路

当 R_1、R_2 的阻值较小时，静态电流 I_Q 在电阻 R_2 两端的电压降 I_QR_2 可以忽略，则

$$U_o \approx \left(1+\frac{R_2}{R_1}\right)U_{XX}$$

可见，输出电压仅与 R_2/R_1 的比值和 U_{XX} 有关，提高 R_2 与 R_1 的比值，可提高 U_O。但这种接法的缺点是，当输入电压变化时，稳压器的静态电流 I_Q 也变化，I_Q 的变化将降低稳压器的稳压精度。

③ 输出正、负电压电路

用 CW7815 和 CW7915 系列的三端稳压器可组成具有同时输出+ 15 V、－15 V 电压的稳压电路，如图 2-22 所示。

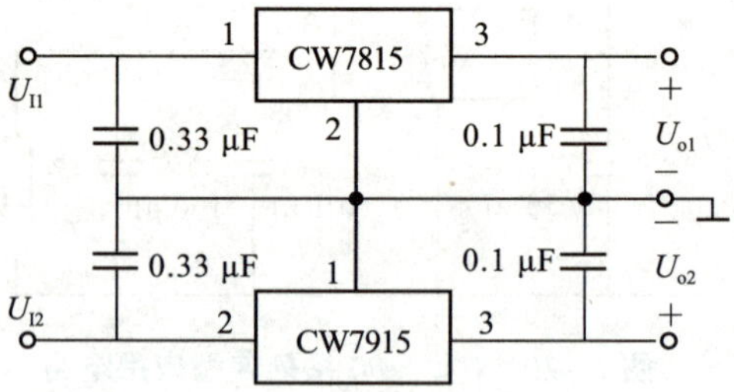

图 2-22　输出正、负电压电路

2. 三端可调输出集成稳压器

（1）基本原理

三端可调输出集成稳压器的输出电压可调，不仅具备三端固定集成稳压器的优点，而且电压调整率和负载调整率均优于三端固定集成稳压器，内部保护措施完善，应用更为灵活。

典型产品 CW117/217/317 系列为正电压输出，CW137/237/337 系列为负电压输出。同一系列的内部电路和工作原理相同，只是工作温度不同。其输出电压的调整范围为 1.25 ~ 37 V（负电压为 －37 ~ －1.25 V），最大输出电流为 1.5 A，输入输出电压差允许范围为 3 ~ 40 V。CW117 和 CW137 的塑料直插式封装外形及引脚如图 2-23 所示，三个端子分别为输入端、输出端和调整端。输出端与调整端之间电压为基准电压 U_{REF} = 1.25 V，从调整端流出的电流 I_{ADJ} 约为 50 μA。

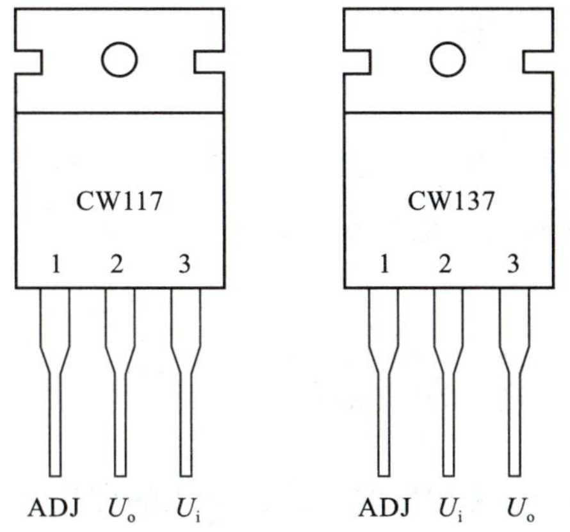

（a）CW117 系列　（b）CW137 系列

图 2－23　外形与引脚图

（2）基本应用电路

三端可调输出集成稳压器的基本稳压电路如图 2－24 所示。电路中的 C_2 用以抑制输出纹波电压，二极管 VD1 用于防止输入端短路时，C_4 从稳压器输出端向稳压器放电使之损坏，VD2 用于防止输出短路时，C_2 通过调整端放电而损坏稳压器。

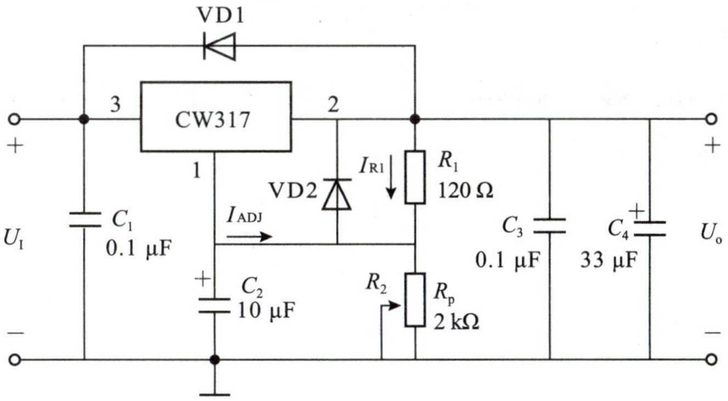

图 2－24　三端可调输出集成稳压器的基本稳压电路

为了保证稳压器在空载时也能正常工作，要求流过电阻丝的电流不能太小。一般取 $I_{R1}=5\sim10$ mA，故 $R_1=\dfrac{U_{REF}}{I_{R1}}\approx120\sim240\ \Omega$，则电路的输出电压为

$$U_o=\left(1+\frac{R_P}{R_1}\right)U_{REF}+I_{ADJ}R_P$$

由于 $I_{ADJ}\approx50\ \mu A$，可以略去；又 $U_{REF}=1.25$ V，可得

$$U_o=1.25\left(1+\frac{R_P}{R_1}\right)$$

调节 R_P 可使电路的输出电压为 1.25～22 V。

2.2.5 稳压电路的质量指标

1. 电压调整率 S_U

电压调整率 S_U 是表征稳压性能优劣的重要指标，是指当负载电流和温度不变，输入电压变化时，输出电压的相对变化量与输入电压变化量的比值，即

$$S_U = \left.\frac{\dfrac{\Delta U_o}{U_o}}{\Delta U_I}\right|_{\substack{\Delta I_o=0\\ \Delta T=0}} \times 100\%$$

工程上常把电网电压波动 ±10% 时，输出电压的变化量 ΔU_o 定义为电压调整率。S_U 值越小，稳压性能越好。

稳压性能优劣也常用稳压系数（也称为稳定系数）S_r 来说明，是指在负载电流和温度不变时，稳压电路的输出电压相对变化量与输入电压的相对变化量的比值，即

$$S_r = \left.\frac{\dfrac{\Delta U_o}{U_o}}{\dfrac{\Delta U_I}{U_I}}\right|_{\substack{\Delta I_o=0\\ \Delta T=0}} \times 100\%$$

2. 电流调整率 S_I

当输入电压和温度不变，输出电流 I_O 从零变到最大额定输出值时，输出电压的相对变化量称为电流调整率 S_I，即

$$S_I = \left.\frac{\Delta U_o}{U_o}\right|_{\substack{\Delta U_I=0\\ \Delta T=0}} \times 100\%$$

S_I 反映了负载电流变化对输出电压的影响。S_I 越小，输出电压受负载电流的影响越小。

3. 输出电阻 R_o

当输入电压和温度不变时，输出电压的变化量与负载电流的变化量的比值，称为输出电阻 R_o，即

$$R_o = \left.\frac{\Delta U_o}{I_o}\right|_{\substack{\Delta U_I=0\\ \Delta T=0}}$$

R_o 的大小反映了直流电源带负载的能力，其值越小，负载能力越强。

4. 温度系数 S_T

当输入电压 U_I 和负载电流 I_o 都不变时，单位温度变化所引起的输出电压相对变化量称为温度系数 S_T，即

$$S_T = \left.\frac{\Delta U_o / U_o}{\Delta T}\right|_{\substack{\Delta U_I=0\\ \Delta I_o=0}} \times 100\%$$

5. 纹波抑制比 S_R

纹波抑制比 S_R 是指稳压电路输入纹波电压峰—峰值 U_{IPP} 与输出纹波电压峰—峰值 U_{OPP} 之比，一般用分贝数表示，即

$$S_R = 20 \times \lg \frac{U_{IPP}}{U_{OPP}} \text{dB}$$

该指标反映了稳压电路对其输入端引入的交流纹波电压的抑制能力。

知识拓展

稳压二极管

稳压二极管是一种特殊类型的二极管，具有稳定电压的作用。图 2-25 为是稳压二极管的图形符号和伏安特性。稳压二极管和普通二极管的主要区别在于稳压二极管工作在 PN 结的反向击穿状态。通过制造过程中的工艺措施和使用时限制反向电流的大小，能保证稳压二极管在反向击穿状态下不会因为过热而损坏。在反向击穿状态下，反向电流在一定范围内变化时，稳压二极管两端的电压变化很小，利用这一特性可以起到稳定电压的作用。

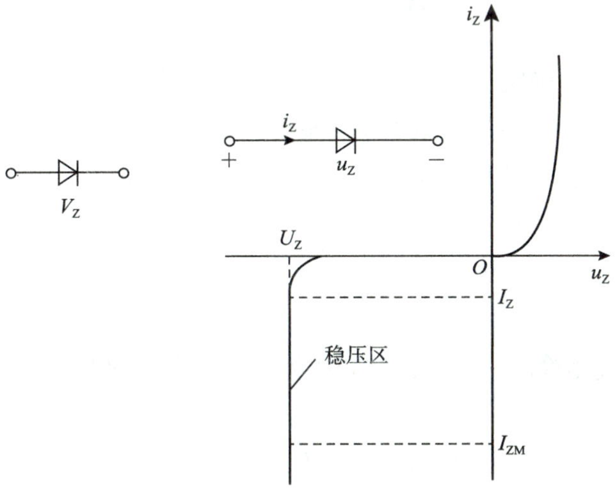

图 2-25　稳压二极管的图形符号和伏安特性

稳压二极管的主要参数如下。

1. 稳定电压 U_Z

稳压二极管在稳定工作电流下的反向击穿电压值。由于工艺和其他原因，同型号稳压管的稳压值也有一定的分散性。例如，2CW14 型稳压二极管在 $I_Z = 10$ mA 时，U_Z 的允许值为 6～7.5 V。

2. 动态电阻 r_Z

动态电阻是稳压管两端电压变化量与电流变化量的比值，其值越小，稳压性能就越好。

3. 最大稳定电流 I_{ZM}

最大稳定电流是允许通过的最大反向电流。

4. 最大耗散功率 P_{ZM}

最大耗散功率是最大允许耗散的功率，$P_{ZM}=U_ZI_{ZM}$。

5. 电压温度系数 αU_Z

电压温度系数是温度每升高 1 ℃时稳定电压值的相对变化量。U_Z 为 6 V 左右时稳压二极管的温度稳定性较好。

2.2.6 直流稳压电源的设计

小功率线性直流稳压电源一般由电源变压器、整流电路、滤波电路和稳压电路四个部分组成，下面分别介绍各部分电路的设计。

1. 稳压电路的设计

（1）集成稳压器的选择

集成稳压器的选择依据是输出电压、负载电流、电压调整系数和输出电阻等指标。若输出固定，可选用固定输出三端稳压器 CW7800 系列（正电源）或 CW7900 系列（负电源）；若输出电压可调，则可选用可调输出三端稳压器 CW117/217/317 系列（正电源）或 CW137/237/337 系列（负电源）。

（2）稳压器输入电压的确定

稳压器的输入电压 U_i 即为整流滤波电路的输出电压。U_i 过低将影响稳压器的性能，甚至不能正常工作；过高则会使稳压器功耗增大，引起电压效率降低。因此，U_i 要选择合适。对于 CW7800 系列，在满足稳压器正常工作的条件下，U_i 越小越好，但一般要求输入电压的参数大于输出电压 2～3 V。

2. 电源变压器的选择

通常根据变压器二次侧输出的功率选择变压器。变压器二次侧电压有效值 U_2 与稳压器输入电压 U_i 的关系为

$$\frac{U_{imin}}{1.2}\leqslant U_2\leqslant\frac{U_{imax}}{1.2}$$

在此范围内，U_2 越大，稳压器的压差越大，功耗也就越大，一般取二次侧电压为

$$U_2\geqslant\frac{U_{imin}}{1.2}$$

则变压器的变匝比为

$$n=\frac{N_1}{N_2}=\frac{220}{U_2}$$

二次侧电流的有效值一般取为

$$I_2=(1.1\sim3)I_o$$

式中，I_o 为稳压器输出电流。

则变压器的容量为

$$S=U_2I_2$$

3. 整流管的选择

对于单向桥式整流电路，二极管承受的最大反向电压为 $\sqrt{2}U_2$，考虑到电网电压 ±10% 的波动，故选择二极管的最高反向工作电压 U_{RM} 应满足

$$U_{RM}\geqslant 1.1\sqrt{2}U_2$$

通过二极管的平均电流为负载电流的一半，考虑到电容充电时的瞬时电流较大，一般选择整流管最大整流电流 I_F 为

$$I_F=\frac{(2\sim3)I_o}{2}$$

根据如上两式可选择合适的整流二极管或整流硅桥。

4. 滤波电容的选择

为了获得较好的滤波效果，通常按下式选择电容的容量

$$RC\geqslant\frac{(3\sim5)T}{2}$$

式中，T 为交流电压的周期，$T=(1/50)\ \text{s}=0.02\ \text{s}$；$R$ 为整流滤波电路的负载，$R\approx U_i/I_o$。

电容器承受的最大峰值电压为 $\sqrt{2}U_2$，考虑到电网的波动，滤波电容器的工作电压常取为（1.5 ~ 2）U_2。由于滤波电容器的容量都较大，通常选用电解电容。

课后实训

一、实训名称

直流稳压电源的设计与仿真测试。

二、实训目的

（1）学习直流稳压电源工作特性的分析方法，以及性能参数的测试方法。

（2）学习直流稳压电源的设计方法，初步学会模拟电子电路的设计。

（3）学习 Multisim 软件的使用方法，能够用 Multisim 软件测试直流稳压电源的性能。

三、仪器设备及元器件

电源、仿真软件、可调电阻、电阻、电容、电感等电子元器件、导线、测试仪器、变压器、整流器、滤波器。

四、实训步骤

1. 设计直流稳压电源

按照直流稳压电源的设计指标要求，选择元器件型号和参数，画出电路图。

直流稳压电源的设计指标和条件具体如下。

（1）输入交流电压：220 V ± 10%，50 Hz。

（2）输出直流电压：固定输出 5 V、500 mA。

（3）电压调整率：$S_U \leqslant 0.5\%$。

（4）电源内阻：$R_o < 0.1\ \Omega$。

（5）纹波电压峰值：<5 mV。

2. 用 Multisim 软件仿真测试直流稳压电源

（1）用 Multisim 搭建所设计的直流稳压电路，测试电路输出电压。

（2）测量电路的输出电阻 R_o。用万用表测量稳压电路正常工作时的输出电压 U_o，然后将负载 R_L 断开，重新测量输出电压值，记为 U'_o，利用公式 $R_o = (U'_o/U_o - 1)R_L$，计算稳压电路的输出电阻。

（3）测量电路的电压调整率 S_U。在额定输出电压、输出电流的情况下，使交流输入电压变化 ± 10%，即分别使交流输入电压为 242 V 或 198 V，测量两者对应的输出电压值，即可求得变化量 ΔU_o。然后计算稳压电路的电压调整率。

（4）测量电路的纹波电压。在额定输出电压、输出电流的情况下，用示波器 AC 挡测量输出电压中纹波电压的峰值。

（5）若实际测试结果不符合设计指标要求，修改设计参数，以满足设计要求。

五、实训要求

（1）按照设计指标，计算和选择元器件参数。

（2）总结测试结果，说明指标不符合要求时的解决方法。

（3）撰写设计仿真测试报告。

项目小结

稳压电源是提供稳定电压的装置，其输出电压的大小和稳定度可以通过调整半导体二极管的参数来实现。半导体二极管是一种具有单向导电特性的电子元件，通过其正向偏置，能够将微弱的交流电转换为直流电。

半导体与 PN 结是直流稳压电源的基础，PN 结在结构上形成马鞍形，是二极管、稳压管等的基础。在直流稳压电源中，半导体二极管的应用主要是实现整流和滤波。

直流稳压电源的组成包括电源变压器、整流电路和滤波电路。其中，单相桥式整流电路能够将交流电转换为直流电，而电容滤波电路则能够滤除交流成分，提高直流输出的质量。

线性集成稳压器是一种常用的稳压电路，能够提供稳定的电压输出和质量指标。稳压电路的质量指标主要包括输出电压的稳定度和纹波抑制能力等。

在设计直流稳压电源时，需要综合考虑各种因素，如输出电压的大小和稳定度、电源的效率、滤波效果等。同时，还需要根据实际应用需求选择合适的半导体器件和稳压电路，并进行电路分析和设计。

思考练习

1. 稳压电源的分类有哪些？
2. 简述常用小功率线性直流稳压电源各组成部分的功能。
3. 温度对二极管的影响有哪些？

项目 3　集成运算放大器的分析与应用

项目导读

集成运算放大器，简称集成运放，是一种具有极高放大倍数的电子器件。

了解半导体三极管的工作原理和基本放大电路的分析是基础。在此基础上，进一步学习差分放大电路和互补对称功率放大电路，以增强对大功率输出的处理能力。集成运算放大器的分析与应用，离不开对半导体三极管、基本放大电路、差分放大电路、互补对称功率放大电路等基础知识的理解与应用。

集成运算放大器作为半导体技术的重要成果，其核心是对以上各种分析的集成化。它通过将各种功能模块集成在一个芯片上，大大简化了电路设计，提高了性能，同时也降低了生产成本。

集成运算放大器广泛应用于各种电子设备中，如音频放大器、仪器仪表、电机控制、信号处理等。具有强大的放大、转换和功率输出功能，可以实现对微弱电信号的高效传输和转换，大大提高了电子设备的性能和精度。

学习目标

◎知识目标

1. 了解半导体基本知识。
2. 掌握三极管的工作原理。
3. 熟悉基本放大电路的组成和工作原理。

◎技能目标

1. 学会使用基本电子工具和设备，如万用表、示波器等。

2. 掌握电路设计和分析的基本技能，包括使用电路图和仿真软件进行电路设计。

3. 学会使用数字和模拟电子技术进行信号处理和放大，包括信号源、滤波器、比较器和放大器的使用。

◎素质目标

1. 培养学生细心、耐心和专注的素质，电子技术需要细致入微地观察和分析。

2. 培养学生独立思考和解决问题的能力，电子技术中遇到的问题往往需要独立解决。

3. 培养学生的团队合作精神和沟通能力，电子技术往往需要多人协作完成。

思政目标

1. 使学生树立科技强国、科技为民的思想，了解电子技术在现代社会中的应用和重要性。

2. 培养学生的爱国主义精神，激发学生对国产电子技术的信心和自豪感。

3. 培养学生良好的职业道德和敬业精神，了解电子技术工作的要求和特点，树立正确的职业观。

任务 1　半导体三极管

扫一扫

半导体三极管

半导体三极管又称为三极管，它是在一块导体上制成两个 PN 结，再引出三个电极而构成的，具有电流放大作用。三极管有放大、截止及饱和三种工作状态。

3.1.1　三极管的基本结构

三极管有 NPN 和 PNP 两种类型，图 3－1 为三极管结构示意图和图形符号。

NPN 型和 PNP 型三极管都含有三个掺杂区（发射区、基区和集电区）、两个 PN 结。发射区和基区间的 PN 结称为发射结，集电区和基区间的 PN 结称为集电结。由发射区、基区和集电区分别引出发射极（emitter）E、基极（base）B 和集电极（collector）C。为了使三极管实现电流的放大作用，在制造时使其发射区杂质浓度很高，基区很薄且杂质浓度很低，集电结的面积比发射结的面积大，且集电区杂质浓度低。

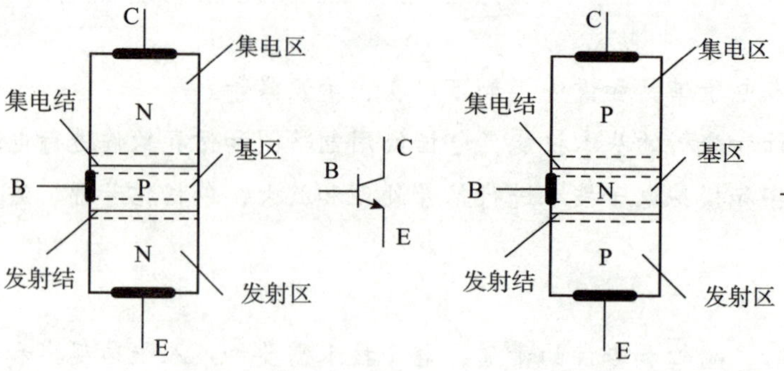

（a）NPN 型　　（b）PNP 型

图 3-1　三极管的结构示意图和图形符号

3.1.2　三极管的工作原理

三极管是一个具有电流放大作用的元件，三极管能实现电流的放大作用，首先是内部条件——基区很薄且杂质浓度远低于发射区，又要有外部条件——发射结正偏，集电结反偏。

下面以 NPN 型三极管为例，如图 3-2（a）所示电路中，三极管的发射极、基极和基极电阻 R_B、基极电源 U_{BB} 相连接，组成基极电路，保证发射极正向偏置；发射极、集电极和集电极电阻 R_C、集电极电源 U_{CC} 相连接，组成集电极电路，保证集电结反向偏置。由于发射极是基极电路和集电极电路的公共端，故这种电路称为共发射极电路。

载流子运动如图 3-2（b）所示，基极电源 U_{BB} 使发射结获得正向偏置，故发射区的电子不断越过发射结进入基区，形成的电流为发射极电流 I_E。当然基区空穴也进入发射区，但因基区的杂质浓度很低，故空穴形成的电流很小。发射区的电子注入基区后，将继续向集电结扩散。

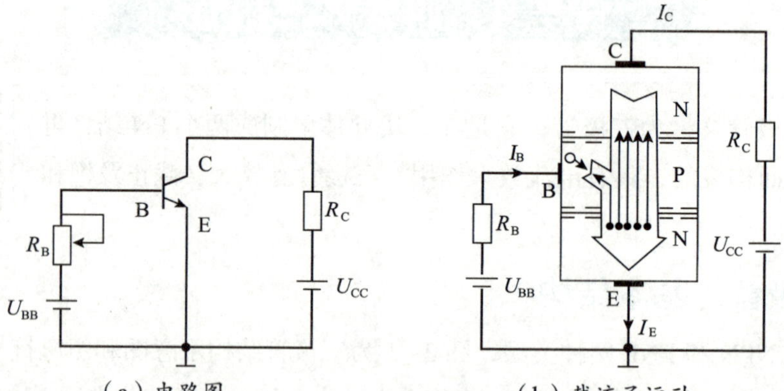

（a）电路图　　（b）载流子运动

图 3-2　三极管放大状态电路及载流子运动

因基区很薄且空穴浓度很低，故发射区注入基区的电子只有很少一部分和基区的空穴复合，为了维持基区内空穴浓度的平衡，基极电源向基区注入空穴，从而形成基极电流 I_B。其余绝大部分电子扩散到了集电结的边缘，由于集电极电源 U_{CC} 使集电结反偏，故扩散到集电结的电子就在反偏电场作用下越过集电结，被集电极收集。和三极管内部的载流子运动相对应，形成了集电极电流 I_C。三极管三个极的电流关系为

$$I_C + I_B = I_E$$

由于三极管制成后其尺寸和杂质浓度是确定的，所以发射区所发射的电子在基区复合的部分和被集电极收集的部分的比值大体上是确定的，因此三极管内部的电流存在一种比例分配关系，I_C 接近于 I_E 远大于 I_B，I_B 和 I_C 之间存在比例关系，称为静态电流放大系数 $\overline{\beta}$。

$$\overline{\beta} = \frac{I_C}{I_B}$$

当基极回路由于外加电压或电阻改变而引起 I_B 的微小变化时，I_C 必定会发生较大的变化，这就是三极管的电流放大作用，也就是基极电流对集电极电流的控制作用。

由于三极管中电子和空穴两种极性的载流子都参与导电，故称为双极型三极管。

3.1.3　三极管的特性曲线

三极管采用共发射极接法时，电路如图 3－3 所示。此时基极是输入端，基极电流为 i_B，基极和发射极之间的电压为 u_{BE}；集电极是输出端，集电极电流为 i_C，集电极和发射极之间的电压为 u_{CE}。

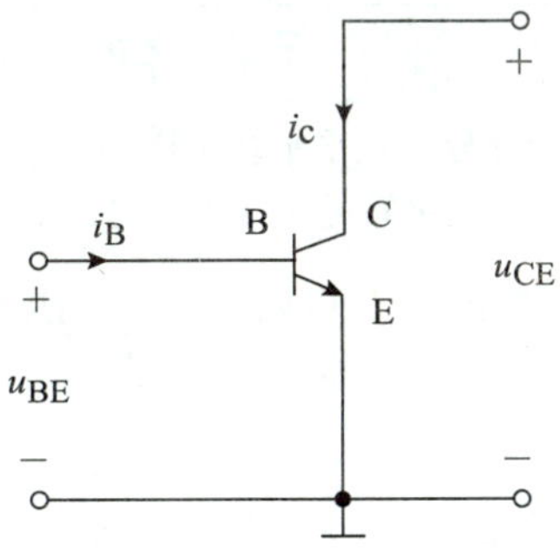

图 3－3　共发射极电路中电流和电压

1. 共发射极输入特性曲线

共发射极输入特性曲线是指 u_{CE} 为常数时，i_B 和 u_{BE} 之间的关系，即 $i_B = f(u_{BE})\big|_{u_{CE}=\text{常数}}$，如图 3－4（a）所示。

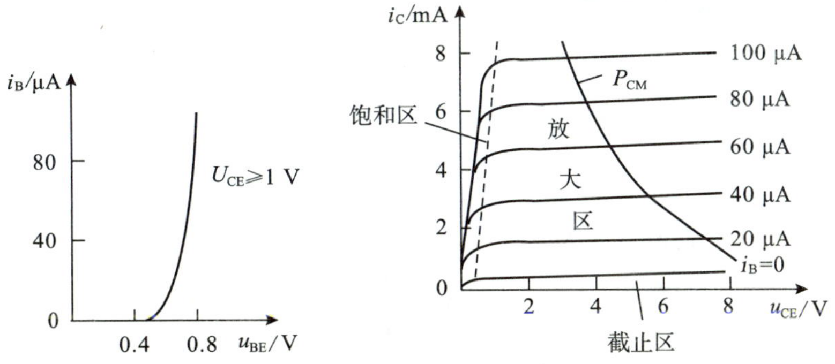

（a）输入特性曲线　　（b）输出特性曲线

图 3－4　三极管的特性曲线

由于发射极是正向偏置的PN结，故三极管的输入特性和二极管的正向特性相似。不同之处在于三极管的两个PN结靠得很近，i_B不仅与u_{BE}有关，还要受到u_{CE}的影响，故研究i_B和u_{BE}的关系要对应于一定的u_{CE}。

当$U_{CE} \geqslant 1$ V时，三极管集电极的电场已足够大，可以把从发射极进入基区的电子中的绝大部分吸引到集电极，u_{CE}再增大，i_B也不会变化了，所以认为$U_{CE} \geqslant 1$ V时的输入特性曲线基本重合。由图3-4（a）可见，输入特性也有一段死区。当u_{BE}超过死区电压后，i_B开始明显增大，三极管进入放大状态，在正常工作范围内，u_{BE}几乎不变。硅管约为0.5 V，锗管约为0.1 V。

2. 输出特性曲线

三极管的输出特性曲线是指以i_B为参变量时，i_C和u_{CE}之间的关系，即$i_C = f(u_{CE})\big|_{i_B=常数}$。三极管的输出特性是一族曲线，如图3-4（b）所示。一个确定的I_B值，就有一条相应的i_C-u_{CE}曲线。

通常将输出特性分为三个区域，即放大区、截止区及饱和区，见表3-1。

表3-1 输出特性的三个区域

区域	释义
放大区	输出特性曲线中平坦的部分，几乎平行于横轴（略有上翘）的曲线族。在这个区域中发射结正偏、集电结反偏，三极管处于放大状态；$I_B>0$，$I_C=\beta I_B$
截止区	特性曲线中$i_B=0$以下的区域。在截止区发射结反偏，I_C近似为0；集电极和发射极之间相当于开路，即此时的三极管相当于一个断开的开关
饱和区	$u_{CE}<u_{BE}$时，集电结和发射结均处于正偏状态，集电极和发射极之间的电压称为饱和压降，用U_{CES}表示。U_{CES}的值很小，通常硅管约为0.3 V，锗管约为0.1 V。故三极管饱和时相当于一个闭合的开关

在放大电路中，三极管工作在放大区，以实现放大作用。在脉冲数字电路中，应使三极管工作在截止区和饱和区，使其成为一个可以控制的无触点开关。

3.1.4 三极管的主要参数

1. 电流放大系数

直流（静态）电流放大系数为

$$\overline{\beta} = \frac{I_C}{I_B}$$

交流（动态）电流放大系数为

$$\beta = \frac{\Delta i_C}{\Delta i_B}$$

实际应用中，两者数值较近，常用$\beta \approx \overline{\beta}$。常用的小功率管的$\beta$值为20～150。$\beta$随

温度升高而增大。在输出特性曲线上表现为温度升高时曲线向上移且曲线间的距离增大。

2. 穿透电流 I_{CEO}

基极开路（$I_B=0$）时的集电极电流称为穿透电流 I_{CEO}。I_{CEO} 随温度的升高而增大。硅三极管的 I_{CEO} 要比锗三极管的 I_{CEO} 少于 2～3 个数量级。

3. 集电极最大允许电流 I_{CM}

当三极管工作时的集电极电流超过 I_{CM} 时，三极管的 β 值将明显下降。

4. 集电极允许最大耗散功率 P_{CM}

三极管工作时的集电极功率损耗 $P_C=I_C \cdot U_{CE}$。P_C 的存在使得集电结的温度上升，若 $P_C>P_{CM}$，则会导致三极管过热而损坏，P_{CM} 曲线如图 3-4（b）所示。曲线左方 $P_C<P_{CM}$，是三极管安全工作区；右方则为过损耗区，是三极管不允许的工作区。

5. 集电极、发射极之间的反向击穿电压 $U_{(BR)CEO}$

基极开路时，集电极和发射极之间允许施加的最大电压称为反向击穿电压 $U_{(BR)CEO}$。若 $U_{CE}>U_{(BR)CEO}$，集电结将反向击穿。

课后实训

一、实训名称

三极管的识别与检测。

二、实训目的

（1）学习三极管的工作特性和判别方法。

（2）学习查阅半导体器件手册的方法，熟悉三极管的类型、型号及主要性能参数。

（3）学会用数字万用表检测三极管的性能。

三、仪器设备及元器件

数字万用表、不同规格类型三极管。

四、实训步骤

1. 识别型号及外形

查阅半导体器件手册，记录所给三极管的类别、型号及主要参数。

2. 用万用表检测三极管

（1）判断基极

将数字万用表调至二极管档，先用红表笔任意接某个引脚，用黑表笔依次接触另外两个引脚，如果两次显示值均小于 1 V 或都显示溢出符号“OL”或“1”（视不同的数字万用表而定），则红表笔所接的引脚就是基极 B。如果在两次测试中，一次显示值小于 1 V，另外一次显示溢出符号“OL”或“1”，则表明红表笔接的引脚不是基极 B，此时应改换其他引脚重新测量，直到找出基极为止。

（2）判断三极管的类型和集电极、发射极

将数字万用表调至二极管档，用红表笔接基极，用黑表笔先后接触其他两个引脚，如果显示屏上的数值都显示为 0.6 ~ 0.8 V，则被测管属于硅 NPN 型中、小功率三极管；如果显示屏上的数值都显示为 0.4 ~ 0.6 V，则被测管属于硅 NPN 型大功率三极管。其中，显示数值较大的一次，黑表笔所接的电极为发射极，则另外一个电极为集电极。

在上述测量过程中，如果显示屏上的数值都显示都小于 0.4 V，则被测管属于锗三极管。

（3）测量三极管的电流放大系数 β

将数字万用表置于 hFE 挡，若被测管是 NPN 型管，则将管子的各个引脚插入 NPN 插孔相应的插座中，此时屏幕上就会显示出被测管的 hFE 值。测量各三极管的 β 值，并记录结果。

五、实训要求

（1）整理被测三极管的类型、型号、主要参数等测量结果。

（2）总结三极管性能测试方法。

任务 2　基本放大电路

3.2.1　放大的概念

在电子技术中，要对微弱信号进行处理。例如，做心电图检查时，心电图机从人体体表拾取的心电信号一般只有 0.05 ~ 5 mV。在电子秤称重的过程中，传感器检测到的信号往往只有毫伏或微伏数量级，而细胞电生理实验中所检测到的细胞膜离子单通道电流甚至只有皮安（pA，10^{-12}A）量级。这些能量过于微弱的信号，根本不能驱动负载，甚至无法直接显示。要对这样的信号进行处理，必须进行放大，这就需要放大电路。

扩音机是一个典型的放大电路，它的组成框图如图 3－5 所示。其工作原理如下：声音通过传声器转换成随声音强弱变化的电压和电流，称为音频信号；由传声器输出的音频信号是很微弱的，把它送入扩音机的输入端，经过电压放大和功率放大后，从扩音机输出端较强的音频信号，最后通过扬声器转换成比原来响亮得多的声音。

传声器输出的音频电压信号是毫伏数量级的，音频电流也很小，也就是说能量很小。如果把它直接加到扬声器上，扬声器根本不会发出声音。因此，扩音机中设有输入放大电路。输入放大电路是一个电压放大器，它输出的音频电压达到伏级至更高，尽管如此，因为电压放大器的输出电流小，所以仍然不能驱动扬声器。

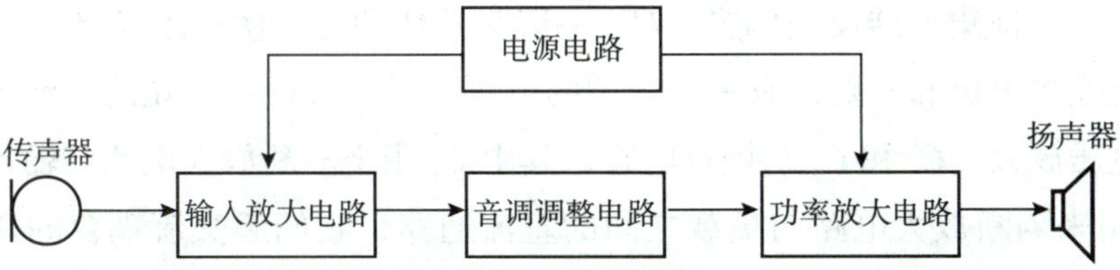

图 3-5 扩音机组成框图

功率放大器既放大电压又放大电流，音频信号经过功率放大器后获得足够的能量，可驱动扬声器发出响亮的声音。功率放大器和传声器二者输出的音频信号电压除了幅度不同之外，它们的波形应该是相同的，否则就会产生声音失真，这就要求放大电路在进行放大的时候不能产生失真（理想情况）。

基本放大电路一般是指由一个三极管或场效应管组成的放大电路。放大电路的功能是利用三极管的控制作用，将直流电源的能量部分地转化为按输入信号规律变化且有较大能量的输出信号。扩音机就是一个将微弱声音信号变大的放大器。

3.2.2 放大电路的基本要求

放大电路应满足一定的控制要求，也就是它的性能指标要符合电路要求。基本要求如下。

1. 要有足够的放大倍数

$A_u=u_o/u_i$，A_u 是电压放大倍数，用来衡量放大电路不失真电压放大能力，要求它足够大，满足放大需求。

2. 尽可能小的波形失真

即要求放大电路有足够的稳定性，在不同的工作条件下稳定放大信号。

3. 输入电阻较大，输出电阻较小

输入电阻 $R_i=u_i/i_i$，即从放大电路输入端看进去的等效交流电阻。用来衡量电路对前级或信号源的影响强弱，R_i 越大，影响越小。

输出电阻 $R_o=u_o/i_o$，即从放大电路输出端看过去的等效交流电阻。用来衡量电路的带负载能力，R_o 越小，带负载能力越强。

3.2.3 基本放大电路的组成

如图 3-6（a）所示电路是一个简单地以 NPN 管为核心组成的基本交流放大电路。输入端连接需要放大的信号，经过电容 C_1 加到三极管的基极与发射极之间，引起 i_B 变化，放大后的信号 u_o 经过 C_2 从集电极与发射极输出。发射极是输入回路和输出回路的公共端，故称为共发射极放大电路。电路中各元件的作用如下。

三极管 V 是电路的核心，起电流放大作用，是整个电路的控制元件；电源 U_{BB} 保证发射结正向偏置；R_B 称为基极偏置电阻，提供一定的基极电流；U_{CC} 为集电极电源，为电

路提供能量，并保证集电结反向偏置，U_{CC} 一般为几伏到几十伏；R_C 为集电极电阻，一方面与 U_{CC} 一起使集电极和发射极有一个合适的电压，另一方面将变化的电流转变为变化的电压，实现电压放大；C_1 和 C_2 是耦合电容，其中 C_1 用来隔断放大电路与输入信号源的直流通路，C_2 用来隔断放大电路与负载之间的直流通路，它们起交流耦合的作用，保证交流信号无衰减地从信号源通过放大电路。耦合电容 C_1 和 C_2 用的是极性电容，连接时注意其极性，电容值一般为几微法到几十微法。

一般实用的基本放大电路中使用一个电源，如图 3-6（b）所示。

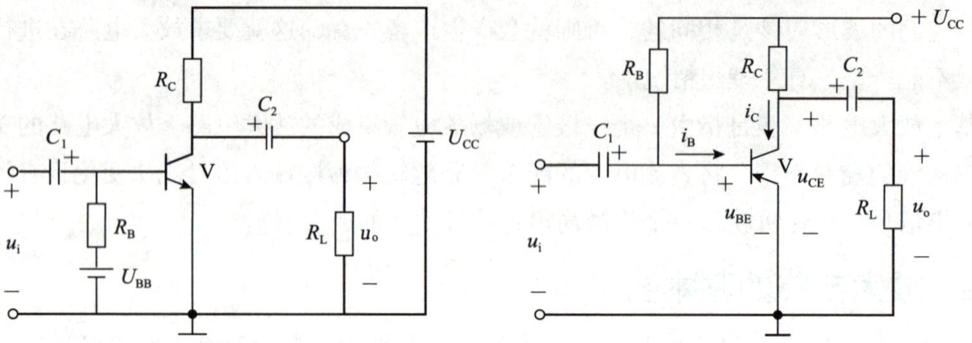

（a）双电源交流放大电路　　　　（b）单电源交流放大电路

图 3-6　基本交流放大电路

知识拓展

放大电路的组成原则

放大电路能将输入的微弱小信号放大输出为幅度较大的电信号，其能量的提供来自放大电路中的直流电源。三极管在放大电路中只是实现了对能量的控制，使之转换成信号能量，并传递给负载。

放大电路组成的原则如下。

一是必须有直流电源，而且电源的设置应保证三极管工作在线性放大电路状态，即发射结正偏，集电结反偏（对于 NPN 管，三个电极电位满足 $V_C>V_B>V_E$；对于 PNP 管，三个电极电位满足 $V_C>V_B>V_E$）。

二是为输入/输出信号提供通路，且放大电路中各元件的参数和结构安排上，要保证被传输信号能够从放大电路的输入端尽量不衰减地输入，在信号传输的过程中能够不失真地放大，最后经放大电路输出端输出，满足放大电路的性能指标要求。

3.2.4　基本放大电路的分析

基本放大电路的分析主要包括直流通路和交流通路分析。

直流通路是将放大电路中的电容视为开路，电感视为短路。直流通路分析又被称为静态分析。

交流通路是将放大电路中的电容视为短路，电感视为开路，直流电源视为短路。交流通路分析又被称为动态分析。

1. 静态分析

放大电路的静态分析分为计算法和图解法。

（1）计算法确定静态值

图 3－7 为图 3－6（b）所示放大电路的直流通路。此时电容 C_1 和 C_2 开路。

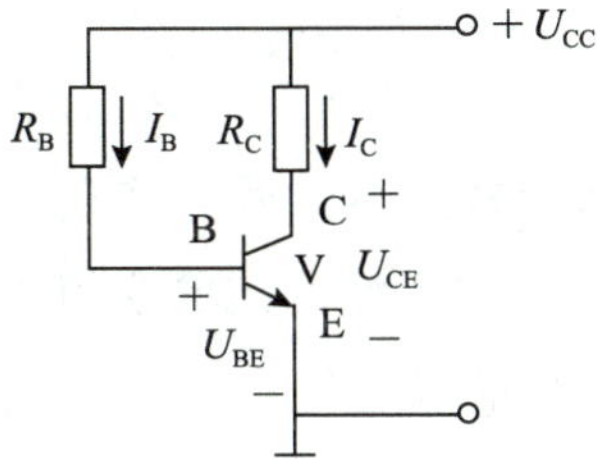

图 3－7　基本放大电路的直流通路

已知电路中各元件参数值以及三极管的 β 值，利用基尔霍夫电压定律及元件伏安关系可求得基极电流为

$$I_B=\frac{U_{CC}-U_{BE}}{R_B}\approx\frac{U_{CC}}{R_B}$$

由 I_B 可求得集电极电流为

$$I_C\approx\beta I_B$$

静态时的集电极－发射极电压则为

$$U_{CE}=U_{CC}-R_CI_C$$

【例】如图 3－6 所示电路中，已知 $U_{CC}=12\ \text{V}$，$R_C=2\ \text{k}\Omega$，$R_B=300\ \text{k}\Omega$，$\overline{\beta}=80$，试求放大电路的静态值。

【解】根据图 3－7 所示的直流通路及以上三个公式，可得

$$I_B=\frac{U_{CC}}{R_B}=\frac{12}{300\times10^3}=4\times10^{-5}\ \text{A}=0.04\ \text{mA}$$

$$I_C=\overline{\beta}I_B=80\times0.04=3.2\ \text{mA}$$

$$U_{CE}=U_{CC}-R_CI_C=12-2\times10^3\times3.2\times10^{-3}=5.6\ \text{V}$$

（2）图解法确定静态值

图解法是分析非线性电路的一种方法，是利用三极管特性曲线及直流负载线作图进行

分析的方法。

在三极管输出端，I_C 和 U_{CE} 既满足三极管的输出特性，又满足 $U_{CE}=U_{CC}-R_CI_C$，由这一方程画出的直线称为直流负载线。利用该方程，可求得

$I_C=0$ 时

$$U_{CE}=U_{CC}$$

$U_{CE}=0$ 时

$$I_C=\frac{U_{CC}}{R_C}$$

在输出特性曲线组上用直线将上式求得的两点连在一起，该直线即为直流负载线。负载线与三极管的某条（由 I_B 确定）输出特性曲线的交点 Q，称为放大电路的静态工作点，由它可以确定放大电路的电压和电流的静态值。

如图 3－8 所示，假设由电路结构求得 I_B 为 40 μA，在图 3－8 中 $I_B=40$ μA 这条曲线上的 Q 点对应的坐标值 $I_C=3.2$ mA、$U_{CE}=5.6$ V 与 $I_B=40$ μA 统称为静态值。由图 3－8 可见，基极电流 I_B 值不同，静态工作点在负载线上的位置也不同。

改变 I_B 的大小可以使三极管工作状态不同，因此 I_B 称为偏置电流。R_B 称为偏置电阻，通常通过改变 R_B 的值来调整偏置电流 I_B 的大小，使放大电路正常工作。

由图 3－8 可知，假设 I_B 比较大（如 60 μA），静态工作点沿直流负载线从 Q 点上移至 Q_1 点，该点离饱和区近，易使信号正半周进入三极管的饱和区而造成饱和失真；当 I_B 比较小时（如 20 μA），静态工作点沿直流负载线从 Q 点下移至 Q_2 点，该点离截止区近，易使信号负半周进入三极管的截止区而造成截止失真。

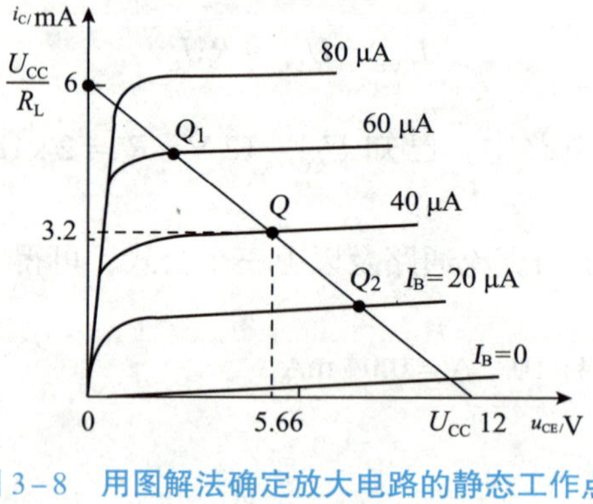

图 3－8　用图解法确定放大电路的静态工作点

显然，静态工作点设置得不合适，会使需要放大的交流信号在传输过程中产生失真，影响信号的放大质量。为防止失真，放大电路需选定合适的元件参数，必须设置合理的静态工作点。

2. 动态分析

放大电路的动态分析是在静态值确定后分析输入信号的传输情况，仅考虑的是电流与电压的交流分量作用时的电路，就是信号源单独作用的电路，称为交流通路。交流电路的动态分析分为微变等效电路法和图解法。

（1）放大电路的微变等效电路法

放大电路的微变等效电路，就是将非线性元件三极管用一个线性电路模型来表示，则实际的放大电路可等效为一个线性电路，就可以用分析线性电路的方法来分析放大电路了。

三极管在放大区部分近似为直线，在小信号（微变量）情况下工作时，三极管的电压和电流的交流分量之间的关系基本上是线性的。所以，对小信号进行动态分析时，三极管可以用一个线性元件模型来等效。

下面分析如图 3－9（a）所示三极管的等效模型。

输入端的电压与电流的关系可由三极管的输入特性曲线确定，如图 3－9（b）所示，将 Q 点附近的工作段近似地看成直线，可认为 Δu_{BE} 与 Δi_B 成正比，即

$$r_{be}=\left.\frac{\Delta u_{BE}}{\Delta i_B}\right|_{U_{CE}=\text{常数}}$$

r_{be} 称为三极管的输入电阻，一般为数百至数千欧。小信号三极管的输入电阻常用以下经验公式估算。

$$r_{be}=200+(1+\beta)\frac{26(\mathrm{mV})}{I_E(\mathrm{mA})}$$

输出端的电压与电流可由三极管的输出特性确定，如图 3－9（c）所示。因为工作在放大区，$\Delta i_C=\beta\Delta i_B$，$\Delta i_C$ 只受 Δi_B 控制，与 Δu_{CE} 几乎无关，因此，从三极管的输出端看进去，可以用等效的电流源代替，不过这个电流源 Δi_C 不是一个固定值，而是受 Δi_B 控制的，称为受控电流源。输入为正弦信号时，可表示为

$$\dot{I}_c=\beta\dot{I}_b$$

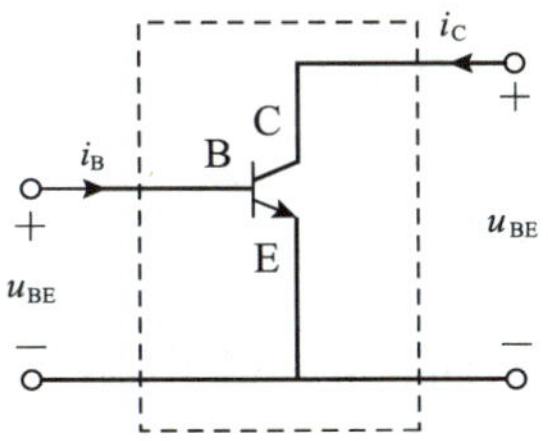

（a）电路图

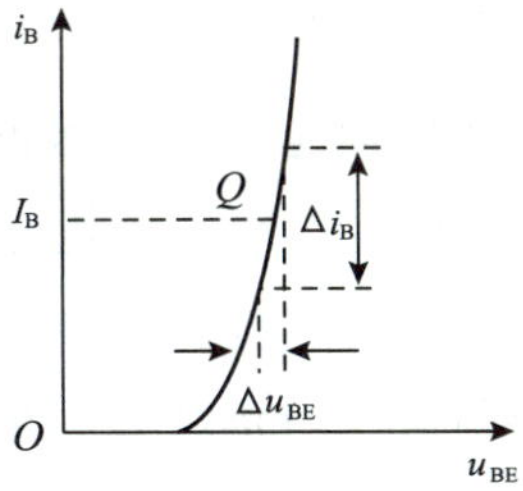

（b）输入特性

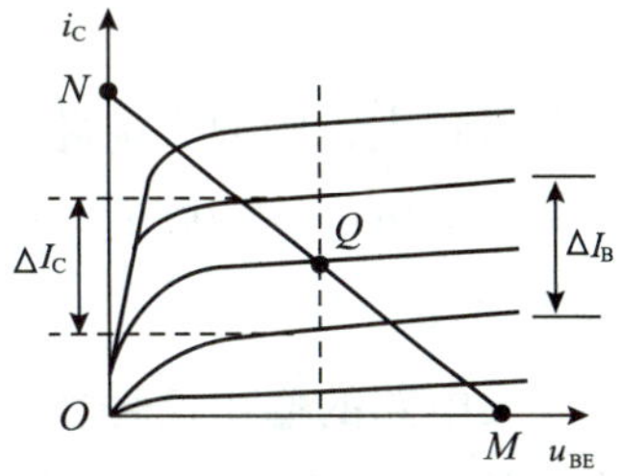

（c）输出特性

图 3－9　三极管小信号电路模型分析

由此求得从输出端看进去的电路模型如图 3－10 右边所示。图 3－10 为三极管的交流小信号电路模型。

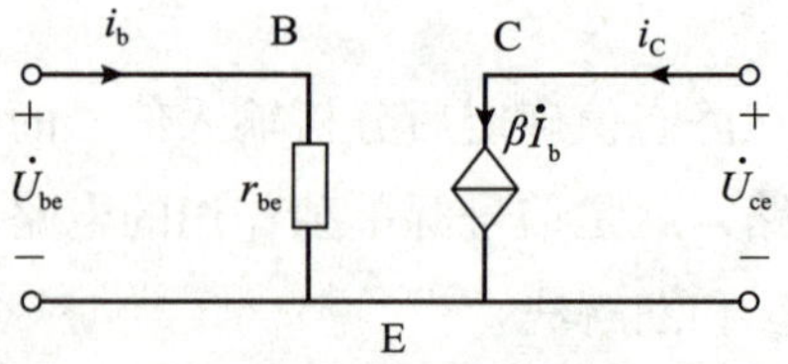

图 3-10　三极管交流小信号电路模型

图 3-11 为基本放大电路的交流通路，此电路是将图 3-6 基本放大电路中直流电源内阻视为零、电容视为短路时的等效电路。

将图 3-11 中的三极管用图 3-10 的线性化电路模型替代，便得到在小信号情况下对放大电路进行分析的等效电路，称为微变等效电路，如图 3-12 所示。设输入为正弦信号，电路中的电压和电流交流分量用相量表示。

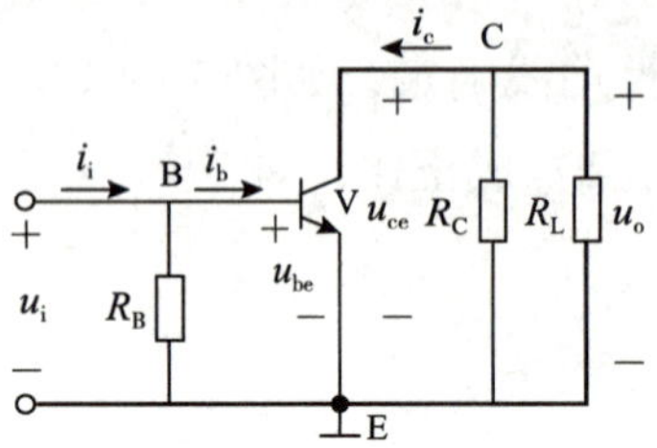

图 3-11　基本放大电路的交流通路

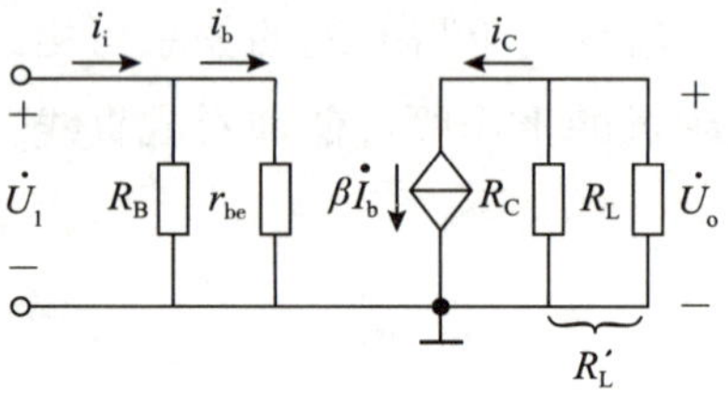

图 3-12　基本放大电路的微变等效电路

利用微变等效电路可求出放大电路的主要动态性能指标。

① 输入电阻

本交流放大电路对交流电信号 u_i 的前级电路来说是一个负载，它可以等效为一个电阻。从放大电路的输入端看进去的交流等效电阻 r_i，称为放大电路的输入电阻。

图 3-12 中输入为正弦信号时，有

$$r_i=\frac{\dot{U}_i}{\dot{i}_i}$$

即得到

$$r_i=R_B\,/\!/\,r_{be}\approx r_{be}$$

输入电阻越大，则放大电路输入的电流越小，电压越大，既减轻了前级电路的负担，又有利于输入电压信号的放大。因此，输入电阻越大越好。

② 输出电阻

交流放大电路的输出信号要送给负载，对负载或后级电路而言是一个电源，它可以用一个戴维南等效电源来表示。从放大电路的输出端看进去，其交流等效电阻 r_o 就是输出电阻。

输出电阻是在图 3-12 中信号源短路和输出端开路的情况下求得的，因为 $\dot{U}_i=0$，$\dot{I}_b=0$ 时，$\dot{i}_c=\beta\dot{I}_b=0$，受控电流源相当于开路，则

$$r_o = R_C$$

输出电阻 r_o 越小，也就是电源的内阻越小，电源的输出电压随负载变化而变化的程度越小，即越稳定。因此，输出电阻越小越好。

③ 电压放大倍数

输出正弦电压与输入正弦电压两者的相量（或有效值）之比称为放大电路的电压放大倍数，即

$$A_u = \frac{\dot{U}o}{\dot{U}_i}$$

由图 3－12 可求出

$$\dot{U}_i = r_{be}\dot{I}_b$$

$$\dot{U}_o = -R_L'\dot{I}_c = -\beta R_L'\dot{I}_b$$

$$R_L' = R_C \, P \, R_L$$

代入上式中，可得

$$A_u = \frac{\dot{U}_o}{\dot{U}_i} = -\beta\frac{R_L'}{r_{be}}$$

式中，负号表示输出电压 $\dot{U}_o$ 与输入电压 $\dot{U}_i$ 反相。

当放大电路输出端未接负载 R_L 时，有

$$A_u = -\beta\frac{R_C}{r_{be}}$$

（2）图解分析法

利用三极管的输入和输出特性曲线，通过作图的方法分析放大电路的工作原理，这种方法称为图解分析法。动态图解分析法是在静态分析基础上进行的，交流信号的传输情况为

$$u_i（即 u_{be}）\rightarrow i_B \rightarrow i_C \rightarrow u_o（即 u_{ce}）$$

所以图解分析法的分析过程如下。

① 根据输入信号 u_i 波形，在输入特性曲线上画出 u_{BE} 和 i_B 的波形。

② 由 i_B 的变化范围在输出特性曲线上画出 i_C 及 u_{CE} 的波形，如图 3－13 所示。

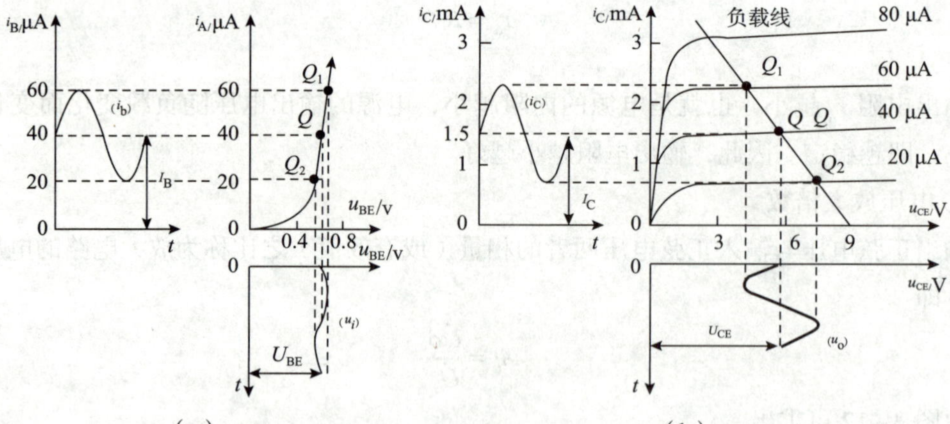

（a）　　　　（b）

图 3－13　交流放大电路的动态工作时的图解分析

由图 3－13 可见，输出电压的幅度比输入信号电压的幅度大得多，相位相反。

图解分析法的主要优点是直观、形象，便于对放大电路工作原理的理解，但容易产生误差。

3.2.5　放大电路的类型

1. 共射放大电路

（1）电路结构

共发射极放大电路简称共射放大电路，其结构特点是信号的输入回路和输出回路都是以发射极为公共端。图 3－6 所示就是共射基本放大电路，电路简单，但在实际工作中，其静态工作点难以保持稳定。所以通常采用分压式偏置的共射放大电路，如图 3－14 所示。

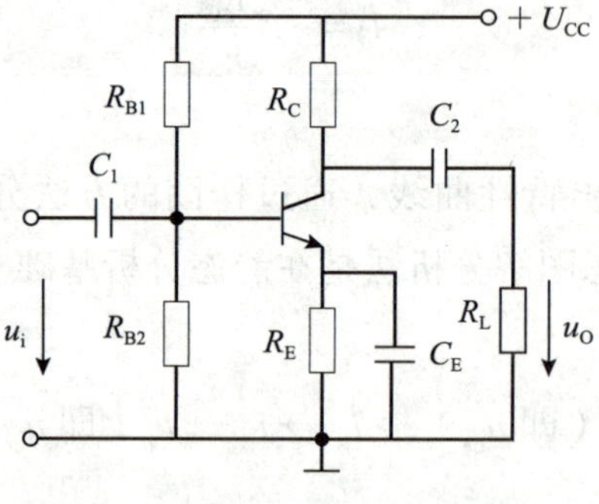

图 3－14　分压式偏置共发射极放大电路

从图 3－14 中可知，分压式偏置的共发射放大电路与前面的共射基本放大电路（图 3－6）相比，多用了三个元件，基极是由两个分压式偏置电阻 R_{B1} 与 R_{B2} 组成的分压电路，以得到固定三极管基极的电位 V_B，再利用发射极电阻 R_E 获得反映集电极电流变化的电压 V_E，使 V_B 与 V_E 的差值控制 I_B，以维持 I_C 稳定。当温度升高时，稳定静态工作点的过程如下。

$$T\uparrow\rightarrow I_C\uparrow\rightarrow I_E\uparrow\rightarrow V_E\uparrow\rightarrow U_{BE}(=V_B-V_E)\downarrow\rightarrow I_B\downarrow\rightarrow I_C\downarrow$$

C_E称为发射极交流旁路电容，在交流通路中短路，分析交流电路时不必考虑R_E的影响。

（2）电路特点

共射电路是放大电路中应用最广泛的三极管放大电路，具有较大的电压放大倍数和电流放大倍数，其输入电阻较小，输出电阻较大，广泛应用于单管放大和多级放大电路的中间级，一般对输入电阻、输出电阻没有特殊要求时，均采用共射放大电路。

2. 共集放大电路

（1）电路结构

共集电极放大电路简称共集放大电路，如图3－15所示，输入、输出以集电极为公共点。与共射基本放大电路结构不同的是：用发射极电阻R_E代替集电极电阻R_C，可以起稳定静态工作点的作用；改集电极输出为发射极输出，故该放大电路又称射极输出器。由于$u_o=u_i-u_{be}\approx u_i$，即输出电压与输入电压的大小和相位相同，故共集放大电路又称射极跟随器。

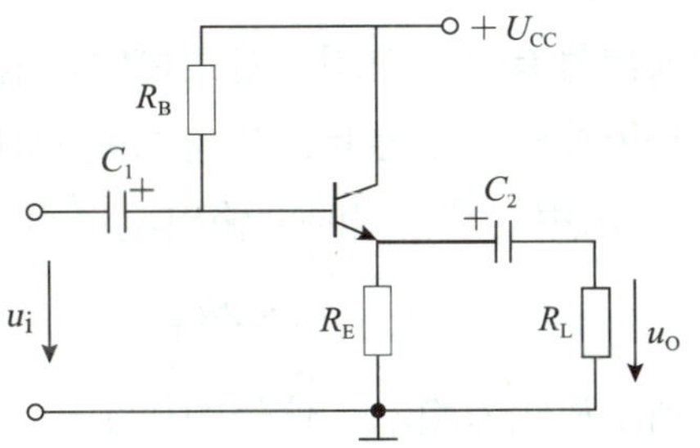

图3－15　共集电极放大电路

（2）电路特点

共集电极放大电路（射极输出器）的输出电压信号跟随输入电压信号变化，电压放大倍数小于等于1，电流放大倍数大，适合作功率放大器的射极输出；输入电阻高，适用于多级放大电路的输入级用，可以减少对信号源的影响；输出电阻小，可以在多级放大电路的输出级用，以提高放大器的带负载能力。

3. 差动放大电路

（1）电路结构

差动放大电路如图3－16所示，它由两个结构、参数完全相同的共射极放大电路组成。由于两个三极管V_1、V_2的特性完全相同，两电路对应的元件及参数完全相同，因而两电路的静态工作点相同。电路具有双电源，即除了集电极电源U_{CC}外，还有一个发射极电源U_{EE}，一般$|U_{CC}|=|U_{EE}|$；电路有两个输入端，可以分别在两个输入端输入信号u_{i1}和u_{i2}；电阻R_P为调零电位器，调整左右平衡，可以使两边电路的集电极电流相等，从而有效地抑制零漂（输入信号为零而输出信号不为零称为零漂）。

差动放大电路的输入信号u_{i1}和u_{i2}分别从V_1、V_2的基极输入，当两输入信号u_{i1}、u_{i2}的大小相等而极性相反时，称为差模输入信号；当两输入信号u_{i1}、u_{i2}的大小相等而极性相同时，称为共模输入信号；当 V_1、V_2 的基极一个接地，另一个作为信号输入端时，称为单端输入。

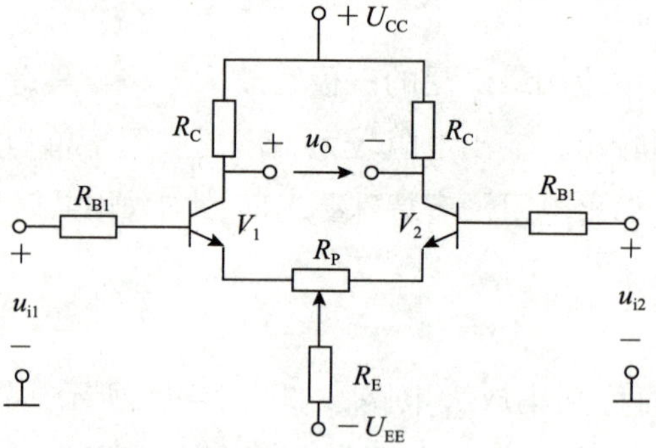

图 3－16　差动放大电路

若输出电压 u_{o1}、u_{o2} 分别从 V_1、V_2 的集电极输出，则称为双端输出；若输出信号从 V_1 或 V_2 集电极输出，则称为单端输出。

（2）电路特点

差动放大电路对差模输入信号有放大作用，对共模输入信号有抑制作用。

当差动放大电路输入端是差模输入信号且两边电路完全对称时，两边电路的输出电压 u_{o1}、u_{o2} 大小相等、方向相反。采用双端输出时的输出电压为

$$u_o = u_{o1} - u_{o2} = 2u_{o1}$$

可见，差动放大电路起到了放大差模输入信号的作用。

当差动放大电路输入端是共模输入信号且两边电路完全对称时，两边电路的输出电压 u_{o1}、u_{o2} 大小相等、方向相同，采用双端输出时的输出电压为

$$u_o = u_{o1} - u_{o2} = 0$$

可见，差动放大电路起到了抑制共模输入信号的作用。事实上，差动放大电路的两边不可能完全对称，调节调零电位器 R_P 可以使两边电路的集电极电流相等，从而有效地抑制零漂。

在电路对称的条件下，差动放大电路具有很强的抑制零点漂移及抑制噪声与干扰的能力，因此得到了广泛的应用，并成为集成电路中重要的基本单元电路，常作为集成运算放大器的输入级。差动放大器常被用作功率放大器（简称“功放”）的输入级，也常用于多级直接耦合放大器的输入级、中间级。

4. 互补对称功率放大电路

功率放大电路是一种以输出较大功率为目的的放大电路，它一般直接驱动负载，带负载能力较强。功率放大电路的主要性能指标是输出功率和效率。

（1）电路结构

互补对称功率放大电路如图 3－17 所示，三极管 V_1、V_2 分别是 NPN 型和 PNP 型管，它们的特性完全相同。该电路由两个射极输出器组成。

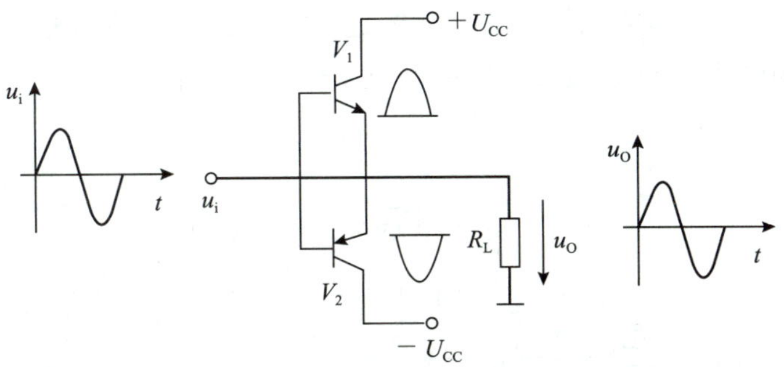

图 3-17　互补对称功率放大电路

当输入信号 u_i 处于正半周时，三极管 V_1 的发射结正向偏置、集电结反向偏置，三极管 V_2 的发射结和集电结均反向偏置。此时，V_1 导通、V_2 截止，负载输出波形为正半周。当输入信号 u_i 处于负半周时，V_1 截止、V_2 导通，负载输出波形为正半周。由于两管对称，轮流工作，互相补充，故称为互补对称电路。

（2）电路特点

互补对称放大电路的电信号从基极输入、射极输出，其输出电阻小、带负载能力强。三极管 V_1、V_2 都没有直流偏置，因此 V_1、V_2 在没有输入信号时均处于截止状态，没有功率损耗，从而减小了电源供给的功率。该电路工作时，三极管 V_1、V_2 均只导通半个周期，从而减小了电源供给的功率，提高了功率放大电路的效率。互补对称功率放大电路设置在多级放大电路的末级或末前级。

课后实训

一、实训名称

单管共发射极放大电路测试。

二、实训目的

（1）学习和理解晶体管放大电路的静态工作点对其性能的影响。

（2）学习放大电路性能指标的测试方法。

（3）学会简单电子电路的安装。

三、仪器设备及元器件

示波器、函数发生器、直流稳压电源、万用表、三极管、电阻、电位器、电解电容。

四、实训步骤

1. 测量静态工作点

（1）单管共发射极放大电路如图 3-18 所示，按图连接好电路，经检查无误后接通电源。

（2）在无输入信号的情况下，调节上偏置电阻器 R_P，使输出 $U_{R_c}=6$ V，即 $I_{CQ}=U_{R_c}/R_C=2$ mA。然后用万用表测量放大电路的静态工作点，记录于表 3-2。

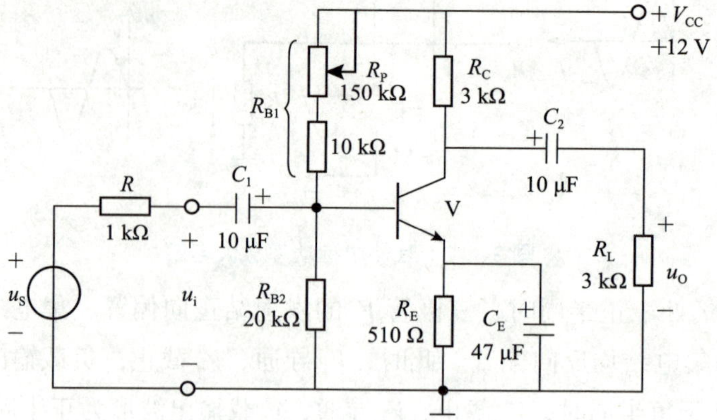

图 3-18　共发射极放大电路

表 3-2　放大电路的静态工作点

	U_{BQ}（V）	U_{BEQ}（V）	U_{CEQ}（V）	I_{BQ}（μA）
测量值				

2. 电压放大倍数的测量

（1）输入由函数发生器提供的频率为 1 kHz、幅度为 30 mV 的正弦信号 u_s，输出端接 3 kΩ 负载电阻 R_L，用示波器分别观测信号源电压 u_s、输入电压 u_i 和输出电压 u_o 的波形和大小，填入表 3-3 中，并计算电压放大倍数。

（2）保持信号源电压 u_s 不变，将输出端负载开路（$R_L=\infty$），用示波器测量此时的输出电压 u'_o，填入表 3-3 中。计算电压放大倍数，并分析负载对放大电路电压放大倍数的影响。

（3）用双踪示波器观察 u_o 和 u_i 的波形，比较它们之间的相位关系。

表 3-3　电压放大倍数的测量

测试条件	实测值				理论值
	Us（mV）	U_i（mV）	Uom（或 U'om）（V）	A_u	A_u
f=1 kHz，$R_L=3$ kΩ					
f=1 kHz，$R_L=\infty$					

3. 输入电阻和输出电阻的测量

（1）根据表 3-3 所测得的 f=1 kHz 时 U_s 和 U_i 以及已知电阻 R 的阻值，计算出放大电路的输入电阻；

（2）根据表 3-3 所测得的 f=1 kHz 时 Uom、U'om，计算出放大电路的输出电阻。

4. 观察静态工作点对输出波形的影响

将频率为 1 kHz 的正弦信号加在放大器的输入端，调节 u_s，使输出 u_O 为不失真的正弦波。

（1）将电位器 R_P 的阻值调为最大，用示波器观察输出波形的失真，记录波形，若波形失真不够明显，可适当增大 u_s；

（2）将电位器 R_P 的阻值调为最小，观察输出波形的失真，记录波形。将结果记录于表 3－4。

表 3－4　观察静态工作点对输出波形的影响

调节 R_P	失真波形	失真性质
R_P 增大		
R_P 减小		

5. 测量最大不失真输出电压幅度

在放大电路的输入端输入一个频率为 1 kHz 的信号，同时用示波器观察放大器输出波形。逐步增大输入信号幅度，若出现上下波形失真、不对称，可调节 R_P 使输出波形不失真。继续增加输入信号幅度，直到再次出现不对称、失真，再次调节 R_P，使失真消除，如此反复，达到最大不失真输出。测量并记录此时输出电压的大小。

五、实训要求

（1）记录测量和观察结果。

（2）分析电路放大倍数在不同测试条件下变化的原因。

（3）总结共射放大电路的特点及性能测试方法，撰写测试报告。

任务3　差分放大电路

差分放大电路又称差动放大电路，是另一类基本放大电路。它有两个输入端，一个输出端，其输出电压与两个输入电压之差成正比。差分放大电路在电路和性能方面具有很多的优点，被广泛用于集成电路中。

3.3.1　差分基本结构

差分放大电路的基本结构如图 3－19 所示，它的主要特点是电路结构对称，元器件特性及参数值也对称。

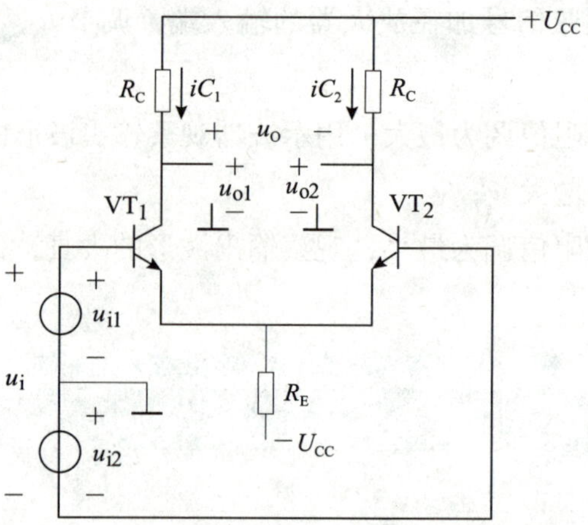

图 3-19　差分放大电路的基本

图中 VT_1、VT_2 为一对特性及参数均相同的晶体管（工程上称为差动对管），R_C 为集电极负载电阻，R_E 为发射极公共电阻，$+U_{CC}$ 和 $-U_{EE}$ 分别是正、负电源的（对“地”）电压。它有两个输入端（VT_1、VT_2 的基极）和两个输出端（VT_1、VT_2 的集电极）。当无输入信号（$u_i=0$）时，由于电路完全对称，故输出信号 $u_o=0$。

差分放大电路的输入信号一般采用差模方式输入，即加在两个输入端的信号电压大小相等、极性（或相位）相反，称为差模输入信号，如图 3-19 所示。若信号 $u_{i1}>0$，则必有 $u_{i2}<0$。在它们的作用下，集电极电流 i_{C1} 将增大，i_{C2} 将减小，于是两管的集电极电位将向不同的方向变化，即 VT_1 管的集电极电位下降，VT_2 管的集电极电位升高，输出端便有输出信号 u_o。可以证明，差分放大电路对差模输入信号的电压放大倍数等于单管放大电路的电压放大倍数。

3.3.2　差分放大电路的输入、输出方式

差分放大电路有两个输入端和两个输出端。输入方式由信号源决定，既可双端输入，又可单端输入；输出方式取决于负载，既可双端输出，又可单端输出。因此，按照输入、输出方式，差分放大器有四种接法。

1. 双端输入 – 双端输出

双端输入–双端输出接法的输入信号接在两管的基极之间，输出信号从两管集电极取出，如图 3-20 所示。这种接法零漂很小，故应用广泛，但信号源和负载都不能有接“地”端。

2. 双端输入 – 单端输出

双端输入–单端输出接法的输出信号是从一管的集电极和“地”之间取出，常用于将差模信号转换为单端输出的信号，以便与负载或后级放大器有公共接“地”端，如图 3-21 所示。由于是单端输出，因而无法利用电路的对称性抑制零漂，静态时输出端直流电位也不为零。

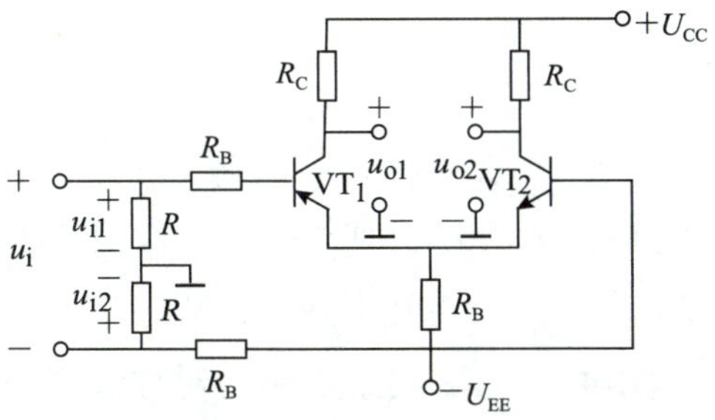

图 3-20　双端输入 - 双端输出方式

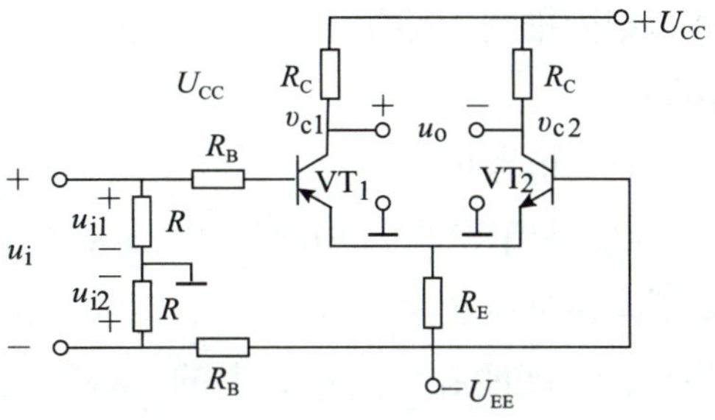

图 3-21　双端输入 - 单端输出方式

3. 单端输入 - 双端输出

输入信号接在一管的输入端（基极与“地”之间），经发射极电阻 R_E 耦合到另一管的输入端，如图 3-22 所示。这种接法的信号源可以有一端接“地”，并将单端输入信号转换为双端输出信号，作为下一级差分放大电路的差模输入信号。

4. 单端输入 - 单端输出

输入、输出信号都可以有一端接“地”，如图 3-23 所示。这种接法的差分放大电路比之于单管放大电路，显然有较强的抑制零漂的能力。

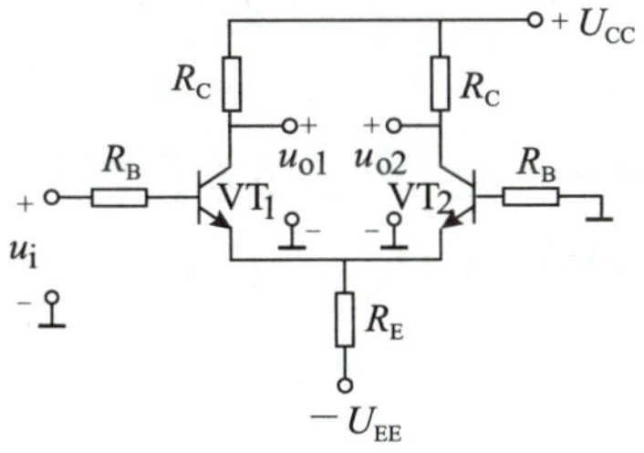

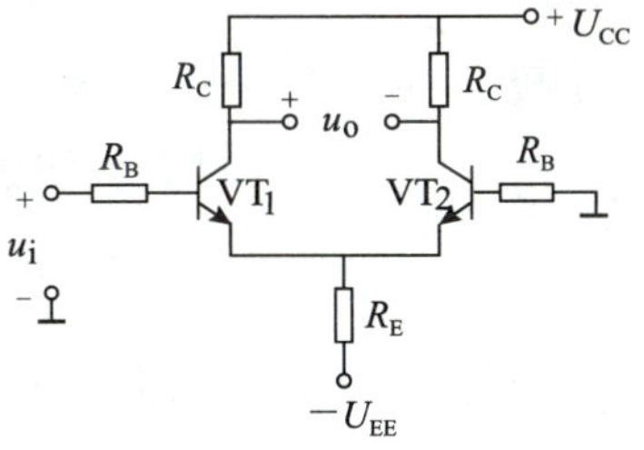

图 3-22　单端输入 - 双端输出方式　　图 3-23　单端输入 - 单端输出方式

3.3.3　差分放大电路对零点漂移的抑制能力

差分放大电路对零漂的抑制，一是利用电路对称性，二是利用发射极电阻 R_E 的深度负反馈。

当外加信号 $u_i=0$ 时，若温度变化，或电源电压波动，将引起两管集电极电流 i_{C1}、i_{C2} 同时增大或减小，这就是零漂现象，相当于在两管的输入端同时加进一对大小相等、极性（或相位）相同的信号 u_{iC1}、u_{iC2}，称为共模输入信号，如图 3-24 所示。分析差分放大电路对共模输入信号的抑制情况，即可衡量它对零漂或其他外部干扰信号的抑制能力。

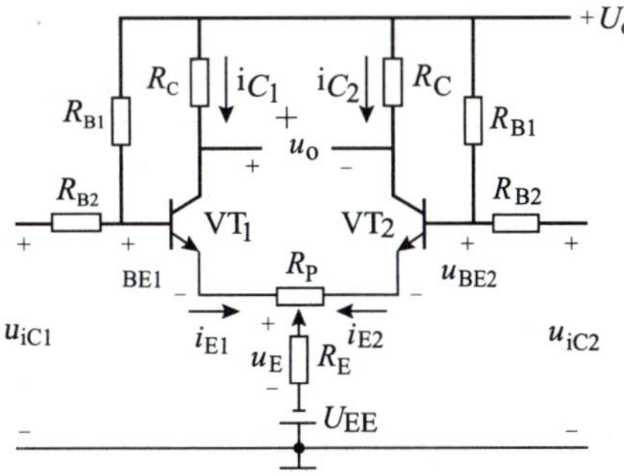

图 3-24　差分放大电路对零点漂移的抑制

由于电路的结构和参数完全对称，对于共模输入信号，两集电极电位总是相等的。若采用双端输出方式，输出电压为零，或者说，差分放大电路的共模电压放大倍数 $A_{od}=0$，即差分电路可以有效地抑制零漂。但要使电路完全对称是很困难的，即使用同样工艺做在同一芯片上的两个晶体管，其特性和参数也很难完全相同。

为提高电路的对称性，常在发射极（有时在集电极）电路中接入一个调零电位器 R_P，如图 3-24 所示。当 $u_i=0$ 时，调节 R_P 使 $u_o=0$。发射极电阻具有电流负反馈作用，故 R_P 将降低差模电压放大倍数 A_{od}，因而 R_P 的阻值不能太大，一般在几十到几百欧之间。R_P 对电路对称程度的补偿是很有限的，特别是在单端输出时，无法利用电路的对称性来抑制零漂。

从根本上说，要有效地抑制零漂，实质上是要稳定晶体管的集电极电流，使它不受外部因素（温度、电源电压等）变化的影响。为此，可在发射极电路中接入电阻 R_E。当加入共模信号时，R_E 中流过的电流 i_E 是两管发射极电流之和，R_E 将对共模信号产生强烈的电流负反馈作用，抑制了两管因共模信号引起的电流变化。

显然，R_E 越大，负反馈作用越强，抑制零漂的效果越好，而且对于双端和单端输出同样有效。R_E 一般称为共模反馈电阻。

对于差模输入信号而言，由于两管的集电极信号电流和发射极信号电流极性（或相位）相反，故两管流过 R_E 的信号电流互相抵消，R_E 上的差模信号压降为零，可视为短路，故不会对差模放大倍数产生影响。

在电源电压 U_{CC} 一定时，R_E 过大将使集电极静态电流过小，晶体管的静态工作点过低，不利于有效信号的放大。为此在发射极电路中接人负电源 U_{EE}，以补偿 R_E 两端的直流压降。

3.3.4 基本差分放大电路静态分析

差分放大电路的直流通路如图 3-25 所示。V_1、V_2 管特性相同，$\beta_1=\beta_2=\beta$，且电路参数对称，V_2 管的静态值与 V_1 管相同。由 V_1 管的基极输入回路有

$$V_{EE}=U_{BEQ1}+2I_{EQ1}R_E$$

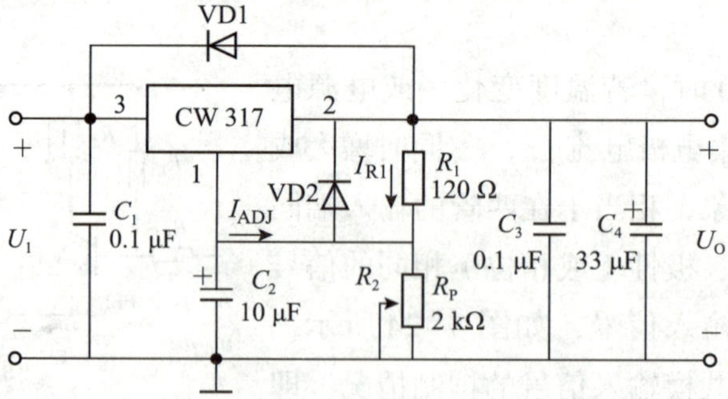

图 3-25　基本差分放大电路的直流通路

则 V_1、V_2 管的集电极电流为

$$I_{CQ1}=I_{CQ2}\approx I_{EQ1}=\frac{V_{EE}-U_{BEQ1}}{2R_E}$$

静态基极电流为

$$I_{BQ1}=I_{BQ2}=\frac{I_{CQ1}}{\beta}\approx\frac{V_{EE}-U_{BEQ1}}{\beta 2R_E}$$

V_1、V_2 管的集电极对地电压为

$$U_{CQ1}=U_{CQ2}=V_{CC}-I_{CQ1}R_C$$

可见，静态时两管集电极之间电压差为零，即电路输出电压 $u_O=0$。

就静态而言，对于每只三极管，发射极相当于接入一个 $2R_E$ 的电阻，发射极电阻越大，每管工作点的稳定性越好，所以差分放大电路的静态工作点比单管放大电路稳定，抑制温漂的性能也好。

3.3.5 基本差分放大电路动态分析

1. 差模输入与差模特性

在差分放大电路输入端加入两个大小相等、极性相反的输入信号，即 $u_{i1}=u_{i2}$，这种输入方式称为差模输入，此时两管输入端之间的信号之差称为差模输入信号，用 u_{id} 表示，则

$$u_{id}=u_{i1}-u_{i2}=2u_{i1}$$

在差模信号的作用下，两三极管各极电流的变化正好相反。当 V_1 的电流（i_{b1}、i_{c1} 和 i_{e1}）增大时，V_2 的对应电流（i_{b2}、i_{c2} 和 i_{e2}）减小，且对应的电流变化量在数值上是相同的。于是流过 R_E 的差模信号电流彼此抵消，结果在 R_E 上差模信号电压降为零，因而对于差模信号而言，R_E 可视为短路。差分放大电路的差模信号交流通路如图 3-26 所示。

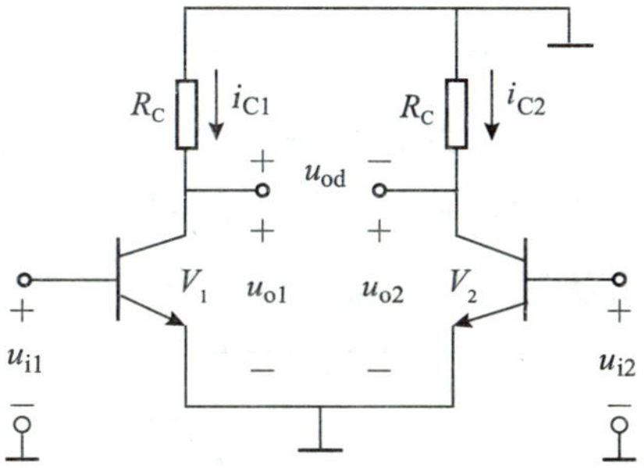

图 3-26 差模信号交流通路

此时，两管集电极之间的输出电压为

$$u_o=u_{o1}-u_{o2}$$

$$u_{o1}=A_{ud1}\frac{1}{2}u_{i1}$$

$$u_{o2}=A_{ud2}\left(-\frac{1}{2}u_{i2}\right)$$

A_{ud1}、A_{ud2} 分别为 V_1、V_2 两管单管电压放大倍数，由于电路参数是对称的，有 $A_{ud1}=A_{ud2}$，则差分放大电路双端输出差模电压放大倍数为

$$A_{ud}=\frac{u_{od}}{u_{id}}=\frac{u_{o1}-u_{o2}}{2u_{id}}=\frac{A_{ud1}\frac{1}{2}u_{i1}-A_{ud2}\left(-\frac{1}{2}u_{i2}\right)}{2u_{i1}}=A_{ud1}=-\beta\frac{R_C}{r_{be}}$$

上式说明：差分放大电路的电压放大倍数与单级共射放大器的电压放大倍数相同。

当 V_1、V_2 两管的集电极输出端接有负载电阻 R_L 时，差模信号引起一根管子的集电极电位降低时，而另一根管子的集电极电位必然升高，可以认为 R_L 中点处的电位保持不变，也就是说 R_L 中点处相当于交流接地。此时的集电极交流等效负载为 $R_L'=R_C/\frac{1}{2}R_L$，则差模电压放大倍数 A_{ud} 为

$$A_{ud}=-\beta\frac{R_L'}{r_{be}}$$

差模输入电阻 R_{id} 为

$$R_{id}=2r_{be}$$

输出电阻 R_o 为

$$R_o=2R_C$$

2. 共模输入与共模抑制比

在差分放大电路的两个输入端分别加入一对大小相等、极性相同的信号，即 $u_{i1}=u_{i2}$，这种输入方式称为共模输入。两输入端分别对地的信号称为共模信号，用 u_{ic} 表示，$u_{i11}=u_{i21}=u_{ic}$。

在共模信号作用下，V_1、V_2 两管的发射极电流同时增加或同时减小，由于电路参数对称，$i_{e1}=i_{e2}=i_e$。流过 R_E 上的电流为 $2i_e$，R_E 两端压降的变化量为 $u_e=2i_eR_E=i_{e1}$（$2R_E$）。因此，共模信号交流通路如图 3-27 所示，对共模信号来说，R_E 对每个三极管的共模信号都有 $2R_E$ 的负反馈效果，使得从每个管子集电极输出时的共模电压大大减小。

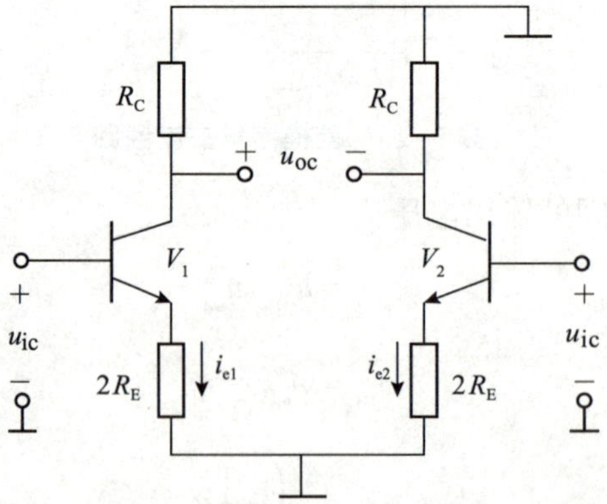

图 3-27　共模信号交流通路

在双端输出的差分放大电路中，理想情况下电路完全对称，输出的共模电压 $u_{oc}=u_{c1}-u_{c2}=0$，共模电压放大倍数为 0，即

$$A_{uc}=\frac{u_{oc}}{u_{ic}}=0$$

如果电路不完全对称，则 $A_{uc}\neq 0$，但 A_{uc} 也是很小的。将差分放大电路的零点漂移折算到放大电路的输入端，相当于在两个输入端加上了一对共模信号，输出端共模电压的减小就意味着对零点漂移的抑制。为了减小输出端的共模电压，要求电路的管子和元件尽可能对称，R_E 尽可能大。R_E 越大，单端输出时，共模输出电压就越小，零漂也就越小。

为了衡量差分放大电路放大差模信号及抑制共模信号的能力，定义差模电压放大倍数与共模电压放大倍数之比的绝对值为共模抑制比 K_{CMR}，通常用分贝表示，即

$$K_{CMR}=20\times\lg\left|\frac{A_{ud}}{A_{uc}}\right|\text{dB}$$

K_{CMR} 越大，表示差分放大电路对共模信号的抑制能力越强。

3. 输入任意信号

在实际应用中，输入到差分放大电路输入端的电压信号往往是任意的电压信号 u_{i1}、u_{i2}，它们既不是差模信号，也不是共模信号，可以把它们用差模信号和共模信号来表示，分别求出差模信号作用下的差模输出电压和共模信号作用下的共模输出电压，然后利用叠加定理，将差模输出电压和共模输出电压相叠加，即得到任意信号作用下的输出电压。

当输入任意信号时，电路的差模输入电压等于两任意信号的电压之差，即

$$u_{id}=u_{i1}-u_{i2}$$

因此，V_1 管的差模输入电压为 $\frac{1}{2}u_{id}$，V_2 管的差模输入电压为 $-\frac{1}{2}u_{id}$。

电路的共模输入电压等于两任意信号的电压平均值，即

$$u_{ic}=\frac{u_{i1}+u_{i2}}{2}$$

由此可见，当用共模信号和差模信号表示两个输入电压时，则有

$$u_{i1}=u_{ic}+\frac{1}{2}u_{id}$$

$$u_{i2}=u_{ic}-\frac{1}{2}u_{id}$$

3.3.6　具有恒流源的差分放大电路

由以上分析可知，差分放大电路的发射极电阻 R_E 阻值越高，对共模信号的负反馈能

力越强，共模抑制比就越高。但 R_E 阻值的增加，会使负电源电压 $-V_{EE}$ 的电压也要相应地提高，电路的功耗增大，而且过高阻值的电阻在集成电路中工艺难以实现。

因此，在集成电路中常用恒流源来代替电阻 R_E 电阻，组成具有恒流源的差分放大电路，如图 3－28（a）所示。V_3 和电阻 R_{B1}、R_{B2}、R_{E3} 构成恒流源电路，当 V_3 工作在放大区时，其集电极电流 I_{C3} 为一恒定值。通常用如图 3－28（b）所示的简化恒流源符号来表示恒流源，I_o 即为 I_{C3}。

在三极管输出特性的恒流区，当集电极电压有一个较大的变化量 Δu_{CE} 时，集电极电流 i_C 基本不变，此时三极管 C、E 之间的等效电阻 $r_{ce}=\Delta u_{CE}/\Delta i_C$ 的值很大。用恒流源充当一个阻值很大的电阻 R_E，既可有效地抑制零漂，又适合于集成电路制造工艺中用三极管代替大电阻的特点，因而在集成电路中被广泛应用。

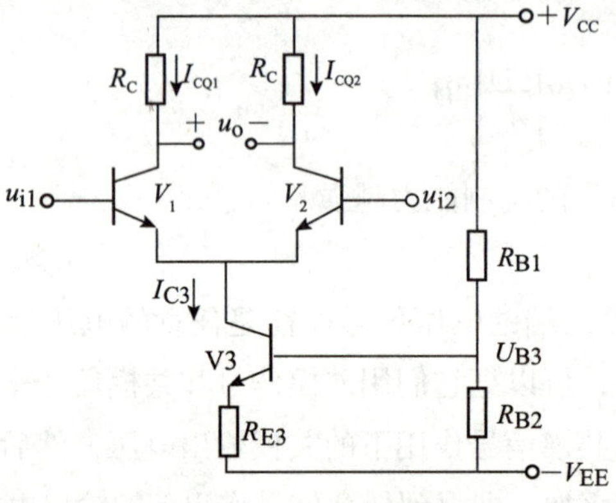

（a）电路图

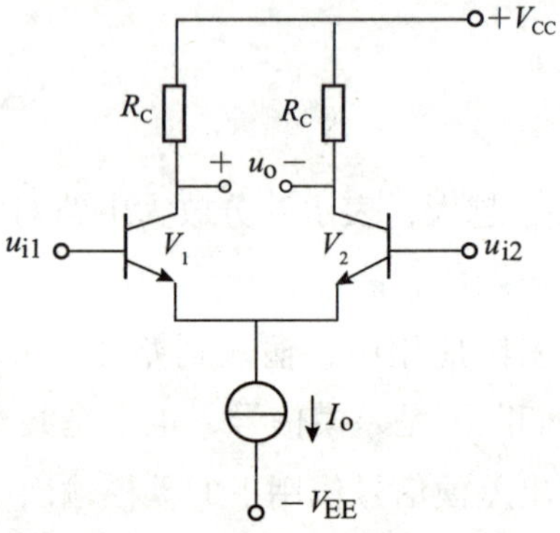

（b）简化电路

图 3－28　具有恒流源的差分放大电路

由图 3－28（a）可见，恒流管 V_3 的基极电位 U_{B3} 由电阻 U_{B1}、U_{B2} 分压得到，可认为基本不受温度变化的影响，则 V_3 管的发射极电流 I_{E3} 也基本保持恒定。

$$U_{B3}=\frac{R_{B2}}{R_{B1}+R_{B2}}(V_{CC}+V_{EE})$$

则恒流管 V_3 的静态电流为

$$I_{CQ3}\approx I_{EQ3}=\frac{U_{B3}-U_{BEQ}}{R_{E3}}$$

于是得到两个差分放大管的静态集电极电流和电压为

$$I_{CQ1}=I_{CQ2}=\frac{1}{2}I_{CQ3}$$

$$U_{CQ1}=U_{CQ2}=V_{CC}-I_{CQ1}R_C$$

可见，恒流源电路在不高的电源电压下，既为差分放大电路设置了合适的静态工作点，又增强了抑制共模信号的能力。采用恒流源的差分放大电路，其共模抑制比可提高 1～2 个数量级。

课后实训

一、实训名称

差模输入特性的仿真测试。

二、实训目的

（1）理解和掌握差模输入特性在电路设计中的重要性。

（2）通过仿真测试，验证电路的差模输入特性，并分析其影响因素。

（3）提高对电路设计的分析能力和实践能力。

三、仪器设备及元器件

电脑和相关的仿真软件、电源设备、示波器、电阻、电容等元器件、测试夹具、导线。

四、实训步骤

用 Multisim 软件创建差分放大电路，如图 3－29 所示。在晶体管库的 BJT_NPN 族中选取三极管 2N2222，在电源库选取的 SIGNAL_VOLTAGE_SOURCE 族中的 AC_VOLTAGE 作为信号源 VS。双击信号源图标，在信号源属性对话框中将其幅值设置为 50 mV。

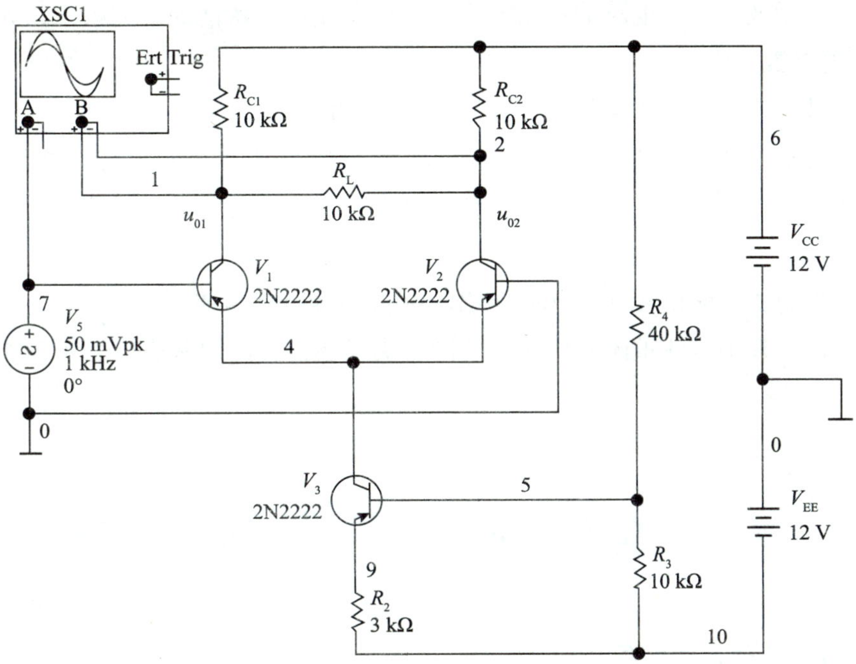

图 3－29　差模输入特性测试电路

1. 测试静态工作点

点击仿真工具栏上的分析按钮，在弹出的“Analyses and Simulation”对话框中选中直流工作点分析。

在 Output 页中的“Variables in circuit”区，分别单击 V_1、V_2、V_3 的集电极电流，以及节点 1、2、4、7 的电压，按“Add”按钮添加到右边的“Selected variables for analysis”栏中，单击“Run”按钮进行分析，分析结果显示在“Grapher View”窗口。

由分析结果可知，V_1、V_2 的集电极电流和集电极电压均相等，V_1 和 V_2 的集电极电流之和等于 V_3 的集电极电流。

2. 测试差模电压放大倍数

将示波器通道 A 接输入信号，用通道 B 观测电路的双端输出电压。输出信号的幅值约为 2.84 V，其波形相位与输入信号相位相反，故差模放大倍数为

$$Aud = -2.84\ V/50\ mV = -56.8。$$

若此时再用示波器同时观测 V_1、V_2 的集电极输出电压 u_{o1} 和 u_{o2} 的波形，可以看到两输出电压 u_{o1} 和 u_{o2} 大小相等，极性相反，因此负载 R_L 上的输出电压 u_o 为

$$2(u_{o1}-u_{o2}) = 2u_{o1}$$

即电路可以放大差模信号。

五、实训要求

（1）根据电路设计要求，搭建电路模型并进行仿真测试，验证差模输入特性。

（2）使用示波器观测电路的输出波形，分析差模输入特性的影响因素，如电阻、电容等元器件的参数变化。

（3）记录和分析测试过程中的问题，总结经验和教训。

（4）整理实训报告，包括电路设计、仿真测试过程和结果、总结与反思等内容。

（5）在测试过程中，注意保护设备和人身安全，遵守相关操作规范和流程。同时，应合理。

（6）安排测试步骤和时间，确保测试结果的准确性和可靠性。

（7）实训过程中应注重团队协作，共同解决问题，提高团队成员的实践能力和理论水平。

任务 4　互补对称功率放大电路

3.4.1　放大电路的分类

功率放大电路具备较高的功率输出能力，可供应宽泛的输出动态范围，因此广泛应用于多级放大电路的终端级、集成化功率放大器以及集成运算放大器等模拟集成电路的输出级。

放大电路按照三极管在一个信号周期内导通时间的不同，可分为甲类、乙类和甲乙类三种类型。

甲类工作状态如图3－30（a）所示，输入信号在整个周期内都有电流流过放大器件，三极管的导通角为360°，电压放大电路，如先前所探讨的，其特性表现为波形失真程度较低。然而，它也存在管耗大、效率低的不足。在无信号输入的情况下，直流电源所提供的功率会完全消耗在管子和电阻上。当信号输入时，这部分功率将被分配，其中一部分转化为有效的输出功率，而另一部分则继续消耗在器件上。其效率一般只能达到25%。

乙类工作状态如图3－30（b）所示，一个周期内只有半个周期$i_C>0$，三极管导通角等于180°；甲乙类工作状态如图3－30（c）所示，有半个周期以上$i_C>0$，三极管导通角大于180°小于360°。这两类工作状态是通过把静态工作点向下移动，使输入信号等于零时，电源的输出功率也等于零（或很小），减小管子损耗，使电源所提供的功率尽可能多地转化为有用的信号输出功率。

在甲乙类和乙类状态工作时，虽然提高了效率，但会出现严重的波形失真，因此既要保持静态时管耗小，又要使波形不产生严重失真，就必须改进电路结构。在实际电路中均采用互补推挽电路以减小失真。

功率放大电路通常工作在乙类或甲乙类状态，这里主要介绍工作于乙类或甲乙类状态的互补对称功率放大电路。

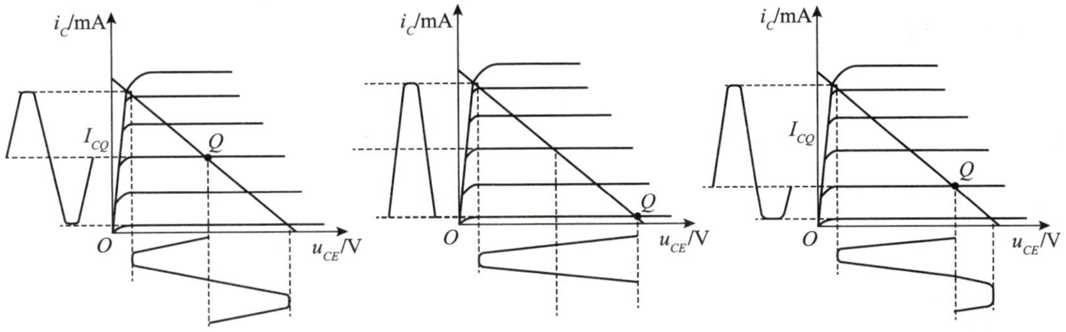

（a）甲类　　（b）乙类　　（c）甲乙类

图3－30　放大电路的工作状态

3.4.2　乙类双电源互补对称放大电路工作原理

乙类互补对称放大电路如图3－31（a）所示。电路采用正、负电源供电，且$V_{CC}=V_{EE}$。V_1、V_2分别为NPN型管和PNP型管，要求两管特性对称。V_1、V_2分别与R_L组成射极输出器，故又称互补射极输出器。

静态时，输入信号$u_i=0$，两管的基极电位为零，V_1、V_2都截止，静态工作电流$I_{CQ}=0$，输出电压$u_o=0$，电源不消耗功率。

动态时，在输入信号的正半周，即$u_i>0$时，V_1导通，V_2截止，正电源供电，V_{CC}通

过 V_1 向队提供电流 i_{C1}，方向如图 3－31（a）中实线所示，输出电压 $u_o \approx u_i$；在输入信号的负半周，即 $u_i<0$ 时，V_1 截止，V_2 导通，负电源供电，$-V_{EE}$ 通过 V_2 向 R_L 提供电流 i_{C2}，方向如图 3－31（a）中虚线所示，输出电压 $u_o \approx u_i$。

这样，在输入信号一个周期，V_1、V_2 交替工作，管子工作在乙类放大状态，互相补充对方所缺少的半个周期，在负载 RL 上得到一个完整的输出波形，如图 3-31（b）所示，故称这种电路为乙类互补对称功率放大电路。又因为静态时 V_1、V_2 公共发射极电位为零，不必采用电容耦合，又简称 OCL（Output CapacitorLess）电路。

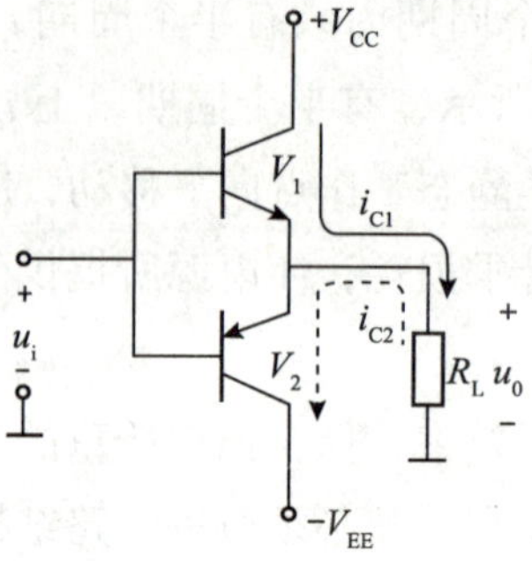

（a）电路

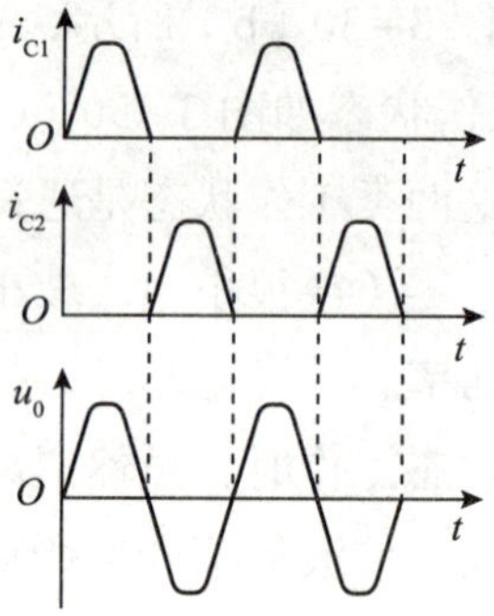

（b）工作波形

图 3－31　乙类互补对称功率放大电路及工作波形

知识拓展

功率放大电路的三个基本要求

功率放大电路有以下三个基本要求。

（1）要求输出功率足够大

为了获得足够大的输出功率，三极管一般工作在极限状态，必须考虑二极管的极限参数 P_{CM}、I_{CM} 和 $U_{(BR)CEO}$。

（2）效率要求高

效率是指负载得到的交流信号功率与电源供给的直流功率之比。

（3）尽量减小非线性失真

功率放大器在大信号状态工作，即动态范围大，因此不可避免地会产生非线性失真。在要求输出功率足够大的情况下，应尽量减小非线性失真。

所以，功率放大电路主要研究电路的输出功率和效率等问题。

3.4.3　乙类互补对称放大电路的计算

1. 输出功率 P_o

输出电流 i_o 和输出电压 u_o 有效值的乘积，就是功率放大电路的输出功率，即

$$P_o=\frac{I_{cm}}{\sqrt{2}}\frac{U_{om}}{\sqrt{2}}=\frac{1}{2}I_{cm}U_{om}=\frac{U_{om}^2}{2R_L}$$

考虑到三极管的饱和压降 $U_{CE(sat)}$，则电路最大不失真输出电压的幅值为

$$U_{omm}=V_{CC}-U_{CE(sat)}$$

由于饱和压降 $U_{CE(sat)}$ 通常很小，可以忽略不计，则最大不失真输出功率为

$$P_{om}=\frac{\left(V_{CC}-U_{CE(sat)}\right)^2}{2R_L}\approx\frac{V_{CC}^2}{2R_L}$$

2. 电源供给三极管的直流功率 P_{DC}

乙类功率放大电路中，每个三极管的集电极电流的平均值为

$$I_{C1(AV)}=I_{C2(AV)}=\frac{1}{2\pi}\int_0^{2\pi}i_c\mathrm{d}(\omega t)=\frac{1}{2\pi}\int_0^{\pi}I_{cm}\sin\omega t\mathrm{d}(\omega t)=\frac{I_{cm}}{\pi}$$

因此，两组电源供给的直流功率 P_{DC} 为

$$P_{DC}=I_{C1(AV)}V_{CC}+I_{C2(AV)}V_{EE}=\frac{2I_{cm}}{\pi}V_{CC}=\frac{2U_{om}}{\pi R_L}V_{CC}$$

在最大输出功率时，直流功率 P_{DC} 为

$$P_{DC}=\frac{2\left(V_{CC}-U_{CE(sat)}\right)}{\pi R_L}V_{CC}\approx\frac{2V_{CC}^2}{\pi R_L}$$

3. 管耗 P_C

管耗是指每管的集电极损耗功率。每个三极管的集电极管耗 P_C 为

$$P_{C1}=P_{C2}=\frac{1}{2}\left(P_{DC}-P_o\right)$$

令 $\frac{\mathrm{d}P_{C1}}{\mathrm{d}U_{om}}=0$，则当 $U_{om}=\frac{2V_{CC}}{\pi}=0.636V_{CC}$ 时，管耗 P_C 达到最大值，为

$$P_{C1m}=\frac{1}{R_L}\frac{{V_{CC}}^2}{\pi^2}\approx0.2P_{om}$$

4. 效率 η

效率是集电极输出功率 P_o 与电源供给功率 P_{DC} 之比，即

$$\eta=\frac{P_o}{P_{DC}}=\frac{\pi}{4}\frac{U_{om}}{V_{CC}}$$

乙类互补对称功率放大电路的最高效率为

$$\eta_m=\frac{\pi}{4}\frac{U_{om}}{V_{CC}}=\frac{\pi}{4}\frac{V_{CC}-U_{CE(sat)}}{V_{CC}}\approx\frac{\pi}{4}=78.5\%$$

3.4.4 乙类互补对称放大电路交越失真及其消除

在乙类功率放大电路中，V_1 和 V_2 被设置为零偏置。当输入信号的幅度低于三极管的死区电压时，V_1 和 V_2 两管将保持静止状态。因此，在输出波形的正、负半周交接处，会出现失真现象。这种失真，作为乙类互补对称功放的一种特性，被称为交越失真如图 3－32 所示。

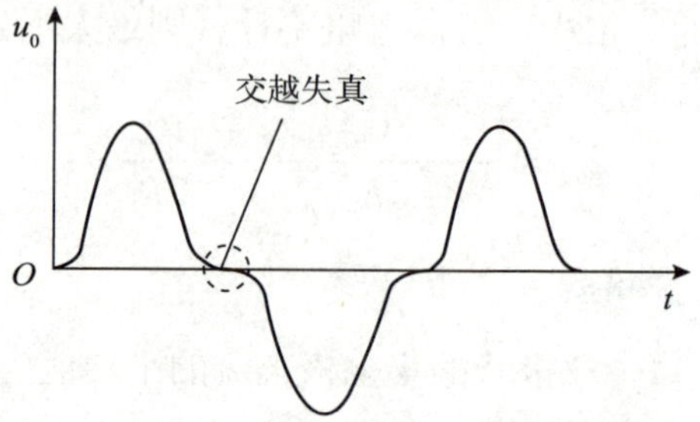

图 3－32　交越失真

为消除交越失真现象，需合理设定静态工作点，确保两只三极管均处于临界导通或微导通状态。在此条件下，三极管将运行在甲乙类工作模式，既能有效抑制交越失真，又不会显著影响工作效率。

常见甲乙类互补对称功率放大电路形式如图 3－33 所示，图中，R_1、R_2、VD_1、VD_2、R_3 组成偏压电路，利用 R_2、VD_1、VD_2 上的电压降给 V_1、V_2 管的发射极提供一个小的正向偏压，这样在 $u_i=0$ 时，两根管子已处于微导通状态，每个管子的基极各自存在一个较小的基极电流 i_{B1} 和 i_{B2}。同样，在两管的集电极也存在着较小的集电极电流 i_{C1} 和 i_{C2}，但是静态时，负载电流为零，所以输出电压 u_o 为零。

当接入信号 u_i 时，由于二极管 VD_1、VD_2 的动态电阻很小，而且 R_2 的阻值也很小，因此可忽略 VD_1、VD_2 管及电阻 R_2 上的交流压降，认为 $u_{B1}\approx u_{B2}\approx u_i$。当 $u_i>0$ 时，随着 u_i 的增大，V_1 管的电流逐渐增大，负载 R_L 上得到正方向的电流；当 $u_i<0$ 时，随着 u_i 的减小，V_2 管的电流逐渐增大，负载 R_L 上得到负方向的电流。

这样，即使 u_i 很小，也总能保证至少有一只三极管导通，因而消除了交越失真。通过上述分析可知，两管的导通时间都比输入信号的半个周期长，因此 V_1、V_2 管工作在甲乙类状态。

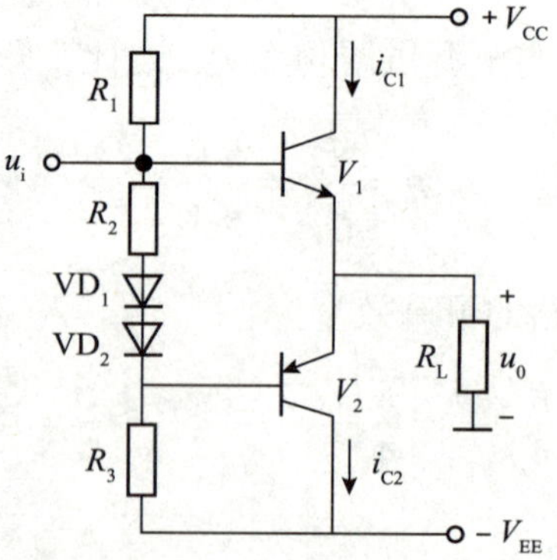

图 3－33　甲乙类互补对称功率放大电路

3.4.5　复合管互补对称放大电路

互补对称放大电路对输出管的需求是异型管，且需具备相同的特性，然而在实际操作中，这一要求难以实现，因此，通常会选择采用复合管作为解决方案。复合管是通过将两只或更多的三极管，依据特定的连接方式，组合成一个等效的三极管。在构建复合管时，需要遵循以下原则。

首先，复合后的管子类型应与第一只管子的类型保持一致；其次，若采用两只或多只管子构成复合管，必须保证每只管子各电极的电流能够沿各管子的正常工作方向流动；最后，复合管所施加的外加电压的极性应确保复合管中的所有管子均能在放大区域工作。

图 3－34 为两只三极管组成复合管的四种情况，其中图（a）和图（b）为同型复合，图（c）和图（d）为异型复合。

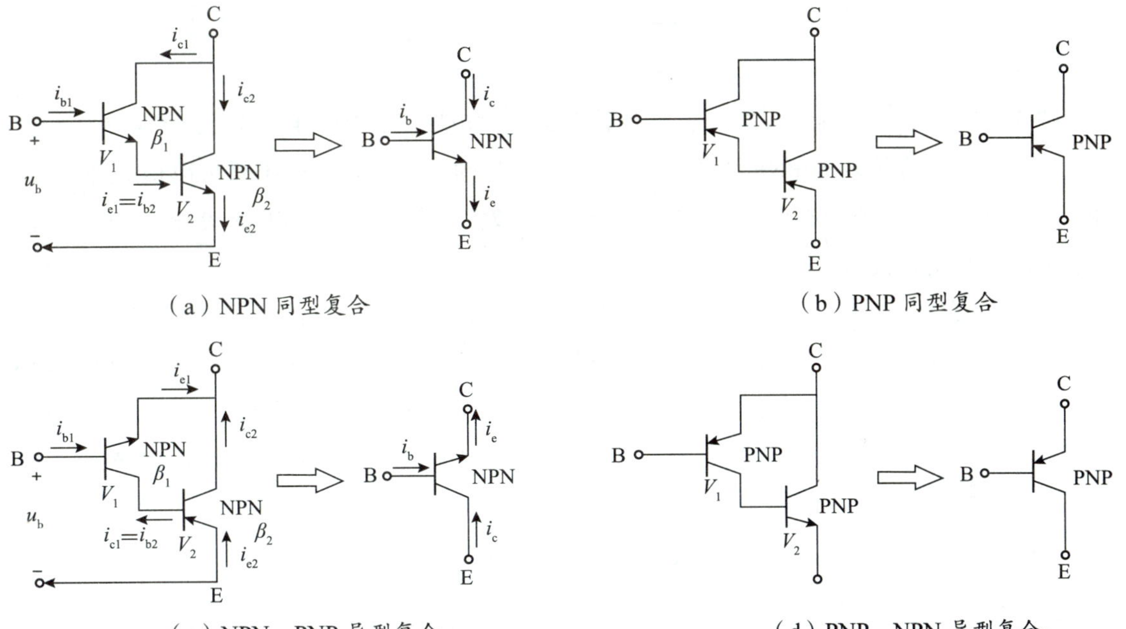

（a）NPN 同型复合　（b）PNP 同型复合

（c）NPN、PNP 异型复合　（d）PNP、NPN 异型复合

图 3－34　复合管

复合管的电流放大系数近似等于组成该复合管的各三极管 β 值的乘积。由图 3－34（a）可得

$$\beta = \frac{i_c}{i_b} = \frac{i_{c1}+i_{c2}}{i_{b1}} = \frac{\beta_1 i_{b1}+\beta_2 i_{b2}}{i_{b1}} = \frac{\beta_1 i_{b1}+\beta_2(1+\beta_1)i_{b1}}{i_{b1}}$$
$$= \beta_1+\beta_2+\beta_1\beta_2 \approx \beta_1\beta_2$$

同型复合管的输入电阻为

$$R_{be} = R_{be1} + (1+\beta)R_{be2}$$

异型复合管的输入电阻为

$$R_{be} = R_{be}$$

复合管虽然电流放大系数大，但穿透电流较大，高频特性变差。为了减小穿透电流，常在两只三极管之间接一个泄放电阻 R。电阻 R 的接入会使复合管的电流放大系数下降。

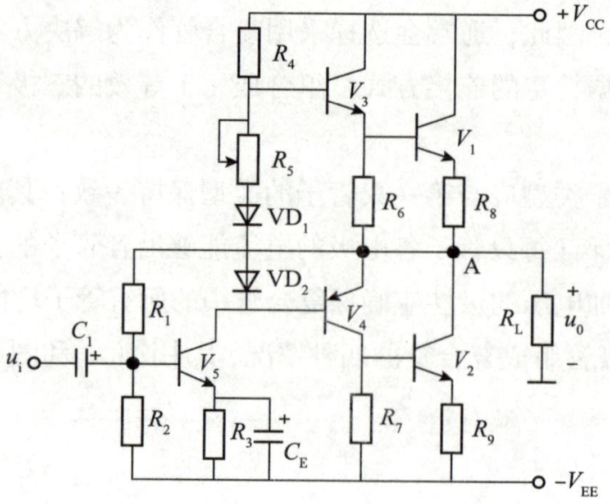

图 3-35　复合管组成的甲乙类互补对称放大电路

图 3-35 为由复合管组成的甲乙类互补对称放大电路。图中，V_1、V_3 复合等效为 NPN 型管，V_2、V_4 复合等效为 PNP 型管，由于 V_1、V_2 是同一类型管，输出级可以很好地对称，通常把这种复合管互补对称电路称为准互补对称放大电路。VD_1、VD_2、R_5 构成输出级偏置电路以克服交越失真。

V_1、V_2 管的发射极电阻 R_8、R_9，一般为 0.1 ~ 0.5 Ω，具有直流负反馈作用，提高电路工作的稳定性外，还具有过电流保护的作用。R_6、R_7 为穿透电流的泄放电阻，用来减小复合管的穿透电流，提高复合管的温度稳定性。V_5、R_1、R_2、R_3 等组成前置电压放大级，VD_1、VD_2、R_5 既是 V_5 的集电极负载，又是输出级的偏置电路。R_1 接在输出端 A 点，构成电压负反馈，可提高电路工作点的稳定性。

同时，也引入交流负反馈，使放大电路性能得到改善。

3.4.6　甲乙类单电源互补对称功率放大电路

OCL 电路采用双电源供电，使用不便，因此可采用单电源供电的互补对称电路（output trants-formerless，OTL），如图 3-36 所示。

静态时，A 点电位为 $V_{CC}/2$，输出耦合电容 C 上的电压等于 $V_{CC}/2$。

当输入正弦信号时，在 u_i 正半周，V_1 导通，V_{CC} 通过 V_1 向 R_L 提供电流，同时向 C 充电，由于电容上的直流电压为 $V_{CC}/2$，所以两管的实际工作电压为 $V_{CC}/2$。在 u_i 的负半周 V_2 导通，负电源供电，已充电的电容 C 起负电源的作用，通过 V_2 向 R_L 放电。

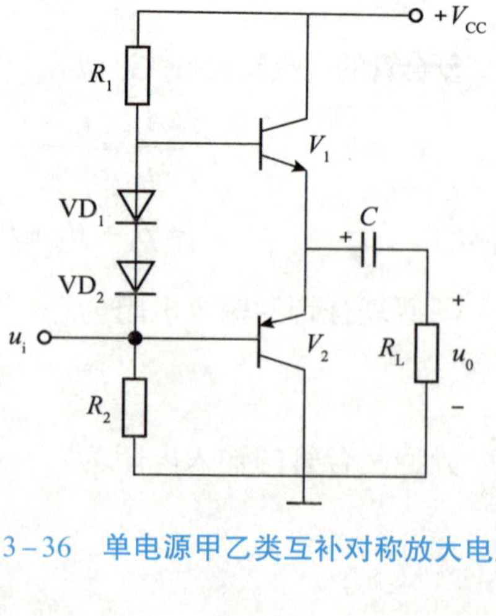

图 3-36　单电源甲乙类互补对称放大电路

只要选择时间常数 R_LC 足够大，就可以认为电容 C 上的直流压降基本不变。

OTL 电路的输出功率、效率、功耗等的计算方法与 OCL 电路的完全相同，只需用 $V_{CC}/2$ 取代公式中的 V_{CC} 即可。

【例】OTL 放大电路如图 3-36 所示，试求

（1）静态 $u_i=0$ 时，A 点电位应调到多少伏？

（2）电容 C 起什么作用？

（3）电源电压 $V_{CC}=16$ V，负载 $R_L=4$ Ω，三极管饱和压降 $U_{CE(sat)}=2$ V，试求电路最大不失真输出功率 P_{om} 和效率 η。

【解】（1）该电路为单电源电路，静态时，A 点电位为

$U_A=V_{CC}/2=16/2=8$ V

（2）在信号的负半周，V_1 截止、V_2 导通，C 通过 V_2 向负载 R_L 放电，电容 C 起到负电源的作用。

（3）考虑到三极管的饱和压降 $U_{CE(sat)}$，电路最大不失真输出电压的幅度为

$$U_{om}=\frac{V_{CC}}{2}-U_{CE(sat)}$$

则最大不失真输出功率为

$$P_{om}=\frac{1}{2}\frac{\left(\frac{V_{CC}}{2}-U_{CE(sat)}\right)^2}{R_L}=\frac{1}{2}\frac{(8-2)^2}{4}=4.5\text{ W}$$

效率为

$$\eta=\frac{\pi}{4}\frac{\frac{V_{CC}}{2}-U_{CE(sat)}}{\frac{V_{CC}}{2}}\times100\%=\frac{\pi}{4}\frac{8-2}{8}\times100\%=58.9\%$$

课后实训

一、实训名称

OCL 电路的仿真测试。

二、实训目的

（1）理解和掌握 OCL 电路（无源互补推挽输出电路）的工作原理和特点。

（2）通过仿真测试，提高学生对电路设计的分析能力和实践能力。

（3）培养学生理论结合实践的思维方式，增强解决实际问题的能力。

三、仪器设备及元器件

电脑和相关的仿真软件、电源设备、示波器、电阻、电容、电感等元器件、导线、焊接设备。

四、实训步骤

OCL 仿真电路图如图 3－37 所示。在晶体管库的 BJT_NPN 和 BJT_PNP 族中分别选取三极管 2N3904 和 2N3905。输入频率为 3 kHz 的正弦信号，用直流电流表测量电源 V_{CC} 和 V_{EE} 的工作电流，用交流电压表测量负载 R_L 上的输出电压。

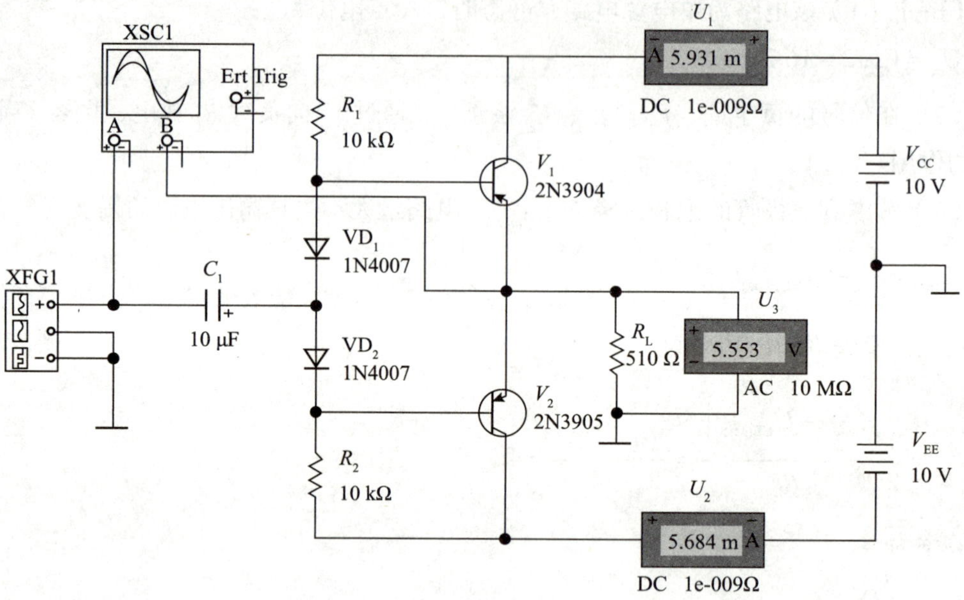

图 3－37　OCL 仿真电路图

1. 测量最大不失真输出功率和效率

用示波器观测电路输出波形，调节函数发生器，改变输入信号的电压幅值，使波形输出为最大不失真，如图 3－38 所示。由图中可知，输出电压波形几乎与输入电压波形重合，只是在幅值上比输入电压略小。

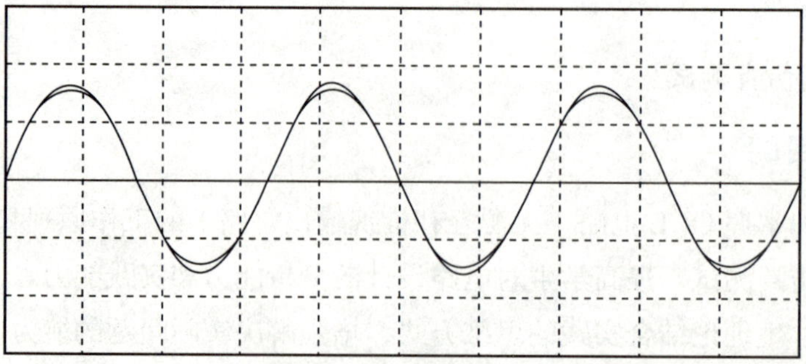

图 3－38　输入波形和输出波形

从交流电压表上可读出此时的最大不失真输出电压值约为 5.533 V，可以计算电路的最大不失真输出功率为

$$P_{o\max}=\frac{U_o^2}{R_L}=\frac{5.533^2}{510}=60\ \mathrm{mW}$$

从直流电流表上可读出两电源的电流值分别为 5.931 mA 和 5.684 mA，则电源提供的功率为

$$\mathrm{PDC}=(5.931+5.684)\times 10=116.15\ \mathrm{mW}$$

因此，电路的效率为

$$\eta=\frac{P_{o\max}}{P_{DC}}=\times 100\%=\frac{60}{116.15}=51.7\%$$

2. 观测输出波形的交越失真

分别双击二极管 VD_1 和 VD_2 符号，在弹开的二极管属性对话框中单击“Fault”页，选中 A、K，以及故障 short（短路），单击“OK”。将输入信号幅值设置为 2 V，用示波器可观测到输出电压的交越失真波形。

五、实训要求

（1）按照 OCL 电路的设计要求，搭建电路模型并进行仿真测试。

（2）观察和分析仿真结果，理解 OCL 电路的工作原理和特点。

（3）记录和分析测试过程中的问题，总结经验和教训。

（4）整理实训报告，包括电路设计、仿真测试过程和结果、总结与反思等内容。

（5）在测试过程中，注意保护设备和人身安全，遵守相关操作规范和流程。

任务 5　集成运算放大器

3.5.1　集成运算放大器的输入方式

集成运算放大器是一种高放大倍数的多级直接耦合放大电路，最初用于信号运算，所以称为运算放大器，简称集成运放。如今，其用途早已不限于运算，由于习惯，仍沿用此名称。集成运放工作在放大区时，其输入与输出呈线性关系，称为线性集成电路。

任何一种集成运算放大器，不管其内部电路结构如何复杂，总是由差分输入级、中间级、输出级、偏置电路四个基本部分组成的，如图 3－39 所示。

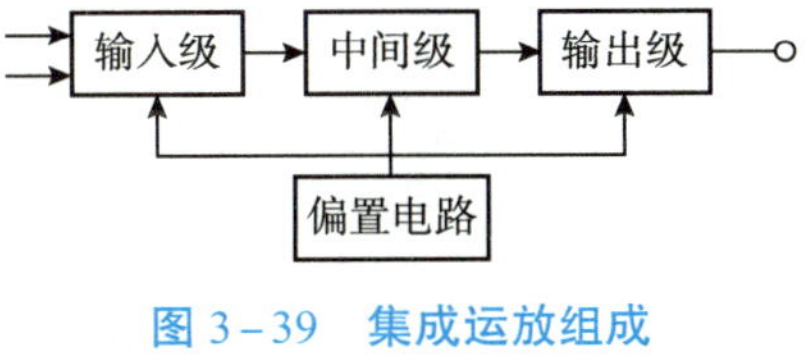

图 3－39　集成运放组成

输入级一般采用差动放大器以减小零点漂移（它的

两个输入端构成整个电路的反相输入端和同相输入端）；中间级主要完成电压放大任务；输出级以提高带负载能力为目的，一般由射极输出器或互补射极输出器组成；偏置电路向各级提供稳定的静态工作电流。

运算放大器的图形符号如图 3-40（a）所示，它有两个电源端（称偏置电源）分别与直流电源相接，E^+端接正电压，E^-端接负电压，这是保证运算放大器内部正常工作所必需的。在分析运放时，可以不考虑偏置电源，这时可采用图 3-40（b）所示的电路符号。

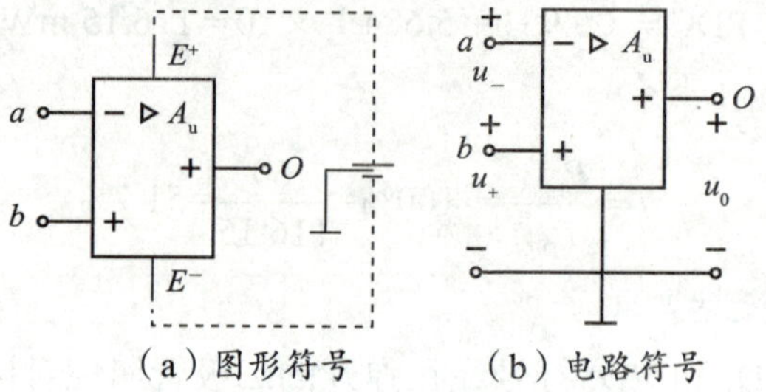

图 3-40　运算放大器的图形符号

左侧 a 端为反相输入端“-”，当信号由此端输入时，输出信号与输入信号反相位，反相输入端的电位用 u_- 表示。

左侧 b 端为同相输入端“+”，当信号由此端输入时，输出信号与输入信号同相位，同相输入端的电位用 u_+ 表示。

运算放大器的输入有三种方式。

（1）如果从 a 端和 b 端分别同时加入电压 u_- 和 u_+，则有

$$u_o = A_u(u_+ - u_-) = A_u u_d$$

式中，$u_d = u_+ - u_-$，A_u 为运放的电压放大倍数（或电压增益的绝对值）。运放的这种输入情况称为差动输入，u_d 称为差动输入电压。

（2）只在反相输入端加入输入电压，“+”端接地，则有

$$u_o = -A_u u_-$$

（3）只在同相输入端加入输入电压，“-”端接地，则有

$$u_o = A_v u_+$$

运放的输出电压 u_o 与差动输入电压 u_d 之间的关系可以用图 3-41 近似表示。

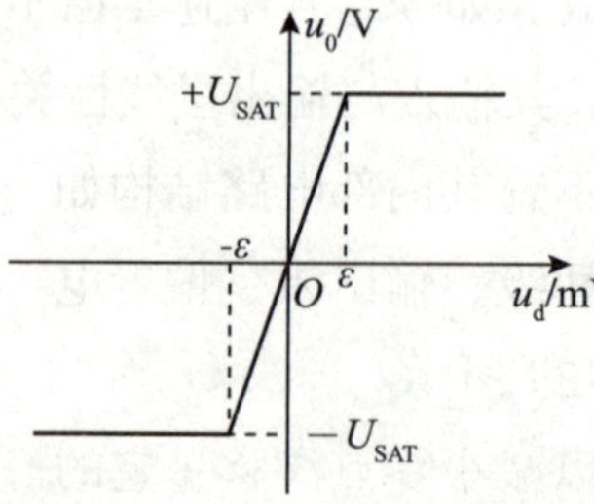

图 3-41　运放的外特性曲线

在 $-\varepsilon \leqslant u_d \leqslant \varepsilon$（$\varepsilon$ 很小时）的范围内，u_o 与 u_d 的关系用通过原点的一段直线表示，其斜率等于 A_u。由于放大倍数 A_u 值很大，所以这段直线很陡。当输入电压 u_d 达到一定数值后输出电压就会趋于饱和，图中用 $\pm U_{SAT}$ 表示，此饱和电压值略低于直流偏置电压值。这个关系曲线称为运放的外特性。

在 $-U_{SAT} \leqslant u_o \leqslant U_{SAT}$ 范围内，如果假设运放的电路模型的 R_{in} 为无穷大，R_o 为零，且认为 A_u 为无穷大，则称这种运放为理想运算放大器，并且在表示运放的图形符号中加上“∞”以说明，否则用 A_u 表示。

新国标中，运放及理想运放的符号分别如图 3-42（a）和图 3-42（b）所示。

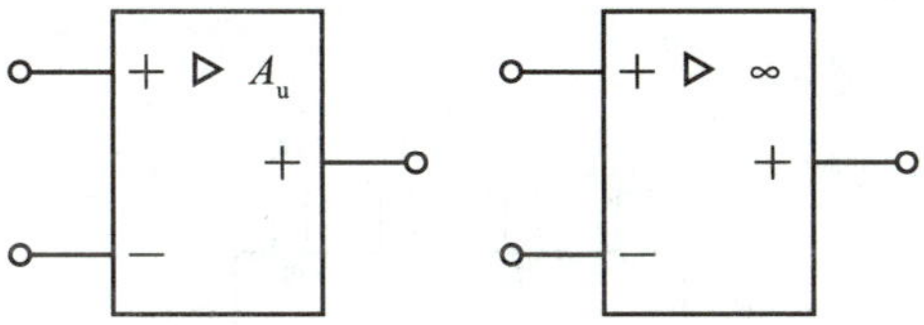

（a）运放符号　　（b）理想运放符号

图 3-42　运算放大器的新国标符号

实际运放的工作情况比以上所介绍的要复杂一些。比如，放大倍数 A_u 不仅为有限值，而且随着频率的增高而下降。为了简化分析起见，今后讨论的运算放大器是理想运算放大器。

集成运放在应用时，工作于线性区的称为线性应用，工作于饱和区的为非线性应用。由于集成运放的 A_u 非常大，线性区很陡，即使输入电压很小，也很容易使输出达到饱和，而外部干扰等原因不可避免，若不引入深度负反馈，集成运放很难在线性区稳定工作。

3.5.2　集成运算放大器的组成

集成运算放大器的种类、型号繁多，内部电路结构也不尽相同，但其基本结构都是由输入级、中间级、输出级和偏置电路四部分组成的，如图 3-43 所示。

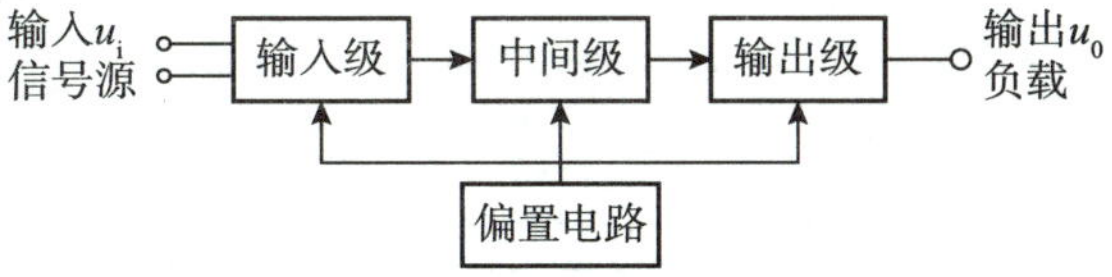

图 3-43　集成运算放大器的组成

输入级是运算放大器的关键部分，主要由差分放大电路组成，目的是减小放大电路的零点漂移，提高输入电阻。中间级一般由一级或二级共射极放大电路组成，它的主要任务是提供足够大的电压放大倍数。输出级一般由互补对称的射极输出器构成，主要起阻抗变换作用，使输出电阻低。偏置电路一般由各种恒流源电路构成，作用是为上述各级电路提供稳定、合适的偏置电压、电流，决定各级的静态工作点。

3.5.3 集成运算放大器的符号

目前国产集成运算放大器有多种型号，它们都是由输入级、中间级和输出级等部分组成的。在具体应用时，对使用者来说，最关心的是需要知道它们的几个引脚的用途及放大器的主要参数，至于它们的内部结构如何无关紧要。

集成运算放大器的封装方式有扁平封装式、陶瓷或塑料双列直插式、金属圆壳式或菱形等几种，有 8～14 个引脚，它们都按一定顺序用数字编号，每个编号的引脚都连接着内部电路的某一特定位置，以便于与外部电路连接。如图 3-44 所示，1 为调零端，2 为反相输入端，3 为同相输入端，4 为电源端（$-V_{EE}$），5 为调零端，6 为输出端，7 为电源端（$+V_{CC}$），8 为空脚。

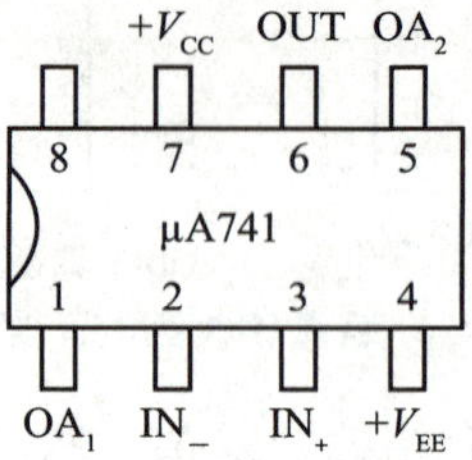

图 3-44　μA741 引脚排列及功能图

集成运算放大器的电路符号如图 3-45 所示。它有两个输入端，标“+”的输入端称为同相输入端，输入信号由此端输入时，输出信号与输入信号相位相同；标“-”的输入端称为反相输入端，输入信号由此端输入时，输出信号与输入信号相位相反。有一个输出端，输出电压与反相输入端输入电压的相位相反，而与同相输入端输入电压的相位相同。

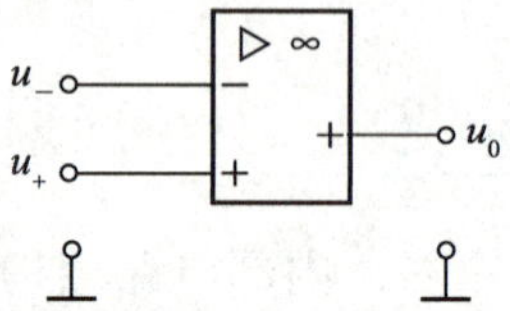

图 3-45　集成运算放大器的电路符号

知识拓展

集成电路

集成电路是利用特殊的工艺技术，把晶体管、电阻、电容、电路和导线等元件制作在一个半导体芯片上，形成不可分割的整体，完成特定的功能。集成电路中，元件密度高、连线短、焊点少、外部引线少，因此大大提高了电子线路及电子设备的灵活性和可靠性。它具有通用性强、可靠性高、体积小、重量轻、功耗小及性能优越等特点，而且调试极为方便，现在已经广泛应用于自动测试、自动控制、信息处理以及通信工程等各个电子技术领域。

集成电路的种类繁多，按照所完成的功能不同，主要分为模拟集成电路和数字集成电路两大类。模拟集成电路是以电压或电流为变量对模拟量进行放大、转换、调制的集成电路，它可分为线性集成电路和非线性集成电路。线性集成电路是指输入信号和输出信号的变化呈线性关系的电路，如集成运算放大器。非线性集成电路是指输入、输出信号的变化成非线性关系的集成电路，如集成稳压器。

3.5.4　集成运算放大器的主要性能参数

参数是评价运算放大器性能好坏的主要指标，是正确选择和使用运算放大器的重要依据。

1. 开环电压放大倍数（差模电压放大倍数）A_{od}

A_{od} 是指集成运算放大器在没有外接反馈电路情况下，输入端加一小信号，测得的电压放大倍数。它是决定运算放大器精度的主要参数，其值越大，精度越高。目前集成运算放大器的 A_{od} 可以达 10^5 ~ $10^{8.5}$ 或（100 ~ 170 dB），理想运算放大器的 A_{od} 值为无穷大。

2. 共模抑制比 K_{CMR}

K_{CMR} 表示运算放大器的差模电压放大倍数 A_{od} 与共模电压放大倍数 A_{OC} 之比的绝对值。K_{CMR} 越大，说明运算放大器的共模抑制性能越好，一般为 60 ~ 160 dB。

3. 开环输入电阻（差模输入电阻）R_{id}

R_{id} 指运算放大器开环时，输入电压的变化与由它引起输入电流的变化之比，即两个输入端之间的等效电阻。R_{id} 越大，表明运算放大器由差模信号源输入的电流就越小，精度越高。一般为几兆欧，国产高输入阻抗的运算放大器其值可达到 $10^{12}\Omega$。

4. 开环输出电阻 R_{od}

R_{od} 指运算放大器输出级的输出电阻。R_{od} 越小，运算放大器带负载能力越强。一般为几十欧姆到几百欧姆。

3.5.5　理想运算放大器

1. 理想运算放大器的条件

在讨论模拟信号的运算电路时，为了使问题分析简化，通常把集成运算放大器看成理想器件。理想运算放大器应满足如下几个条件。

（1）开环电压放大倍数 $A_{od} \to \infty$。

（2）差模输入电阻 $R_{id} \to \infty$。

（3）开环输出电阻 $R_{od} \to 0$。

（4）共模抑制比 $K_{CMR} \to \infty$。

根据上述条件，当运算放大器工作于线性状态时，即可视为一个理想的运算放大器。目前用户能买到的许多集成运算放大器都很接近理想运算放大器，因此，在分析集成运算放大器的应用电路时将它视为理想运算放大器是符合实际的，会给电路分析带来较大的方便，虽然会产生一些误差，但往往都是在工程允许范围之内的。

2. 理想运算放大器的特性

理想运算放大器工作在线性区时，输出电压与输入电压呈现线性关系。其中，u_o是集成运算放大器的输出电压；u_+和u_-分别是同相输入端及反相输入端的电压；A_{od}是开环差模电压放大倍数。根据理想运算放大器的特征，可以导出工作在线性区时集成运算放大器的两个重要特点。

（1）理想运算放大器的差模输入电压等于零

由于理想运算放大器的开环差模电压放大倍数等于无穷大，而输出电压为确定数值，同相输入端电压与反相输入端电压近似相等，如同将u_+和u_-两点短路一样，但两点的短路是虚假的短路，是等效短路，并不是真正的短路，所以把这种现象称为“虚短”。

由$u_o=A_{od}u_i=A_{od}(u_+-u_-)$得

$$u_+-u_-=\frac{u_o}{A_{od}}$$

由于$A_{od}=\infty$，得$u_+=u_-$即理想运算放大器两个输入端的电位相等。因此集成运算放大器的两个输入端之间的电压为零，可视为短路。

若信号从反相输入端输入，而同相输入端接地，则$u_+=u_-=0$，即反相输入端的电位为地电位，通常称为“虚地”。

（2）理想运算放大器的输入电流等于零

由于理想运算放大器的开环输入电阻$R_{id}\to\infty$，因此它不向信号源索取电流，两个输入端都没有电流流入集成运放。此时，同相输入端电流和反相输入端电流都等于零，即$i_+=i_-=0$。如同两点断开一样，而这种断开也不是真正的断路，是等效断路，所以把这种现象称为“虚断”。

“虚短”和“虚断”是分析理想运放工作在线性区的两条重要结论。

3.5.6 集成运算放大器使用常识

1. 调零

为了消除集成运算放大器的失调电压和失调电流引起的输入误差，以达到零输入时零输出的要求，必须进行调零。

对有外接调零端的集成运算放大器可通过外接调零元件进行调零。调零时，必须将输入端接地，调节调零元件使输出电压为零。

当集成运算放大器没有调零端时，可采用外加补偿电压的方法进行调零。它的基本原理是：在其输入端施加一个补偿电压，以抵消失调电压和失调电流的影响，从而使输出为零。

2. 消除自激振荡

由于集成运算放大器增益很高，消除自激振荡是其动态调试的重要内容。在线性应用时，外电路大多采用深度负反馈电路。由于内部电路级数较多，电路中极间电容、分布电容的存在，使得信号在传输过程中产生附加相移，产生正反馈。即使在没有输入电压的情况下，也会有一定频率、一定幅度的输出电压产生，电路的这种现象就称为自激振荡。消除自激振荡的方法有内置和外加电抗元件、*RC* 移相网络的方法进行相位补偿。目前，由于电路的改进或已经内置了补偿电路，大部分的集成运算放大器内部已不需要外加补偿网络。

3. 集成运算放大器的选用

根据集成运算放大器的性能不同分类，集成运算放大器有高增益的通用型以及高输入阻抗、低漂移、低功耗、高速、高压、高精度和大功率等各种专用型。在选用时要考虑性能价格比，要以较低的价格达到较高的性能。一般来说，专用型集成运算放大器性能较好，但价格较高。在工程实践中不能一味地追求高性能，而且专用型集成运算放大器仅在某一方面有优异性能，所以在使用时，应根据电路的要求，查阅集成运算放大器的有关参数，合理地选用。

3.5.7　具有负反馈的集成运算放大电路

反馈是将放大电路输出量（电压或电流）的全部或一部分通过反馈网络以一定方式回送到输入回路的过程。由于反馈，从而改变了输入量，进而改变了输出量。引入反馈的放大电路称为反馈放大电路或闭环放大电路，无反馈的放大电路称为开环放大电路。

1. 反馈类型

反馈放大电路的一般结构框图如图 3－46 所示。

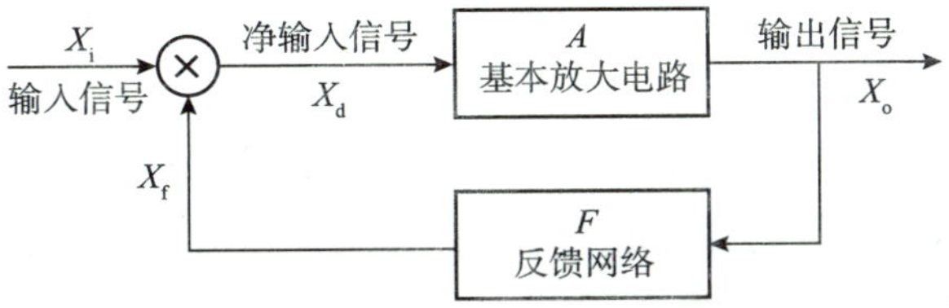

图 3－46　反馈放大电路结构框图

取出输出信号的全部或部分称为“取样”。取样信号既可以是输出电压也可以是输出电流。反馈信号为电压的称为电压反馈；反馈信号为电流的称为电流反馈。若反馈量为交流量，则实现的是交流反馈；若反馈量是直流量，则实现的是直流反馈。

对反馈放大器来说，回送到输入端的反馈信号以电流形式叠加，进而影响基本放大器的净输入电流，这种反馈称为并联反馈；反馈信号回送到放大器的输入端时，信号以电压形式叠加，进而影响基本放大器的净输入电压，这种反馈称为串联反馈。

反馈信号回送到输入端后，净输入信号是原输入信号与反馈信号叠加的结果。反馈使净输入信号 X_d（电流或电压）增加，为正反馈；反馈使净输入量 X_d（电流或电压）减小，为负反馈。

正反馈主要运用于振荡电路，放大器中应用的大都是负反馈。引入负反馈的主要目的是改善放大器性能或稳定输出信号。直流负反馈一般用于稳定放大器静态工作点，交流负反馈用于改善放大器性能。根据取样信号和反馈信号在输入端叠加的形式，将反馈放大器大体分为四种结构类型：电压串联负反馈、电压并联负反馈、电流串联负反馈、电流并联负反馈。其中电压并联负反馈和电流串联负反馈电路如图 3-47 所示。

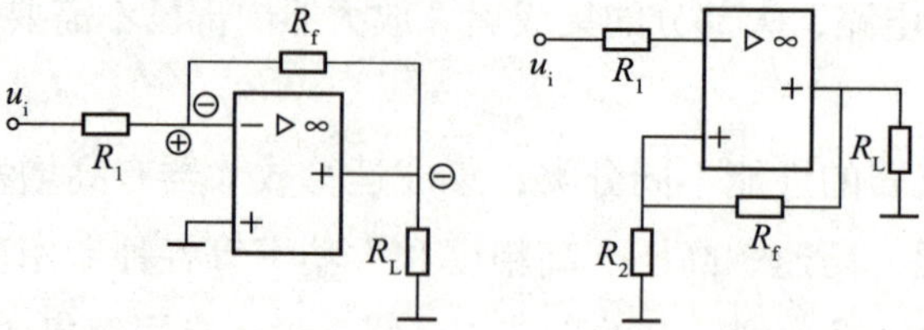

（a）电压并联负反馈　　（b）电流串联负反馈

图 3-47　负反馈类型

（1）正、负反馈极性判断

正、负反馈极性采用瞬时极性法判别，即根据反馈信号与原信号极性相同或相反进行识别。放大器一般采用的都是负反馈。

（2）电压、电流反馈判断

将负载短接，反馈信号消失的为电压反馈，否则为电流反馈；电压反馈采样点对地为输出电压，就是电压反馈，否则为电流反馈。

（3）串、并联反馈

输入信号与反馈信号加在放大器的两个不同输入端上，为串联反馈；输入信号与反馈信号并接在同一输入端上，为并联反馈。

2. 负反馈对放大器的影响

在负反馈放大器的结构框图（图 3-46）中，方框 A 表示开环放大器即未引入反馈的基本放大器，也可表示放大器的开环放大倍数；方框 F 表示反馈网络，也可表示反馈系数。箭头标示了信号的流向。

净输入信号为

$$X_d = X_i - X_f$$

开环增益（即开环放大器的放大倍数）为

$$A = \frac{X_o}{X_d}$$

反馈系数为

$$F = \frac{X_f}{X_o}$$

闭环增益为

$$A_f = \frac{X_o}{X_i} = \frac{X_o}{X_d + X_f} = \frac{X_o}{X_d + FX_o} = \frac{AX_d}{X_d + AFX_d} = \frac{A}{1+AF}$$

式中，$1+AF$ 称为反馈深度，它反映了反馈的强弱。当满足 $AF \gg 1$ 时，有

$$A_f = \frac{A}{1+AF} \approx \frac{A}{AF} = \frac{1}{F}$$

此时，称放大器工作于“深度负反馈”状态。

负反馈对放大电路性能的改善是以牺牲放大倍数为代价的。因此，只有当基本放大电路的放大倍数足够大时，才可以考虑引入负反馈。对于理想运算放大器其开环放大倍数为无穷大，因而不但可以引入负反馈，而且一般工作于深度负反馈状态。

3. 负反馈对放大电路性能的影响

负反馈对放大电路的性能有以下几个方面影响。

（1）提高放大倍数的稳定性

稳定性是放大电路的重要指标之一。在输入一定的情况下，温度等各种因素的变化会使放大电路的增益发生改变。引入负反馈可以提高放大器增益的稳定性，反馈越深，稳定性越高。尤其当工作于深度负反馈时，闭环增益只取决于反馈系数，而与放大器本身性能无关。

（2）展宽频带

由于放大器本身的一些参数受信号频率影响，因此放大电路对不同频率的信号呈现出不同的放大倍数。负反馈具有稳定闭环增益的作用，对于频率增大或减小引起放大倍数的变化同样具有稳定作用。也就是说，它能减少频率变化对闭环增益的影响，从而展宽频带。

（3）稳定输出量

引入电压负反馈，可以稳定输出电压；引入电流负反馈，可以稳定输出电流；引入交流负反馈，负反馈将稳定输出信号的交流成分；引入直流负反馈，负反馈将稳定输出信号的直流成分。

（4）改变输入电阻和输出电阻

串联负反馈使输入电阻增大；并联负反馈使输入电阻减小。

当信号带负载能力较弱，要求后续电路输入阻抗较高时，负反馈应采用串联连接。电压负反馈使输出电阻减小；电流负反馈使输出电阻增大。

3.5.8　基本运算电路

1. 比例运算电路

比例运算放大器的应用分为反相比例放大器和同相比例放大器两种。

（1）反相比例放大器

比例运算放大器作为反相比例放大器的应用如图 3-48 所示。

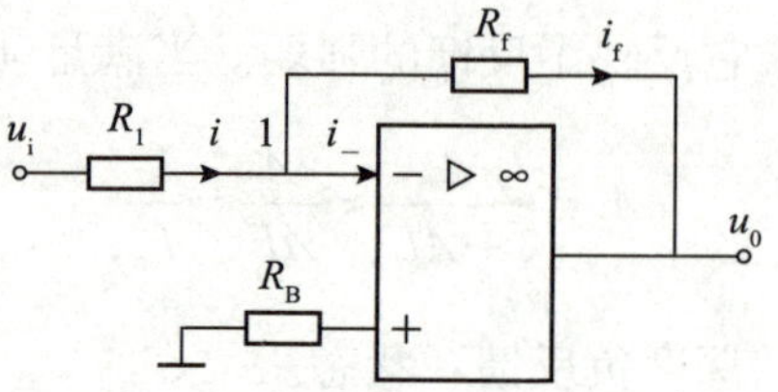

图 3-48 反相比例放大器

在该电路中，输入信号电压通过 R_1 加到运放反相输入端，同相输入端接地。输出电压 u_o 通过反馈电阻 R_f 加到反相输入端。

因为“虚断”，$i_-=0$，所以 $i=i_f$，即

$$\frac{u_i-u_-}{R_1}=\frac{u-u_o}{R_f}$$

又由于“虚短”，则 $u_-=u_+=0$，即有

$$\frac{u_i}{R_1}=\frac{-u_o}{R_f}$$

因此

$$u_o=-\frac{R_f}{R_1}u_i$$

由此可见，可以通过改变电阻 R_1、R_f 的大小，使得电路的比例系数发生改变。该电路正是一个由运放构成的反相比例放大器。

注意：其中 R_B 称为平衡电阻，主要作用是保持运放输入级电路的对称性。$R_B=R_1 /\!/ R_f$，其他运放电路中均有此平衡电阻存在，具体的推导过程不在本课程中讲述。

【例】应用运放测量电阻的原理电路如图 3-49 所示。其中 $u_i=U=10$ V，输出端接有量程为 5 V 的电压表，被测电阻为 R_x。试找出被测电阻 R_x 的阻值与电压表读数之间的关系。

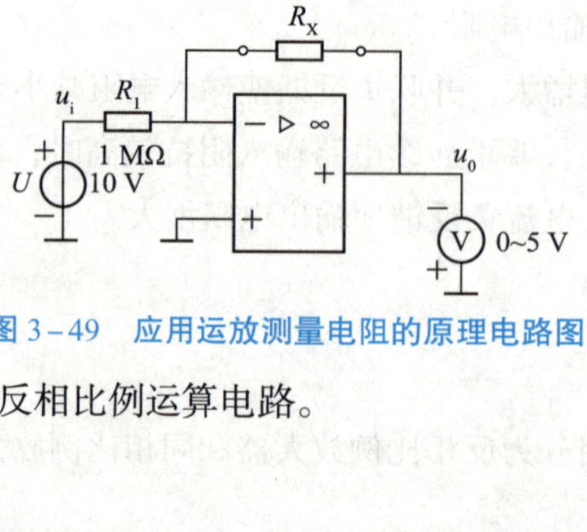

图 3-49 应用运放测量电阻的原理电路图

【解】图 3-49 为一个反相比例运算电路。

由上式可得

$$u_0=-\frac{R_x}{R_1}u_i$$

所以

$$R_x=-\frac{R_1}{u_i}u_0=-\frac{10^6}{10}u_o=-10^5u_o\ \Omega$$

被测电阻值与电压表读数的关系见表 3-5。

表 3-5　被测电阻值与电压表读数的关系

电压表读数 u_o/V	-1	-2	-3	-4	-5
被测电阻值 R_x/Ω	10^5	2×10^5	3×10^5	4×10^5	5×10^5

（2）同相比例放大器

运算比例放大器作为同相比例放大器的应用如图 3-50 所示。信号电压直接从同相端输入，输出电压 u_o 通过电阻 R_f 反馈到反相端，形成负反馈。

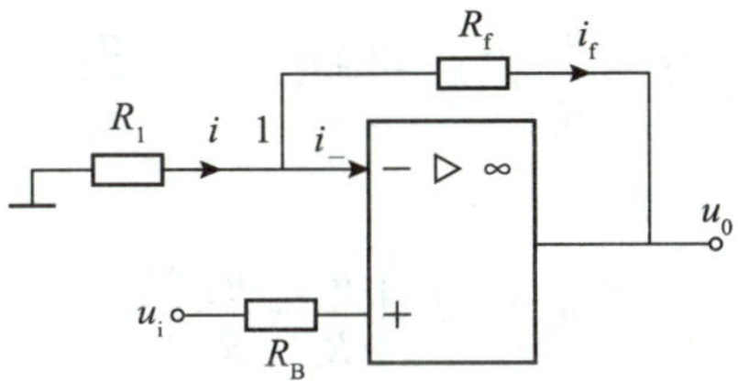

图 3-50　同相放大器

因为“虚断”，$i_-=0$，所以 $i=i_f$，即

$$\frac{-u_-}{R_1}=\frac{u_--u_o}{R_f}$$

$$u_o=\left(1+\frac{R_f}{R_1}\right)u_-$$

因为 $i_+=0$，所以 $u_+=u_i$，而又由于“虚短”，则 $u_-=u_+=u_i$，因此

$$u_o=\left(1+\frac{R_f}{R_1}\right)u_i$$

与反相比例放大器比较，同相比例放大器的放大倍数同样与放大器本身增益无关，而仅取决于 R_f 与 R_1 之比，但数值为正。这说明输出与输入同相，而且数值比反相放大器多 1。

若将反馈电阻 R_f 与 R_1 电阻去掉，$R_1=\infty$，$R_f=0$，可知 $u_o=u_i$，即输出电压随输入电压的变化而变化，简称电压跟随器，如图 3-51 所示。

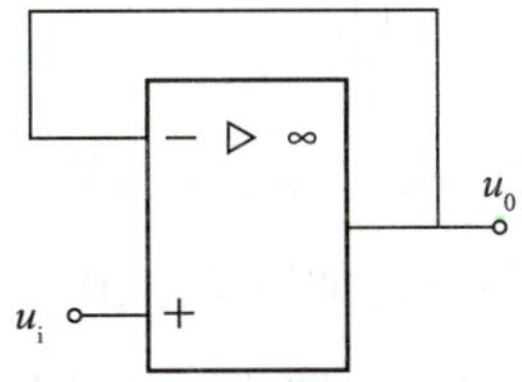

图 3-51　电压跟随器

2. 加减运算电路

（1）加法运算电路

加法运算电路如图 3－52 所示。

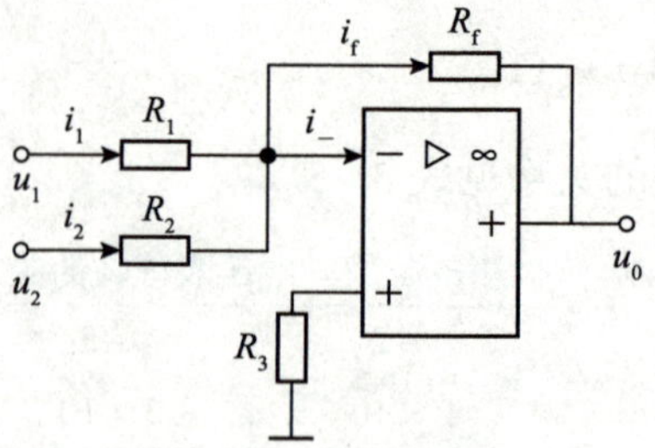

图 3－52　加法运算电路

在图 3－52 中，因为“虚断”，$i_-=0$，所以有

$$i_1+i_2=i_f$$

$$i_1=\frac{u_1}{R_1}，\quad i_2=\frac{u_2}{R_2}，\quad i_f=-\frac{u_o}{R_f}$$

所以有

$$u_o=-R_f\left(\frac{u_1}{R_1}+\frac{u_2}{R_2}\right)$$

若 $R_1=R_2=R$，则有

$$u_o=-\frac{R_f}{R}(u_1+u_2)$$

输出电压 u_o 与输入电压 u_1、u_2 的和成比例。

该电路的特点是便于调节。因为同相端接地，所以反相端是“虚地”。

（2）减法运算电路

减法运算电路是将输入信号同时加到运算比例放大器的同相输入端和反相输入端，如图 3－53 所示。

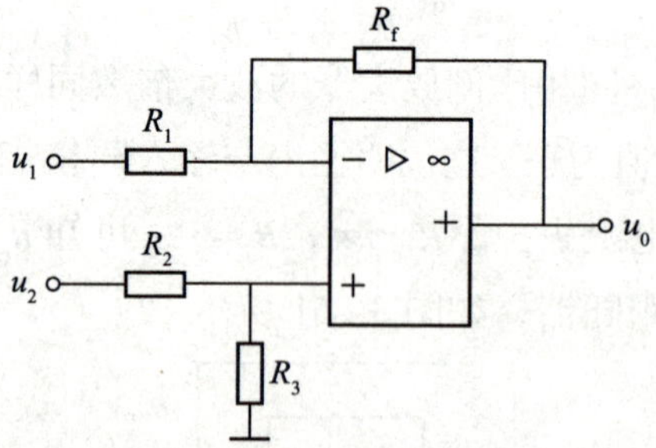

图 3－53　减法运算电路

输出与输入电压之间的关系可通过叠加原理求出。

① u_1 单独作用时的输出电压为 u_o'，电路为反相比例电路，则有

$$u_o' = -\frac{R_f}{R_1}u_1$$

② u_2 单独作用时的输出电压为 u_o''，电路为同相比例电路，则有

$$u_+ = \frac{R_3}{R_2 + R_3}u_2$$

$$u_o'' = \left(1 + \frac{R_f}{R_1}\right)u_+ = \left(1 + \frac{R_f}{R_1}\right)\frac{R_3}{R_2 + R_3}u_2$$

③ 二者共同作用时，则有

$$u_0 = u_o' + u_o'' = -\frac{R_f}{R_1}u_1 + \left(1 + \frac{R_f}{R_1}\right)\frac{R_3}{R_2 + R_3}u_2$$

若 $R_3 = R_f$，$R_2 = R_1$，则上式可简化为

$$u_0 = \frac{R_f}{R_1}(u_2 - u_1)$$

若 $R_f = R_3 = R_1 = R_2$，则

$$u_o = u_2 - u_1$$

此时电路就是减法电路。

【例】图 3-54 为两级集成运放组成的电路，已知 $R_1 = 20\ \text{k}\Omega$，$R_2 = 60\ \text{k}\Omega$，$R_3 = 15\ \text{k}\Omega$，$R_4 = 20\ \text{k}\Omega$，$R_5 = 10\ \text{k}\Omega$，$R_6 = 20\ \text{k}\Omega$，$R_7 = 5\ \text{k}\Omega$。

（1）求 u_o 与输入 u_{i1}、u_{i2} 之间的关系表达式。

（2）当 $u_{i1} = 3\ \text{V}$，$u_{i2} = -2\ \text{V}$ 时，求 u_o 的值。

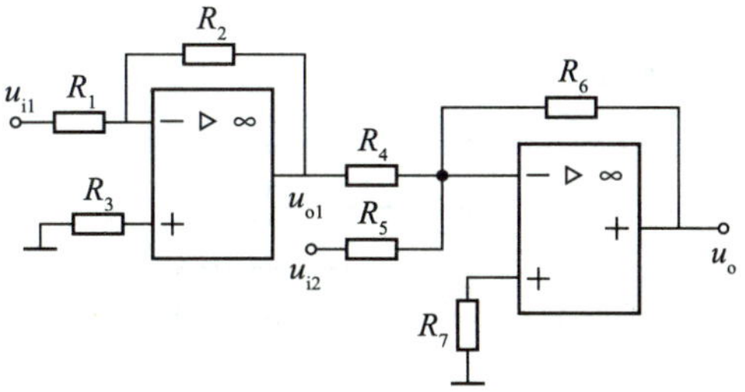

图 3-54　电路图

【解】（1）第一级为反相比例运算电路，有

$$u_{o1} = -\frac{R_2}{R_1}u_{i1} = -3u_{i1}$$

第二级为反相加法运算电路，因此有

$$u_o = -\left(\frac{R_6}{R_4}u_{o1} + \frac{R_6}{R_5}u_{i2}\right)$$

$$u_o = -(u_{o1} + 2u_{i2}) = 3u_{i1} - 2u_{i2}$$

（2）当 $u_{i1} = 3$ V，$u_{i2} = -2$ V 时，有

$$u_o = 3u_{i1} - 2u_{i2} = 13 \text{ V}$$

3. 积分和微分运算电路

（1）微分运算电路

微分运算电路如图 3-55 所示，下面推导该电路输出电压的表达式。

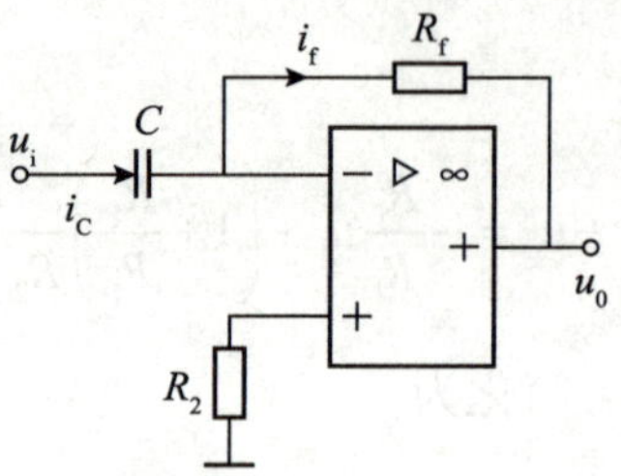

图 3-55　微分运算电路

因为 $u_- = u_+ = 0$，反相端为"虚地"。

所以

$$u_C = u_i$$

$$又\ i_f = i_C = C\frac{du_i}{dt}$$

得到输出电压为

$$u_o = -i_f R_f = -R_f C\frac{du_i}{dt}$$

可见，输出电压 u_o 与输入电压 u_i 的微分成正比。

（2）积分运算电路

积分运算电路如图 3-56 所示。

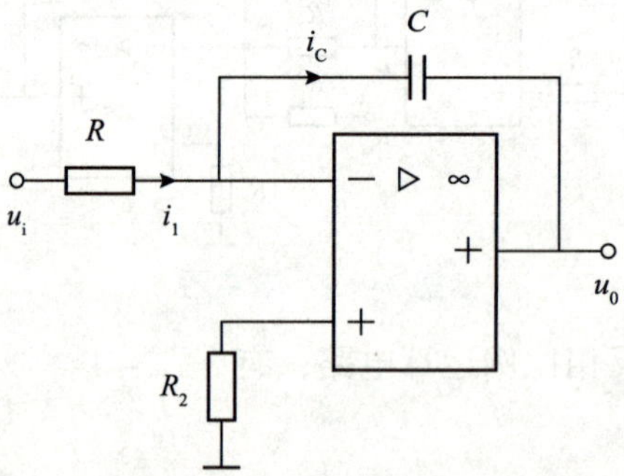

图 3-56　积分运算电路

因为

$$i_1 = i_C = \frac{u_i}{R}$$

所以

$$u_0 = -u_C = -\frac{1}{C}\int i_C \mathrm{d}t = -\frac{1}{RC}\int u_i \mathrm{d}t$$

可见，输出电压 u_o 与输入电压 u_i 的积分成正比。若输入电压为常数 U_i，则有

$$u_0 = -\frac{U_i}{RC}t$$

课后实训

一、实训名称

基本运算电路的安装与测试。

二、实训目的

（1）学习集成运算放大器的基本特性，以及基本运算电路的构成和特性。

（2）学会集成运放的使用方法，以及基本运算电路性能测试的方法。

（3）学会电子电路的安装和测试方法。

三、仪器设备及元器件

稳压电源、示波器、函数发生器、万用表、集成运放 μA741、电阻、电位器。

四、实训步骤

1. 集成运放的检测

（1）安装前，应认真查阅有关手册，了解 μA741 的主要特性和各引脚排列位置。

（2）外观检查。运放型号是否相符，引脚有无缺少或断裂；封装有无损坏等。

（3）在安装时，要根据电路原理图和所用运放的引脚图，确定实际安装接线图。图 3-57（a）为反相比例运算电路的电路原理图，图 3-57（b）为 μA741 组成电路的接线图。要注意图中用两路电源构成运放正、负电源的接法。

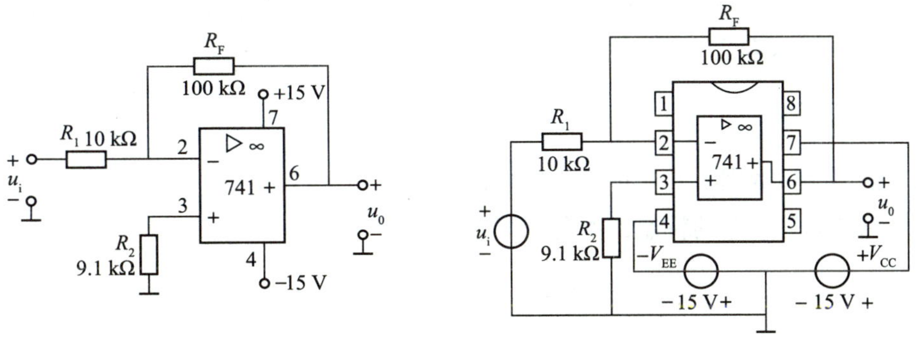

图 3-57　反相比例运算电路

（4）当元件、连线都安装好后，用万用表电阻挡检查安装是否正确，有无断路或短路现象。尤其应注意，运放输出端、电源端和接地端之间不能短路，否则将损坏器件和电源。

（5）经上述检查无误后，接通直流电源，进行静态调试。即将电路的输入端对地短路，用示波器观察输出端有无自激现象。将数字示波器输入设置为直流耦合，若电路输出电压扫描迹线在零电平附近，则说明器件是好的。

2. 反相比例运算电路的测试

（1）当静态检查正常后，接入信号源进行测试。

（2）在输入端加入频率为 1 kHz 的正弦信号，其幅值分别为 0.1 V、0.2 V、0.3 V，用示波器分别测量输出电压 u_o 的大小，记于表 3-6，并观察 u_i 与 u_o 的相位关系。

（3）计算电压增益，是否符合理论值。

3. 同相比例运算电路的测试

（1）按图 3-58 所示电路接线，检查无误后接通正、负直流电源。

（2）重复内容 2 的步骤，将测量结果记于表 3-6。

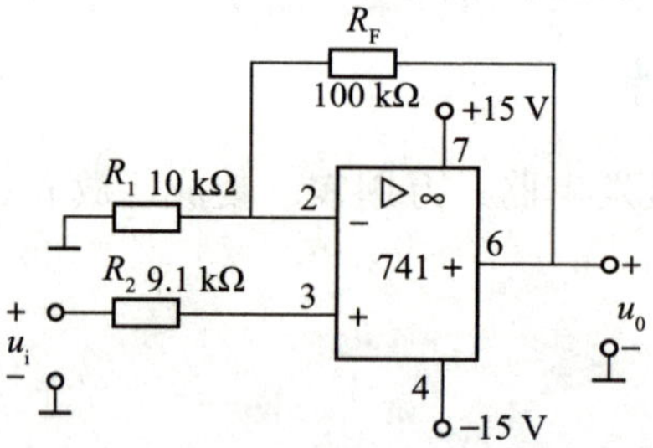

图 3-58　同相比例运算电路

表 3-6 反相比例运算和同相比例运算电路的测试

Uom（V） Uim（V）	反相比例运算			同相比例运算		
	0.1	0.2	0.3	0.1	0.2	0.3
测量值						
理论值						

五、实训要求

（1）整理测试数据，并与理论值进行比较。

（2）总结运算电路的特点，撰写测试报告。

项目小结

集成运算放大器是一种具有极高放大倍数的电子器件。

半导体三极管作为最基本的半导体元件，具有控制电流的作用，其工作原理基于PN结的单向导电性，通过基极电流的调节，三极管可以放大交流信号，从而实现对微弱电信号的转换和增强。

基本放大电路是集成运算放大器的基础构造。它利用三极管的放大作用，通过一系列的电阻和电容的配置，形成了一个可以放大交流信号的电路。这个电路的特点是输入和输出之间具有高输入阻抗和低输出阻抗，使得信号能够高效地传输。

差分放大电路是一种特殊的放大电路，主要用于抑制零点漂移，提高放大器的直流增益和稳定性。它通过将输入信号的差值作为输出，从而有效地避免了外界干扰和温度变化对电路的影响。

互补对称功率放大电路通过将直流信号转化为大功率输出，以满足如音频放大等需要大功率输出的应用需求。

集成运算放大器作为半导体技术的重要成果，通过将各种功能模块集成在一个芯片上，运算放大器大大简化了电路设计，提高了性能，同时也降低了生产成本。

总的来说，集成运算放大器以其强大的放大、转换和功率输出能力，在现代电子设备中发挥着不可或缺的作用。其分析与应用，离不开对半导体三极管、基本放大电路、差分放大电路、互补对称功率放大电路等基础知识的理解与应用。

思考练习

1. 放大电路的基本要求有哪些?
2. 放大电路的类型有哪些?
3. 差分放大器有几种接法?

项目 4 组合逻辑电路的分析与应用

项目导读

组合逻辑电路是一种重要的数字电路类型，它由基本逻辑关系单元组成，如与门、或门、非门等。这些逻辑门可以实现各种复杂的逻辑运算和组合，从而实现对数字信号的处理和转换。

基本逻辑关系是组合逻辑电路的基础。与门、或门和非门是三种最基本的逻辑关系，它们在数字电路中发挥着重要的作用。这些基本逻辑关系可以通过集成逻辑门电路来实现。

集成逻辑门电路的应用非常广泛。它可以用于数字信号的存储、传输和处理，是计算机、数字仪表、数字控制等数字设备的基础。通过集成逻辑门电路，可以构建各种复杂的数字电路，实现各种复杂的逻辑功能。

组合逻辑电路的分析是指根据给定的逻辑功能，确定其逻辑门电路的连接方式和输入条件，从而得到其输出结果。组合逻辑电路的设计则是根据实际需求，确定其逻辑功能，然后选择合适的逻辑门电路，构建其逻辑电路，并进行测试和验证。

学习目标

◎知识目标

1. 理解基本逻辑关系，包括与门、或门和非门等逻辑运算。
2. 掌握集成逻辑门电路的应用。

3. 熟悉组合逻辑电路的基本概念和工作原理。

◎技能目标

1. 能够分析组合逻辑电路的逻辑关系，并根据逻辑关系设计简单的组合逻辑电路；

2. 熟练掌握数字电路实验设备的使用方法，能够进行基本的数字电路实验；

3. 具备团队合作和沟通能力，能够与其他同学和老师进行有效地沟通和协作。

◎素质目标

1. 培养学生严谨的科学态度和逻辑思维能力，能够运用所学知识解决实际问题。

2. 培养学生的创新意识和实践能力，鼓励学生在理解基本原理的基础上，进行电路设计和优化。

3. 培养学生的团队合作精神和沟通能力，能够在团队中协作完成任务，进行有效的沟通。

思政目标

1. 培养学生的职业道德和社会责任感。

2. 引导学生将所学知识服务于社会，为社会做出贡献。

任务 1　逻辑代数及应用

扫一扫

组合逻辑电路的分析与应用

4.1.1　基本逻辑关系

逻辑是指事物的因果关系，这些因果关系可以用逻辑代数来描述。逻辑代数中的变量称为逻辑变量，用大写字母表示。逻辑变量的取值只有两种，即逻辑 0 和逻辑 1，0 和 1 称为逻辑常量，并不表示数量的大小，而是表示两种对立的逻辑状态。在分析和设计数字电路时，所使用的数学工具是逻辑代数（又称布尔代数）。

逻辑代数是按一定的逻辑规律进行运算的代数，虽然它和普通代数一样也是用字母表示变量，但两种代数中变量的含义是完全不同的，它们之间有着本质区别，逻辑代数中的变量只有 0 和 1 两个值，而没有中间值。0 和 1 也不表示数量的大小，而表示对立的逻辑状态。

事物之间的因果关系称为逻辑关系，最基本的逻辑关系有 3 种：“与”逻辑、“或”逻辑和“非”逻辑。任何一个复杂的逻辑关系都可以用这 3 个逻辑关系表示出来。

1. “与”逻辑

“与”逻辑是指所有事物间存在这样一种因果关系，即如果决定某种事件结果的诸条件都具备，结果才发生，而只要其中一个条件不具备，结果就不发生。比如两个串联的开关控制一盏灯，两个开关的闭合是条件，灯亮是结果。只有两个开关都闭合电灯才会亮，只要有一个开关未闭合，灯就不会亮。这种关系即为“与”逻辑关系。图 4-1 为“与”逻辑关系电路图，“与”逻辑关系功能表见表 4-1。

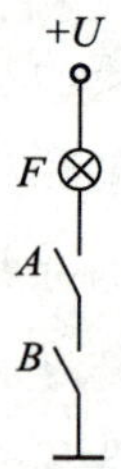

图 4-1　“与”逻辑关系电路图

表 4-1　“与”逻辑关系功能表

A	*B*	*F*
断	断	灭
断	合	灭
合	断	灭
合	合	亮

若以 *A*、*B* 为“0”表示开关断开，为“1”表示开关闭合。*F* 为“0”表示灯灭，为“1”表示灯亮。则可以列出以 0 或 1 表示的开关状态（输入量）与结果状态（输出量）之间的逻辑关系表，见表 4-2。

表 4-2　“与”逻辑关系真值表

A	*B*	*F*
0	0	0
0	1	0
1	0	0
1	1	1

这种以 0 和 1 表示输入、输出状态关系的表称为逻辑状态表，又称真值表。由表 4-2 可以得出逻辑关系为：有 0 出 0，全 1 出 1。输入变量 *A*、*B* 的取值和输出变量 *F* 的取值之间的关系满足逻辑乘的运算规律，因此可表示为

$$F=A\cdot B$$

逻辑乘又称“与”运算，实现与运算的电路称为“与”门，其逻辑符号如图 4-2 所示。

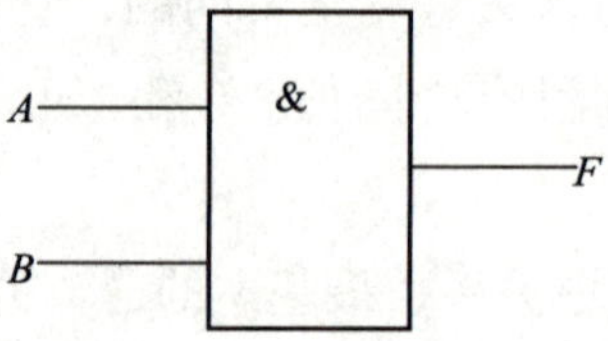

图 4-2　“与”逻辑符号

2.“或”逻辑

在 *A*、*B* 等多个条件中，只要具备一个条件，事件就会发生；只有所有诸条件均不具

备时，事件才不会发生，这种因果关系为“或”逻辑关系。如两个并联的开关共同控制一盏灯，只要其中一个开关闭合，灯就会亮，只有两个开关都断开，灯才不亮。图 4-3 为“或”逻辑关系电路图，“或”逻辑关系功能表见表 4-3。

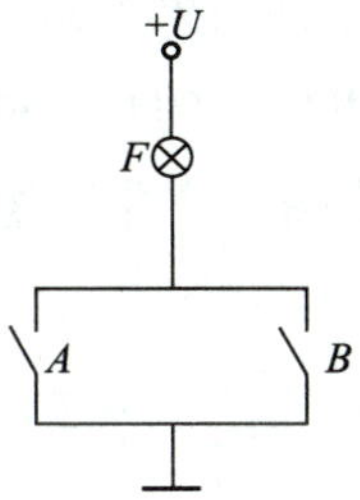

图 4-3　“或”逻辑关系电路图

表 4-3　“或”逻辑关系功能表

A	B	F
断	断	灭
断	合	亮
合	断	亮
合	合	亮

按照同“与”逻辑相同的方法列出“或”逻辑真值表，见表 4-4。由表 4-4 可知，“或”逻辑功能为有 1 出 1，全 0 出 0。“或”逻辑关系可表示为

$$F=A+B$$

实现“或”逻辑运算的电路称为“或”门，符号如图 4-4 所示。

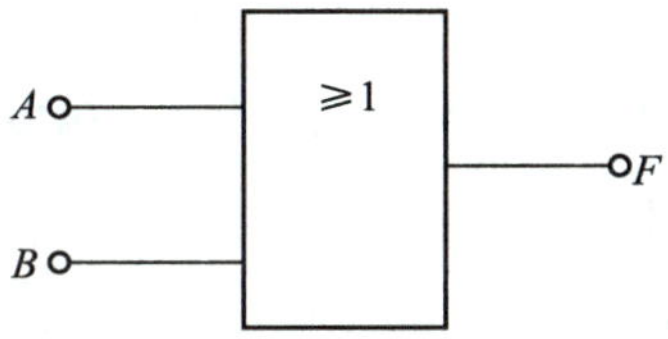

图 4-4　“或”逻辑符号

表 4-4　“或”逻辑关系真值表

A	B	F
0	0	0
0	1	1
1	0	1
1	1	1

3. “非”逻辑

决定事件结果 F 的条件满足的条件只一个即 A，A 存在，事件 F 不发生；A 不存在，事件 F 发生。如用一个开关和电灯并联，用开关控制灯的亮灭便是这种因果关系。即闭合开关，灯不亮；断开开关，灯亮，这里反映的是一种“非”逻辑关系。图 4-5 为非逻辑关系电路图，“非”逻辑关系功能表见表 4-5。

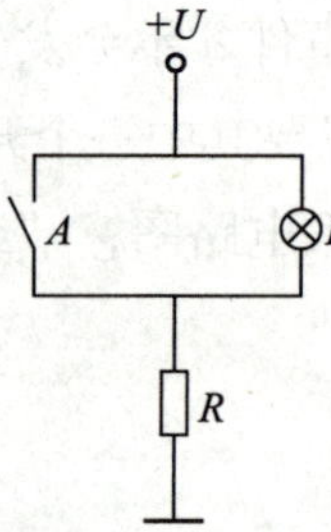

图 4-5　“非”逻辑关系电路图

表 4-5　“非”逻辑关系功能表

A	F
断	亮
合	灭

若以 1 和 0 表示开关闭合、断开及电灯亮、灭，则可列出“非”逻辑关系真值表，见表 4-6。由“非”逻辑真值表可得出“非”逻辑关系为：有 1 出 0，有 0 出 1。“非”逻辑关系可表示为

$$F=\overline{A}$$

实现“非”逻辑运算的电路称为“非”门，符号如图 4-6 所示。

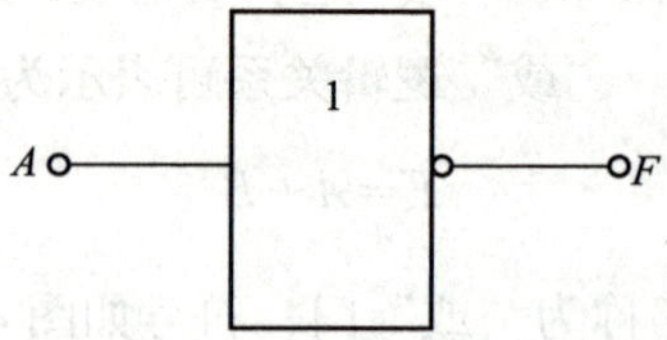

图 4-6　“非”逻辑符号

表 4-6　“非”逻辑关系真值表

A	F
0	1
1	0

知识拓展

数制与码制

1. 数制

所谓数制就是一种计数的方法，它是计数进位制的简称。常用的数制有十进制、二进制和十六进制等。

（1）十进制

十进制是以 10 为基数的计数体制，采用 0、1、2、3、4、5、6、7、8、9 共 10 个数码来表示数，相邻位数间的计数规律是“逢十进一”或“借一当十”。十进制数可写成以 10 为底的幂求和的形式。例如，

$$(234.76)_{10}=2\times10^{2}+3\times10^{1}+4\times10^{0}+7\times10^{-1}+6\times10^{-2}$$

任意一个十进制数（N）10 都可以写成

$$(N)_{10}=a_{n-1}\times10^{n-1}+a_{n-2}\times10^{n-2}+\cdots+a_{1}\times10^{1}+a_{0}\times10^{0}+a_{-1}\times10^{-1}$$
$$+a_{-2}\times10^{-2}+\cdots+a_{-m}\times10^{-m}=\sum_{i=-m}^{n-1}a_{i}\times10^{i}$$

上式称为数的按权展开式。其中，a_i 为第 i 位数码；10^i 为第 i 位的权；n 为整数部分的位数，m 为小数部分的位数。

（2）二进制

二进制是以 2 为基数的计数体制，采用 0 和 1 两个数码来表示数，计数规律是“逢二进一”，或“借一当二”。

任意一个二进制数 $(N)_2$ 可写成按权的展开式为

$$(N)_{2}=a_{n-1}\times2^{n-1}+a_{n-2}\times2^{n-2}+\cdots+a_{1}\times2^{1}+a_{0}\times2^{0}+a_{-1}\times2^{-1}$$
$$+a_{-2}\times2^{-2}+\cdots+a_{-m}\times2^{-m}=\sum_{i=-m}^{n-1}a_{i}\times2^{i}$$

例如，

$$(11001.01)_{2}=1\times2^{4}+1\times2^{3}+0\times2^{2}+0\times2^{1}+1\times2^{0}+0\times2^{-1}+1\times2^{-2}$$

由于二进制数只有 0 和 1 两个数码，与电路的两个状态（饱和与截止）相对应，所以二进制是数字电路中经常采用的。

（3）十六进制

十六进制采用 0、1、2、3、4、5、6、7、8、9、A、B、C、D、E、F 共 16 个数码，是以 16 为基数的计数体制，计数规律是“逢十六进一”或“借一当十六”。

任意一个十六进制数 $(N)_{16}$ 的按权展开式为

$$(N)_{16}=a_{n-1}\times16^{n-1}+a_{n-2}\times16^{n-2}+\cdots+a_{1}\times16^{1}+a_{0}\times16^{0}+$$
$$a_{-1}\times16^{-1}+a_{-2}\times16^{-2}+\cdots+a_{-m}\times16^{-m}$$
$$=\sum_{i=-m}^{n-1}a_{i}\times16^{i}$$

例如，

$$(4E6.B)_{16}=4\times16^{2}+E\times16^{1}+6\times16^{0}+B\times16^{-1}=4\times16^{2}+14\times16^{1}+6\times16^{0}+11\times16^{-1}$$

2. 二进制代码

数字系统只能辨别二进制数，用一定位数的二进制数来表示十进制数码、字母、符号等信息过程称为编码。用以表示十进制数码、字母、符号等信息的一定位数的二进制数称为二进制代码。

将十进制数 0~9 十个数字用 4 位二进制数 A3A2A1A0 来表示的代码称为二—十进制代码，简称 BCD 码。BCD 码有多种表示方案，常用 BCD 码见表 4-7。

表 4-7 常用 BCD 码

十进制数	有权码			无权码	
	8421 码	5421 码	2421 码	余 3 码	格雷码
0	0000	0000	0000	0011	0000
1	0001	0001	0001	0100	0001
2	0010	0010	0010	0101	0011
3	0011	0011	0011	0110	0010
4	0100	0100	0100	0111	0110
5	0101	1000	1011	1000	0111
6	0110	1001	1100	1001	0101
7	0111	1010	1101	1010	0100
8	1000	1011	1110	1011	1100
9	1001	1100	1111	1100	1101

8421BCD 码是一种应用十分广泛的有权码，它从高位到低位的权值分别为 8、4、2、1，取了自然二进制数的前十种组合，即 0000~1001。

4.1.2 逻辑代数的基本定律和规则

逻辑代数是分析和研究逻辑电路的数学工具，它是由英国科学家乔治·布尔创立的，故又称布尔代数。根据与、或、非三种基本逻辑运算，可以推导出一些基本公式和定律，形成一些运算规则，这些定律和规则是逻辑函数化简和逻辑电路分析、设计的数学基础。

1. 基本公式

逻辑代数的基本公式见表 4-8。

表 4-8 逻辑代数的基本公式

0-1 律	$A+1=1$	$A\cdot 0=0$
	$A+0=A$	$A\cdot 1=A$
重叠律	$A+A=A$	$A\cdot A=A$
互补律	$A+\overline{A}=1$	$A\cdot \overline{A}=1$
还原律	$\overline{\overline{A}}=A$	

对于以上基本公式，只要将变量 A 的取值 0 或 1 代入各公式中，便可证明各等式是成立的。

2. 基本定律

逻辑代数运算中，可运用一些定律，现将有关定律总结如下。

（1）基本运算

$$A \cdot 1 = A$$
$$A \cdot 0 = 0$$
$$A \cdot A = A$$
$$A + 1 = 1$$
$$A + 0 = A$$
$$A + A = A$$
$$\overline{\overline{A}} = A$$
$$\overline{A} + A = 1$$
$$\overline{A} + 0 = \overline{A}$$

（2）交换律

$$AB = BA$$
$$A + B = B + A$$

（3）结合律

$$(A + B) + C = A + (B + C)$$
$$(AB)C = A(BC)$$

（4）分配律

$$A(B + C) = AB + AC$$
$$A + BC = (A + B)(A + C)$$

（5）摩根定理

$$\overline{A + B} = \overline{A}\ \overline{B}$$
$$\overline{AB} = \overline{A} + \overline{B}$$

3. 逻辑代数的三个重要规则

（1）代入规则

逻辑等式中的任何变量 A，都可用另一函数 Z 代替，等式仍然成立。代入法则可以扩大基本公式的应用范围。

利用代入规则可将摩根定律推广到 n 变量：

$$\overline{A_1 + A_2 + \cdots + A_n} = \overline{A_1} \cdot \overline{A_2} \cdots \overline{A_n}$$
$$\overline{A_1 A_2 \cdots A_n} = \overline{A_1} + \overline{A_2} + \cdots + \overline{A_n}$$

（2）反演规则

对一个逻辑函数 Y 进行如下变换：将所有的“ · ”换成“+”，“+”换成“ · ”“0”换成“1”，“1”换成“0”，原变量换成反变量，反变量换成原变量，则得到函数 Y 的反函数。反演规则常用于求一个已知逻辑函数的反函数。

注意：应保持原函数中逻辑运算的优先顺序；不是单个变量上的反号则保持不变。

例如，对于函数 $Y=A\cdot\overline{B}+\overline{\overline{A\cdot C}+\overline{D}}$，利用反演规则，可写出其反函数：$\overline{Y}=\left(\overline{A}+B\right)\cdot\overline{\overline{\overline{A}+\overline{C}}\cdot D}$

（3）对偶规则

对一个逻辑函数 Y 进行如下变换：将所有的“·”换成“+”“+”换成“·”，“0”换成“1”，“1”换成“0”，则得到函数 Y 的对偶式。

根据对偶规则可知：如果原式 Y 成立，则其对偶式也一定成立。这样，我们只需记住基本公式和定律的一半即可，另一半按对偶法则可求出。

使用对偶规则时，要保持原函数中逻辑运算的优先顺序。

例如，对于等式 $A\cdot(B+C)=A\cdot B+A\cdot C$，利用对偶规则，可得 $A+B\cdot C=(A+B)\cdot(A+C)$

4.1.3 逻辑函数的表示方法

逻辑函数有多种不同的表示方法，常用的有真值表、逻辑函数式、逻辑图、波形图、卡诺图等 5 种。它们各有特点，既相互联系，又可以相互转换。

1. 真值表

真值表可以直观、明了地反映逻辑函数与逻辑变量取值之间的一一对应关系，具有唯一性。若两个逻辑函数具有相同的真值表，则两个逻辑函数必然相等。n 变量的逻辑函数，共有 2^n 个不同的变量组合，在列真值表示时，为避免遗漏，一般按 n 位二进制递增的方式列出。

例如，三变量一致真值表，当输入变量 A、B、C 中全部为 0 或 1 时，输出为 1；否则，输出为 0，见表 4-9。

表 4-9 三变量一致的真值表

A	B	C	Y
0	0	0	1
0	0	1	0
0	1	0	0
0	1	1	0
1	0	0	0
1	0	1	0
1	1	0	0
1	1	1	1

2. 逻辑函数式

逻辑函数式是用与、或、非等基本运算来表示输入变量和输出函数因果关系的逻辑代数式。书写简洁、方便，有利于用逻辑代数的公式进行化简和转换。

由真值表可以得到逻辑函数式，将真值表中每一组使输出函数值为 1 的输入变量都写成一个与项。在这些与项中，取值为 1 的变量写成原变量，取值为 0 的变量写成反变量，将这些与项相加，就得到了逻辑函数式。

由真值表 4－9 可知，使得输出 Y 为 1 的输入取值有 2 个，即 000 和 111。将它们分别写成相应的与项 $\overline{ABC}$ 和 ABC，将这两个与项相加，就得到相应的逻辑函数式为

$$Y=\overline{ABC}+ABC$$

3. 逻辑图

逻辑图是由基本逻辑门与复合逻辑门的逻辑图形符号组合而成，用以呈现具有特定逻辑功能的电路布局。在绘制逻辑图时，需将逻辑函数式中的各个逻辑运算逐一替换为对应门电路的逻辑符号，如此即可生成与逻辑函数相匹配的逻辑图。

4. 波形图

波形图是依据真值表所描绘的输入与输出间关系的一连串波形展现，精准地呈现了输入变量与输出函数随时间变化的对应关系。

三变量一致电路的波形图如图 4－7 所示。

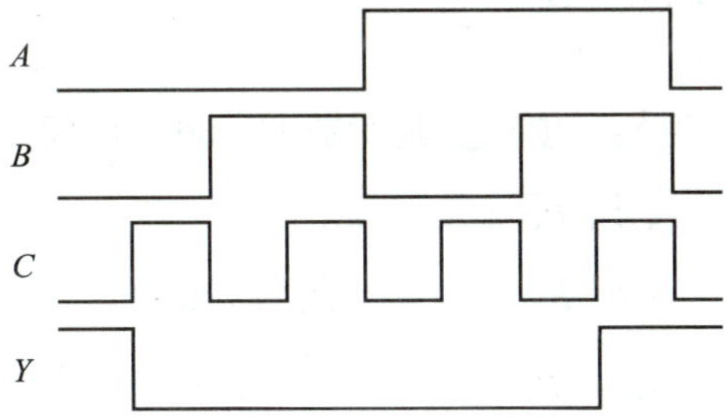

图 4－7　三变量一致电路的波形图

4.1.4　逻辑函数的化简

1. 逻辑函数的代数化简法

（1）并项法

利用公式 $AB+\overline{A}B=A$，将两项合并为一项，并消去一个变量。例如

$$Y=ABC+\overline{A}BC+B\overline{C}=\left(ABC+\overline{A}BC\right)+B\overline{C}$$
$$=BC+B\overline{C}=B$$

$$Y=ABC+A\overline{B}+A\overline{C}=ABC+A\left(\overline{B}+\overline{C}\right)$$
$$=ABC+A\overline{BC}=A$$

（2）吸收法

① 利用公式 $A+AB=A$，消去多余的项。例如

$$Y=\overline{A}B+\overline{A}BCD(E+F)=\overline{A}B$$

$$\begin{aligned}Y&=A+\overline{\overline{B}+\overline{CD}}+\overline{\overline{ADB}}=A+BCD+AD+B\\&=(A+AD)+(B+BCD)=A+B\end{aligned}$$

② 利用公式 $A+\overline{A}B=A+B$，消去多余的变量。例如

$$\begin{aligned}Y&=AB+\overline{A}C+\overline{B}C=AB+(\overline{A}+\overline{B})C\\&=AB+\overline{AB}C\\&=AB+C\end{aligned}$$

$$\begin{aligned}Y&=A\overline{B}+C+\overline{A}\,\overline{C}D+B\overline{C}D=A\overline{B}+C+\overline{C}(\overline{A}+B)D\\&=A\overline{B}+C+(\overline{A}+B)D\\&=A\overline{B}+C+\overline{A\overline{B}}D\\&=A\overline{B}+C+D\end{aligned}$$

（3）配项法

① 利用公式 $A+\overline{A}=1$，为某一项配上其所缺的变量，以便用其他方法进行化简。例如

$$\begin{aligned}Y&=A\overline{B}+B\overline{C}+\overline{B}C+\overline{A}B\\&=A\overline{B}+B\overline{C}+(A+\overline{A})\overline{B}C+\overline{A}B(C+\overline{C})\\&=A\overline{B}+B\overline{C}+A\overline{B}C+\overline{A}\,\overline{B}C+\overline{A}BC+\overline{A}B\overline{C}\\&=A\overline{B}(1+C)+B\overline{C}(1+\overline{A})+\overline{A}C(\overline{B}+B)\\&=A\overline{B}+B\overline{C}+\overline{A}C\end{aligned}$$

② 利用公式 $A+A=A$，为某项配上其所能合并的项。例如

$$\begin{aligned}Y&=ABC+AB\overline{C}+A\overline{B}C+\overline{A}BC\\&=(ABC+AB\overline{C})+(ABC+A\overline{B}C)+(ABC+\overline{A}BC)\\&=AB+AC+BC\end{aligned}$$

（4）消去多余项法

利用多余项定律 $AB+\overline{A}C+BC=AB+\overline{A}C$，将冗余项 BC 消去。例如

$$\begin{aligned}Y&=A\overline{B}+AC+ADE+\overline{C}D=A\overline{B}+(AC+\overline{C}D+ADE)\\&=A\overline{B}+AC+\overline{C}D\end{aligned}$$

$$Y = AB + \overline{B}C + AC(DE + FG)$$
$$= AB + \overline{B}C$$

【例】化简函数 $Y = (\overline{B} + D)(\overline{B} + D + A + G)(C + E)(\overline{C} + G)(A + E + G)$

【解】先求出 Y 的对偶函数 Y'，并对其进行化简。

$$Y' = \overline{B}D + \overline{B}DAG + CE + \overline{C}G + AEG$$
$$= \overline{B}D + CE + \overline{C}G$$

根据 Y' 的对偶函数，便得 Y 的最简或与表达式。

$$Y = (\overline{B} + D)(C + E)(\overline{C} + G)$$

逻辑函数的代数化简法不受变量数目的约束，当对公式、定理和规则十分熟练时，化简比较方便。其缺点是化简没有一定的规律和步骤，技巧性很强，而且在很多情况下难以判断化简结果是否最简。

2. 逻辑函数的卡诺图化简法

卡诺图是逻辑函数的图解化简法，它具有确定的化简步骤，克服了代数化简法对最终结果难以确定的缺点，能比较方便得获得逻辑函数的最简与或式。

（1）最小项与最小项表达式

如果逻辑函数的与项中包含有全部的变量，并且每个变量都以原变量或反变量的形式仅出现一次，则称该与项为逻辑函数的最小项。n 个变量的最小项有 2^n 个。为了书写方便，通常用“m_i”表示最小项，“i”为最小项的编号。例如，三变量最小项标号见表 4-10。

表 4-10　三变量最小项标号

A	B	C	最小项	编号	A	B	C	最小项	编号
0	0	0	$\overline{A}\overline{B}\overline{C}$	m_0	1	0	0	$A\overline{B}\overline{C}$	m_4
0	0	1	$\overline{A}\overline{B}C$	m_1	1	0	1	$A\overline{B}C$	m_5
0	1	0	$\overline{A}B\overline{C}$	m_2	1	1	0	$AB\overline{C}$	m_6
0	1	1	$\overline{A}BC$	m_3	1	1	1	ABC	m_7

如果两个最小项中只有一个变量互为反变量，其余变量均相同时，则称这两个最小项为相邻最小项，简称相邻项。如 $AB\overline{C}$ 和 $\overline{A}B\overline{C}$ 就互为相邻项。一个 n 变量的最小项有 n 个相邻项。

在逻辑函数的表达式中，如果每个与项都是最小项，则称该逻辑函数式为标准与或式，又称为最小项表达式。任何一种形式的逻辑式都可以利用基本公式化为最小项表达式，并且最小项表达式是唯一的。

【例】将逻辑函数 $Y = \overline{A}D + \overline{\overline{AB} \cdot (C + \overline{B}D)}$ 化为最小项表达式

【解】① 利用摩根定律将函数展开为与或表达式为

$$Y=\overline{A}D+\overline{\overline{AB}\cdot\left(C+\overline{BD}\right)}=\overline{A}D+AB+\overline{C+\overline{BD}}$$
$$=\overline{A}D+AB+B\overline{C}D$$

② 再利用基本公式 $A+\overline{A}=1$ 对缺少变量的与项进行配项，使之成为最小项为

$$Y=\overline{A}\left(B+\overline{B}\right)\left(C+\overline{C}\right)D+AB\left(C+\overline{C}\right)\left(D+\overline{D}\right)+\left(A+\overline{A}\right)B\overline{C}D$$
$$=\overline{A}\overline{B}\overline{C}D+\overline{A}\overline{B}CD+\overline{A}B\overline{C}D+\overline{A}BCD+AB\overline{C}\overline{D}+AB\overline{C}D+ABC\overline{D}+ABCD$$

利用最小项编号，上式又可写作

$$Y=m_1+m_3+m_5+m_7+m_{12}+m_{13}+m_{14}+m_{15}=\sum m(1,3,5,7,12,13,14,15)$$

（2）逻辑函数的卡诺图化简法

卡诺图就是最小项方块图，它用 2^n 个小方格表示 n 个变量的 2^n 个最小项，并且使逻辑相邻的最小项在几何位置上也相邻。图 4－8 为 2～4 个变量的卡诺图。

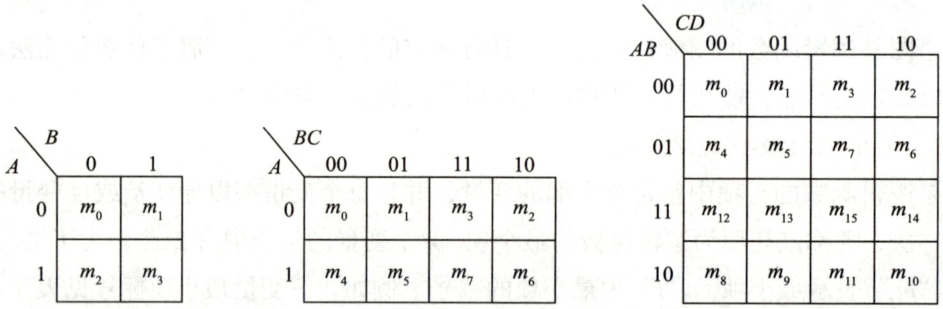

（a）二变量卡诺图　　（b）三变量卡诺图　　（c）四变量卡诺图

图 4－8　卡诺图

图中变量的取值按循环码（00、01、11、10）的顺序排列，保证了卡诺图中最小项的相邻性。

卡诺图化简逻辑函数，实质上就是运用公式 $AB+A\overline{B}=A$，合并相邻最小项，消去相异的变量，从而得到最简与或式。其合并规律是：2^n 个相邻项（包含 2^n 个方格）合并为一项时，可以消去 n 个相异变量。

用卡诺图化简逻辑函数的步骤和规则如下。

① 画出相应变量逻辑函数的卡诺图。

②“填 1”，就是把逻辑函数中出现的所有最小项，在卡诺图相应的方格中填上 1。

③“圈 1”，就是合并卡诺图中的相邻项。

④ 提取每个包围圈内最小项的公因子构成

⑤ 把所有与项相加，即为最简与或式。

（3）具有无关项的逻辑函数的化简

无关项是指那些与逻辑函数值无关的最小项，也称随意项、约束项。

例如，8421BCD 编码中，1010～1111 这 6 种代码是不允许出现的，即与 8421BCD 码无关，那它们就是无关项。无关项一般用 d_i 来表示，在填入卡诺图时用“×”或“φ”来表示，其取 1 或取 0 都不会影响函数值。

用卡诺图化简逻辑函数时，无关项“×”是作为 1 还是作为 0，要依据化简需要来确定。其原则是相邻项的包围圈要最大、数目要最少。每个包围圈必须包含有效最小项 1，不能全是无关项。要将所有的 1 圈完，有些无关项并不是非利用不可。

【例】用卡诺图化简含有无关项的逻辑函数

$$Y=\sum m(0,1,4,6,9,13)+\sum d(2,3,5,7,8,10,11,15)$$

【解】画出四变量逻辑函数的卡诺图，在最小项方格填 1，无关项方格填 ×，如图 4－9 所示。画包围圈 1，合并每个包围圈内的最小项，写出最简与或式为

$Y=\overline{A}+D$

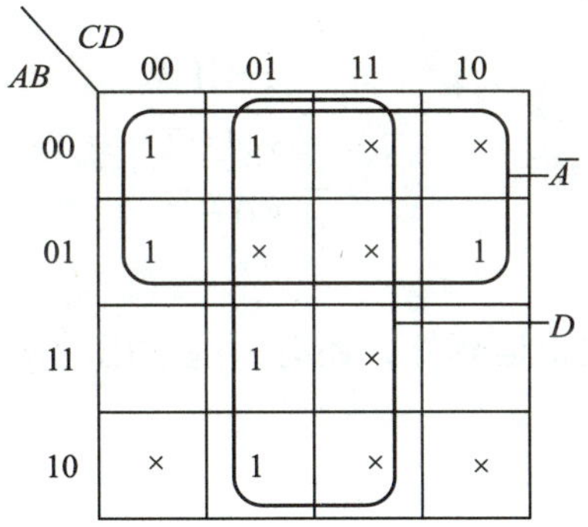

图 4－9　卡诺图

4.1.5　逻辑代数的基本运算

逻辑代数中的公理和基本定理是逻辑运算及将要介绍的逻辑函数化简的基本依据，下面做一一介绍。

1. 逻辑乘（与运算）

逻辑与运算可表示为

$$F=A\cdot B$$

其中 A、B 表示输入变量，F 表示输出变量。逻辑表达式中右边的变量为输入变量，左边的变量为输出变量，在以后的表达式中不再说明。

逻辑与运算的运算规则是

$$A\cdot 1=A$$

$$A\cdot A=A$$

$$A\cdot 0=0$$

2. 逻辑加（或运算）

逻辑或运算可表示为

$$F=A+B$$

逻辑或运算的运算规则是

$$A+1=1$$
$$A+A=A$$
$$A+0=A$$

3. 逻辑非（非逻辑）

逻辑非运算可表示为

$$F=\overline{A}$$

逻辑非运算的运算规则是

$$\overline{\overline{A}}=A$$
$$\overline{A}+A=1$$
$$\overline{A}+0=\overline{A}$$

4. 复合逻辑运算

逻辑代数中，除基本的逻辑运算外，还有一些常用的复合逻辑运算。

（1）与非运算

与非运算表达式为

$$F=\overline{AB}$$

与非运算是先与后非，可用与非门电路实现。它的逻辑符号和真值表如图 4-10 和表 4-11 所示。

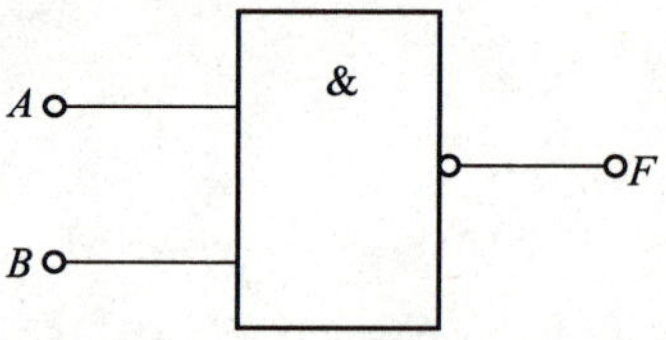

图 4-10　“与非”逻辑符号

表 4-11　与非真值表

A	B	F
0	0	1
0	1	1
1	0	1
1	1	0

（2）或非运算

或非运算表达式为

$$F=\overline{A+B}$$

或非运算是先或后非，可用或非门电路实现。它的逻辑符号和真值表如图 4-11 和表 4-12 所示。

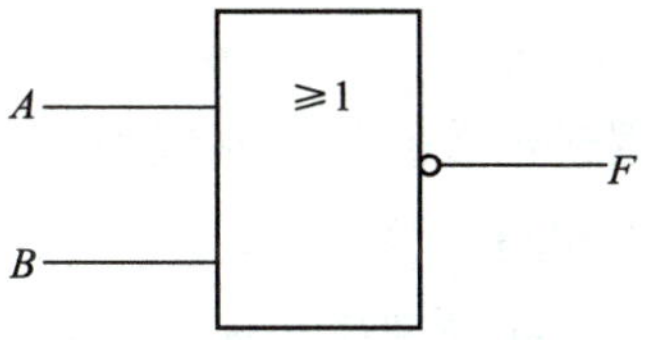

图 4-11　或非逻辑符号

表 4-12　或非真值表

A	B	F
0	0	1
0	1	0
1	0	0
1	1	0

（3）与或非运算

与或非运算表达式为

$$F=\overline{AB+CD}$$

与或非运算是一种复合运算，按顺序先与后或，再非，它的逻辑符号和真值表如图 4-12 和表 4-13 所示。

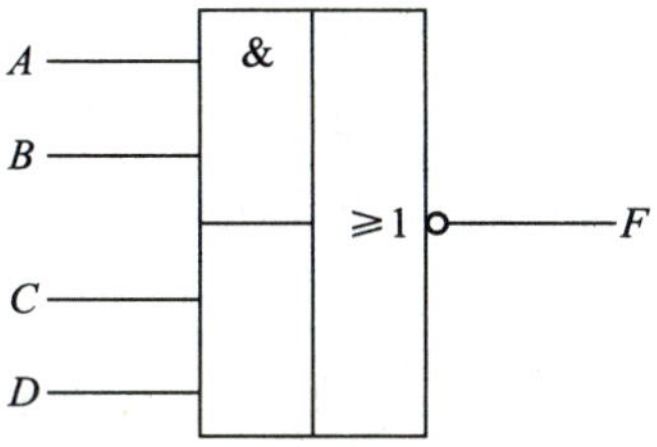

图 4-12　“与或非”逻辑符号

表 4-13　与或非真值表

A	B	C	D	F	A	B	C	D	F
0	0	0	0	1	1	0	0	0	1
0	0	0	1	1	1	0	0	1	1
0	0	1	0	1	1	0	1	0	1
0	0	1	1	0	1	0	1	1	0
0	1	0	0	1	1	1	0	0	0
0	1	0	1	1	1	1	0	1	0
0	1	1	0	1	1	1	1	0	0
0	1	1	1	0	1	1	1	1	0

课后实训

一、实训名称

数字电路设计与化简实训

二、实训目的

（1）掌握学生并项法化简逻辑函数的基本原理和方法。

（2）培养学生实际操作能力和问题解决能力。

（3）提升学生数字电路设计技能和理论知识应用能力。

三、仪器设备及元器件

数字电路实验箱、逻辑门芯片（如与非门、或门、非门等）、电阻、电容、电感等基础元器件、铅笔、纸张等。

四、实训步骤

（1）确定逻辑函数表达式，将其整理成最简形式。

（2）根据并项法原理，将逻辑函数中的各项进行合并，化简得到简化后的表达式。

（3）在数字电路实验箱上搭建电路，验证化简后的逻辑函数是否正确。

（4）记录实验结果，总结实训经验。

五、实训要求

（1）熟练掌握并项法化简逻辑函数的方法和步骤。

（2）正确使用数字电路实验箱和逻辑门芯片，确保实验安全。

（3）观察并分析化简后的逻辑函数在电路中的实际表现，加深对数字电路设计原理的理解。

（4）总结实训过程中的问题和经验，为以后的学习和工作打下基础。

任务 2　集成逻辑门电路的应用

三极管在数字电路中是作为一个开关来使用的，主要工作在饱和区和截止区，不允许工作在放大区。放大区只是三极管在导通状态和截止状态相互转换时的一个过渡区。下面讨论三极管的开关特性。

4.2.1　三极管的静态开关特性

这里用 NPN 型硅三极管构成的共发射极开关电路来分析三极管的静态开关特性。图 4－13 为三极管的开关电路及输出特性曲线。

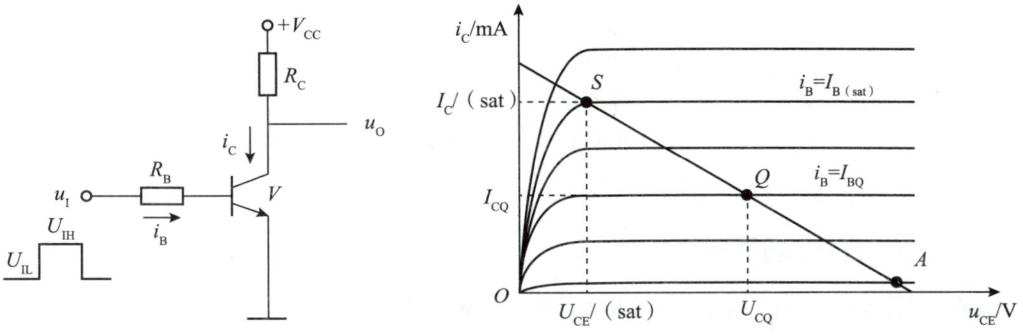

（a）开关电路　　（b）输出特性曲线

图 4－13　三极管的开关电路及输出特性曲线

1. 截止条件

当输入 u_I 为低电平 $U_{IL}=0.3$ V 时，三极管的 u_{BE} 小于其门限电压 $U_{TH}\approx 0.5$ V，故三极管截止，此时 $i_B\approx 0$，$i_C=I_{CEO}\approx 0$，输出 $u_O=U_{OH}\approx V_{CC}$，工作在输出特性图 4－13（a）的 A 点下面。因此，三极管的可靠截止条件为

$$u_{BE}\leqslant 0$$

三极管截止时，E、B、C 三个电极可视为互相开路，如图 4－14（a）所示。

2. 饱和条件

当输入 u_I 为高电平 U_{IH}，且使三极管工作在图 4－13（b）所示的 S 点上，即工作在临界饱和状态。此时，基极电流称为临界饱和基极电流 $I_{B(sat)}$，对应的 i_C 称为临界饱和集电极电流 $I_{C(sat)}$，$u_{BE}\approx 0.7$ V，输出电压 $u_O=U_{OL}=U_{CE(sat)}$，$U_{CE(sat)}$ 为临界饱和集电极电压，其值约 0.1～0.3 V，放大区的电流分配关系仍然适用。如三极管的电流放大倍数为 β，可得 $I_{B(sat)}$ 为

$$I_{B(sat)}=\frac{I_{C(sat)}}{\beta}$$

由图 4－13（a）可知

$$I_{C(sat)}=\frac{V_{CC}-U_{CE(sat)}}{R_C}\approx\frac{V_{CC}}{R_C}$$

则

$$I_{B(sat)}\approx\frac{V_{CC}}{\beta R_C}$$

只要实际注入基极电流大于临界饱和基极电流 $I_{B(sat)}$，则三极管便工作在饱和状态。因此，三极管的饱和条件为

$$i_B > I_{B(sat)} \approx \frac{V_{CC}}{\beta R_C}$$

三极管工作在饱和状态时，E、B、C 三个电极可视为互相连通，如图 4-14（b）所示。

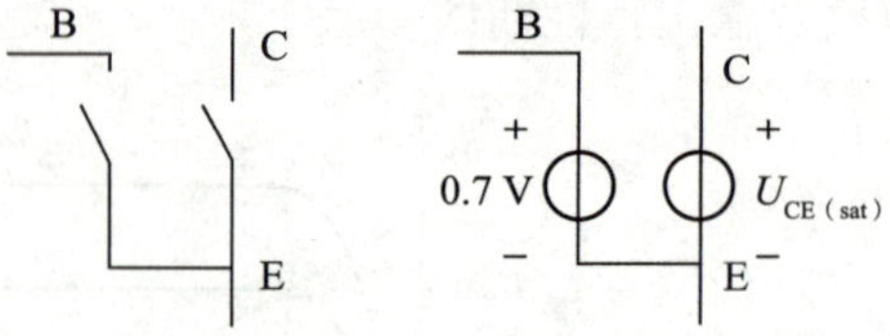

（a）截止状态　　（b）饱和状态

图 4-14　三极管的开关等效电路

4.2.2　三极管的动态开关特性

当在如图 4-13（a）所示开关电路中输入理想脉冲波形时，三极管的截止状态与饱和状态间的相互转换需要一定的时间，其集电极电流 i_C 和输出电压 u_O 的变化如图 4-15 所示。

设输入 $u_I = -U_R$ 时，三极管截止；输入 $u_I = U_F$ 时，三极管饱和导通。当时间 $t = t_1$ 时，输入 u_I 由 $-U_R$ 跃到 U_F，三极管不能立即进入饱和状态，其基区存储电荷的积累需要一定的时间，故集电极电流 i_C 和输出电压 u_O 的变化滞后于输入电压 u_I。通常把从 u_I 正跃变开始到 i_C 上升到 $0.9I_{C(sat)}$ 所需的时间称为开通时间，用 t_{on} 表示。

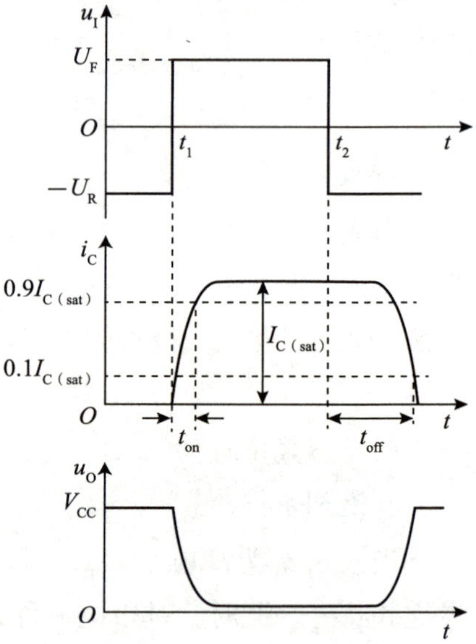

图 4-15　三极管的动态开关特性

当时间 $t = t_2$ 时，输入 u_I 由 U_F 跃到 $-U_R$，三极管不能立即进入截止状态，其基区存储电荷的消散也需要一定的时间。因此，i_C 和 u_O 的变化也滞后于 u_I。通常把从 u_I 负跃变开始到 i_C 下降到 $0.1I_{C(sat)}$ 所需的时间称为关闭时间，用 t_{off} 表示。

由以上分析可知，三极管开关时间的存在影响了它的开关速度。通常关断时间 t_{off} 比开通时间 t_{on} 要大得多，因此要提高三极管的开关速度，就必须降低三极管的饱和深度，加速基区存储电荷的消散。

4.2.3　抗饱和三极管

抗饱和三极管可以使三极管工作在浅饱和状态，减少存储电荷的消散时间，提高电路的开关速度。

在普通三极管的基极、集电极之间并接一个肖特基势垒二极管（SBD）就构成了抗饱和三极管，如图 4-16 所示。SBD 的开启电压为 0.3 V，正向压降约为 0.4 V，无电荷存储效应。当三极管进入饱和状态时，SBD 使三极管的 B、C 间的电压被钳制在 0.4 V 上，并分流部分基极电流，从而使三极管工作在浅饱和状态。

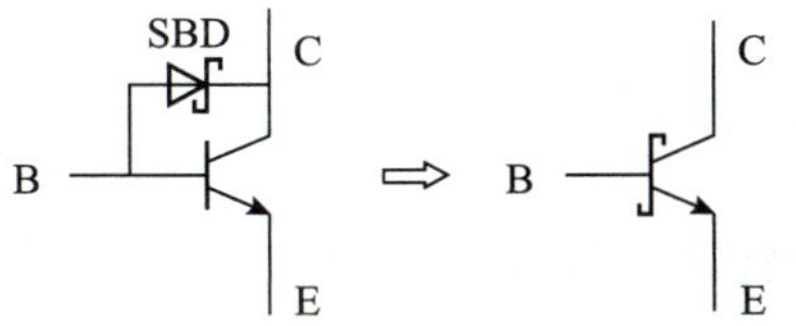

图 4－16　抗饱和二极管连接方式及符号

4.2.4　TTL 集成逻辑门电路与非门电路

图 4－17 为 CT74S 肖特基系列 TTL 与非门电路，是由输入级、中间级和输出级三部分组成的。

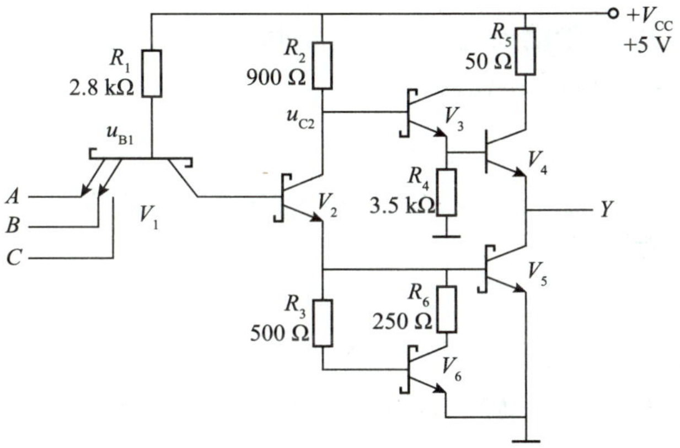

图 4－17　CT74S 系列与非门逻辑电路图

输入级由多发射极管 V_1 和电阻 R_1 组成，其作用是对输入变量 A、B、C 实现逻辑与。中间级由 V_2、R_2 和 V_6、R_3、R_6 组成，V_2 的集电极和发射极输出两个相位相反的信号，作为 V_3 和 V_5 的驱动信号。输出级是由 V_3、V_4、V_5 和 R_4、R_5 组成的推拉式电路。

电路中因三极管 V_4 不会工作到饱和状态，不需要采用抗饱和三极管，其他均为抗饱和三极管。还有 V_6、R_3、R_6 组成有源泄放电路，提高了 V_5 的开关速度。因此，CT74S 系列门电路的开关速度很高。

1. 工作原理

（1）输入全为高电平

当输入 A、B、C 均为高电平，即 $U_{IH}=3.6\text{ V}$ 时，电源 V_{CC} 经 R_1 和 V_1 的集电极向 V_2 的基极提供足够的基极电流，使 V_2、V_5 饱和导通。而 V_2 的集电极 u_{C2} 可以使 V_3 导通，但它不能使 V_4 导通。因此输出为低电平，即

$$U_O=U_{OL}-U_{CE(sat)5}\approx 0.3\text{ V}$$

（2）输入至少有一个为低电平

当输入至少有一个（如 A 端）为低电平，即 $U_{IL}=0.3\text{ V}$ 时，V_1 与 A 端连接的发射极

正向导通，V_1 基极电压 u_{B1} 使 V_2、V_5 均截止，而 V_2 的集电极电压 u_{C2} 足以使 V_3、V_4 导通。因此输出为高电平，即

$$U_O = U_{OH} \approx V_{CC} - U_{BE3} - U_{BE4} = 5 - 0.7 - 0.7 = 3.6\ \text{V}$$

综上所述，当输入全为高电平时，输出为低电平，这时 V_5 饱和，电路处于开门状态；当输入端至少有一个为低电平时，输出为高电平，这时 V_5 截止，电路处于关门状态。即输入全为 1 时，输出为 0；输入有 0 时，输出为 1。由此可见，电路的输出与输入之间满足与非逻辑关系，即

$$Y = \overline{ABC}$$

2. 电压传输特性

门电路的输出电压 u_O 随输入电压 u_I 变化的特性曲线称为电压传输特性。图 4-18 为 CT74S 系列 TTL 与非门的电压传输特性。

（1）*AB* 段

此时 $0\ \text{V} < u_I < 0.8\ \text{V}$，$V_2$ 和 V_5 截止，V_3 和 V_4 导通，输出为高电平 $U_{OH} = 3.6\ \text{V}$。此段 V_5 是截止的，故称为截止区。

（2）*BC* 段

此时 $0.8\ \text{V} < u_I < 1.1\ \text{V}$，$V_2$ 和 V_5 同时工作放大区，随着 u_I 的升高，会引起输出电压 u_O 急剧下降。这一段称为转折区。转折区中点对应的输入电压称为阈值电压或门槛电压，用 U_{TH} 表亦。

（3）*CD* 段

当 $u_I > 1.1\ \text{V}$ 时，V_2 和 V_5 饱和导通，输出电压 u_O 为低电平 $U_{OL} = 0.3\ \text{V}$，并保持不变。这一段称为饱和区。

综上所述，由于 V_2 和 V_5 同时进入放大区工作，使电路能迅速由截止转为饱和，过渡区很窄，因此 CT74S 系列开关特性很好。在近似分析时，可以认为：当 $u_I < U_{TH}$ 时，与非门工作在关门状态，输出为高电平；当 $u_I > U_{TH}$ 时，与非门工作在开门状态，输出为低电平。

3. 主要参数

（1）开门电平 U_{ON}

与输出低电平上限值 U_{OLmax} 所对应的输入高电平下限值，称为开门电平，用 U_{ON} 表示，如图 4-18 所示。当 $u_I > U_{ON}$ 时，与非门才开通，输出低电平。对于 TTL 与非门，U_{ON} 在 1.4～1.8 V 之间。

（2）关门电平 U_{OFF}

与输出高电平下限值 U_{OHmin} 所对应的输入低电平上限值，称为关门电平，用 U_{OFF} 表示，如图 4-18 所示。当 $u_I < U_{OFF}$ 时，与非门才关闭，输出高电平。对于 TTL 与非门，U_{OFF} 在

0.8 ~ 1.0 V 之间。

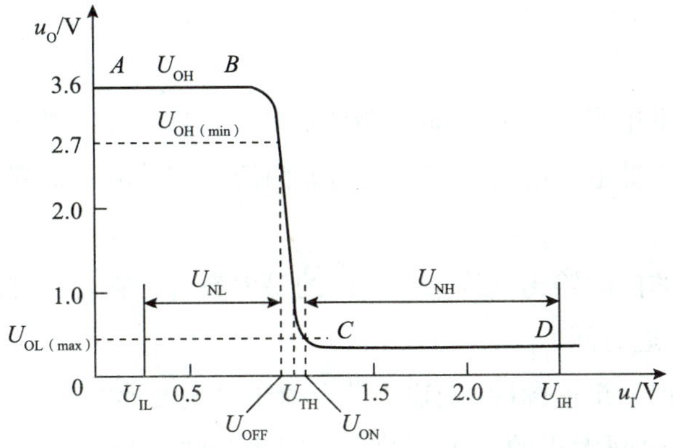

图 4－18　TTL 与非门电压传输特性

（3）噪声容限

噪声容限是指在不影响电路正常逻辑功能的前提下，允许在输入信号上所叠加的噪声电压值。

①输入高电平噪声容限 U_{NH}

U_{NH} 指输出为低电平时，允许在输入高电平上叠加的最大噪声电压，即

$$U_{NH}=U_{IH}-U_{ON}$$

U_{NH} 值越大，说明与非门输入高电平时抗干扰能力越强。

② 输入低电平噪声容限 U_{NL}

U_{NL} 指输出为高电平时，允许在输入低电平上叠加的正向噪声电压，即

$$U_{NL}=U_{OFF}-U_{IL}$$

U_{NL} 值越大，说明与非门输入低电平时抗干扰能力越强。

（4）关门电阻 R_{OFF} 和开门电阻 R_{ON}

当输入端电阻 R_I 的值增大使得输入端电压上升到关门电平时，所对应的电阻值称为关门电阻，记作 R_{OFF}。典型 TTL 门电路关门电阻 R_{OFF} 约为 700 Ω。

当输入端电阻 R_I 的值增大使得输入端电压上升到开门电平时，所对应的电阻值称为开门电阻，记作 R_{ON}。典型 TTL 门电路关门电阻 R_{ON} 约为 2.1 kΩ。

可见，当 $R_I<R_{OFF}$ 时，相应输入端相当于输入逻辑低电平。当 $R_I>R_{ON}$ 时，相应输入端相当于输入逻辑高电平。当输入端悬空时，就相当于输入高电平。

（5）输出高电平电流 I_{OH} 和输出低电平电流 I_{OL}

与非门输出高电平时，自输出端流出的电流称为输出高电平电流，也称为拉电流。

与非门输出低电平时，自输出端流入的电流称为输出低电平电流，也称为灌电流。

（6）输入高电平电流 I_{IH} 和输入低电平电流 I_{IL}

将某一输入端接高电平，而其余输入端接地时，从这一输入端流进与非门的电流称为输入高电平电流。由于高电平电流是自前级与非门流出的拉电流负载，因此希望 I_{IH} 尽量小些。

当某一输入端接低电平，而其余输入端悬空时，从这一输入端流出与非门的电流称为输入低电平电流。由于低电平电流是自前级与非门流入的灌电流负载，I_{IL} 应尽量小些。

（7）扇出系数 N_O

扇出系数是指与非门的输出允许带同类门的最大数目，它表示带负载能力。

（8）平均传输延迟时间 t_{pd}

在与非门输入端加一矩形脉冲，则输出波形对于输入波形在时间上将产生一定的延迟，t_{pd} 就是反映这个延迟时间大小的一个参数，同时也反映了与非门的开关速度。t_{pd} 越小，开关速度越快。

（9）功耗—延迟积 M

功耗—延迟积是指门电路的静态功耗 P_o 和平均传输延时时间 t_{pd} 的乘积，用 M 表示为

$$M=P_o t_{pd}$$

M 又称为品质因数，其值越小，说明电路的综合性能越好。

4.2.5　集电极开路门

集电极开路与非门的电路和逻辑符号如图 4－19 所示。V_3 的集电极是开路的，称为集电极开路门电路，简称 OC 门。OC 门工作时必须在输出端 Y 和电源 V_{CC} 之间一个上拉负载电阻 R_L，电路才能实现与非逻辑，其逻辑表达式为

$$Y=\overline{ABC}$$

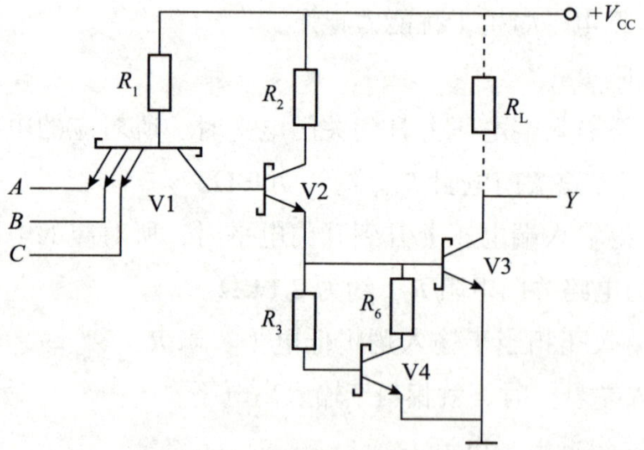

（a）电路图

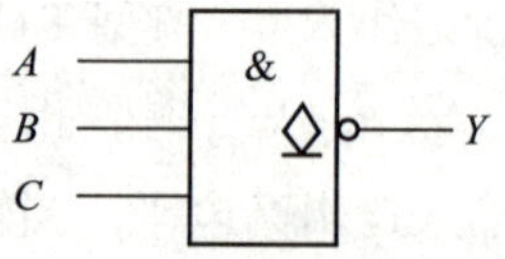

（b）逻辑符号

图 4－19　集电极开路与非门

两个 OC 与非门输出端相连后经电阻 R_L 接电源 V_{CC}，只要有一个 OC 门输出（Y_1 或 Y_2）是低电平，输出 Y 就是低电平（图 4－20）；只有当两个 OC 门输出都是高电平时，Y

才是高电平。这种不用与门而完成的与运算称为线与逻辑。输出 Y 的逻辑关系式为

$$Y=\overline{AB}\bullet\overline{CD}=\overline{AB+CD}$$

由上式可见，两个或多个 OC 与非门线与后可用来实现与或非逻辑功能。

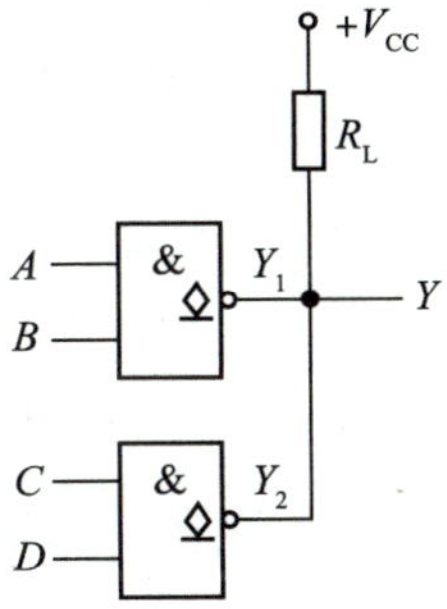

图 4-20　OC 门线与逻辑

4.2.6　三态输出门

三态输出门简称 TSL 门，它不仅可以输出高电平和低电平两个状态，还可输出第三种状态——高阻状态。

三态输出与非门的电路结构和逻辑符号如图 4-21（a）和图 4-21（b）所示。A、B 为输入端，胃为使能端或控制端，Y 为输出端。

当 $\overline{EN}=0$ 时，非门输出 P＝1，二极管 VD 截止，输出 $Y=\overline{AB}$。这时，称 $\overline{EN}$ 低电平有效。当 $\overline{EN}=1$时，非门输出 P＝0，即 $u_P=0.3$ V，V_1 处于正向工作状态，使 V_2、V_5 截止，同时，VD 使 V_3 基极电位钳制在 1 V 左右，致使 V_4 也截止。这样 V_4、V_5 都截止，输出端呈现高阻状态。

如将图 4-21（a）中的非门去掉，则使能端 EN 高电平有效，这时的高电平有效逻辑符号如图 4-21（c）所示。当 EN＝1 时，输出 $Y=\overline{AB}$；当 EN＝0 时，输出呈高阻态。

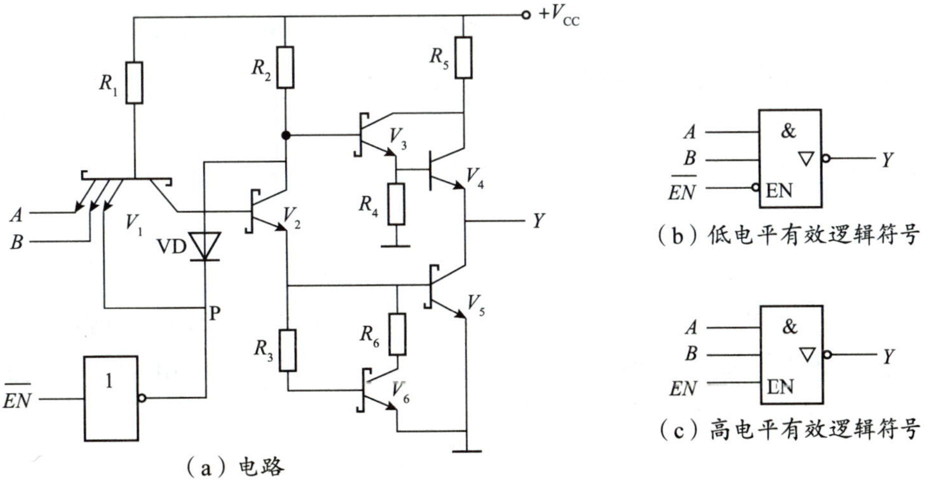

图 4-21　三态输出与非门及其逻辑符号

由三态输出门构成的单向传输数据的总线电路如图 4-22（a）所示。这个单向总线是分时传送的，即在同一时刻只能有一个门工作，如当 $EN_1=1$ 时，EN_2、EN_3 必须要为低电平 0，这时输入信号 A_1B_1 以与非关系送到总线上，而其他三态输出门呈现高阻态。

图 4-22（b）为三态输出门构成的双向总线。当 $EN=1$ 时，数据 $\overline{D_1}$ 传送到总线上，当 $EN=0$ 时，数据 $\overline{D_2}$ 由总线读入，实现了数据的分时双向传送。

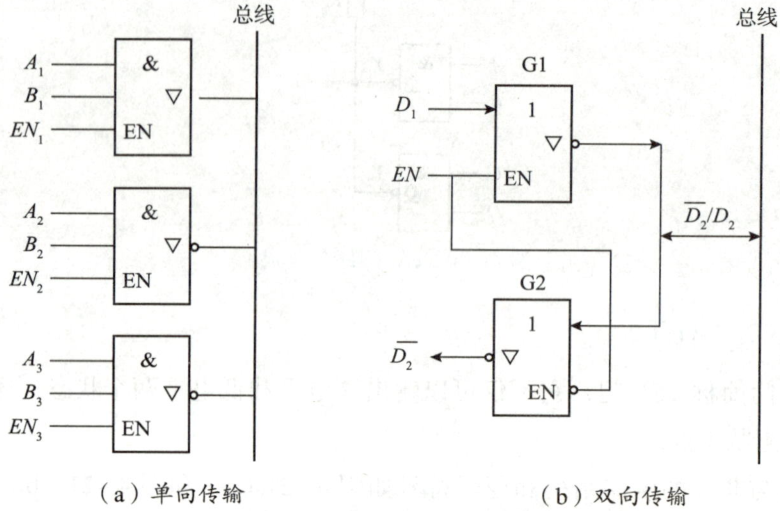

图 4-22　三态门用于总线传输

4.2.7　TTL 数字集成电路系列

TTL 数字集成电路分为 54 系列和 74 系列两大类，二者具有完全相同的电路结构和电气性能参数。所不同的是 54 系列集成电路适合于温度条件恶劣、供电电源变化大的环境工作，常用于军品，74 系列集成电路则适合在常规条件下工作，常用于民品。

74 标准系列为早期产品，为提高工作速度相继研制和生产了 74H 高速系列和 74S 肖特基系列；为了减小功耗，出现了 74L 低功耗系列。为了满足工作速度高、平均功耗低的要求，又出现了 74LS 低功耗肖特基系列、74AS 先进肖特基系列、74ALS 先进低功耗肖特基系列以及 74FS 快速肖特基系列。

在实际使用中，通常选用功耗—延迟积小的集成门电路，74LS 系列功耗—延迟积很小，是一种性能优良的 TTL 集成电路，其生产量大，品种多，价格便宜，是目前 TTL 数字集成电路的主要产品。

在不同系列的 TTL 数字集成电路中，若器件型号后面几位数字相同时，通常它们的逻辑功能、外形尺寸、引线排列都相同。7400、74H00、74L00、74S00、74LS00、74AS00 和 74ALS00 等都是四 2 输入与非门，有相同的引脚排列，引脚排列如图 4-23 所示，所不同的是它们的工作速度和平均功耗不同。

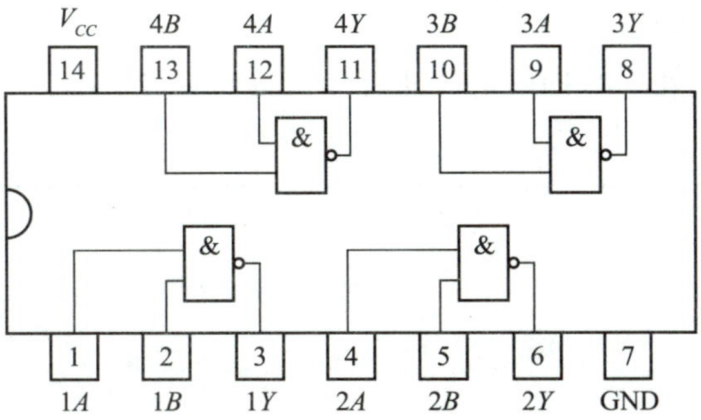

图 4-23　7400/74H00/74L00/74S00/74LS00/74AS00/74ALS00 引脚排列图

知识拓展

TTL 集成门电路使用注意事项

在使用 TTL 集成门电路时，应注意以下事项。

1. 电源电压及电源干扰的消除

TTL 门电路采用+5 V 电源。为了防止干扰，一般要在电源和地之间接入滤波电容。

2. 输出端的连接

普通 TTL 门电路的输出端不允许直接并联使用。输出端不允许直接接电源或地。三态输出门的输出端可以并联使用，但必须分时工作。集电极开路门输出端可并联使用，但公共输出端要接上拉电阻 R_L 到电源 V_{CC}。

3. TTL 电路闲置输入端的处理

与门和与非门闲置输入端处理有三种方法。

（1）接电源+5 V。

（2）与使用端并联，但并联时对信号的驱动电流要求增加了。

（3）悬空，但悬空在高频工作条件下易引入干扰。

或门和或非门闲置输入端处理有两种方法。

（1）接地。

（2）与使用端并联。

4. 负载的使用

因 TTL 门灌电流能力较强，如果用 TTL 门驱动较大负载时，应选用灌电流方式，而不宜采用拉电流方式。

5. 输入电阻的选择

在 TTL 电路的应用中，有时需要在门的输入端连接电阻 R。根据实验得知，$R=2\sim10\ \text{k}\Omega$ 时，相当于输入悬空；当 $R=0\sim0.7\ \text{k}\Omega$ 时，相当于输入接地。

6. 操作时应注意的问题

严禁带电操作，应在电路切断电源的时候，拔插集成电路，否则容易引起集成电路的损坏。

课后实训

一、实训名称

集成逻辑门电路的功能测试。

二、实训目的

（1）能够正确使用数字电路实验系统。

（2）学会集成与非门电路的使用。

（3）学会用与非门构成其他逻辑门电路。

三、仪器设备及元器件

数字实验装置、数字万用表、74LS00 四 2 输入与非门。

四、实训步骤

1. 与非门功能测试

（1）在实验箱上插接好 74LS00 与非门集成电路，把 A、B 输入端分别接逻辑开关 S1、S2，输出 Y 接发光二极管 LED，电路接线如图 4-24 所示。

（2）验证与门逻辑功能，由逻辑开关输入 A、B（0，1）信号，观察输出结果，LED 亮为 1，不亮为 0，并填入表 4-14。

表 4-14　与非门逻辑功能表

输入		输出
A（S1）	B（S2）	$Y=\overline{AB}$
0	0	
0	1	
1	0	
1	1	

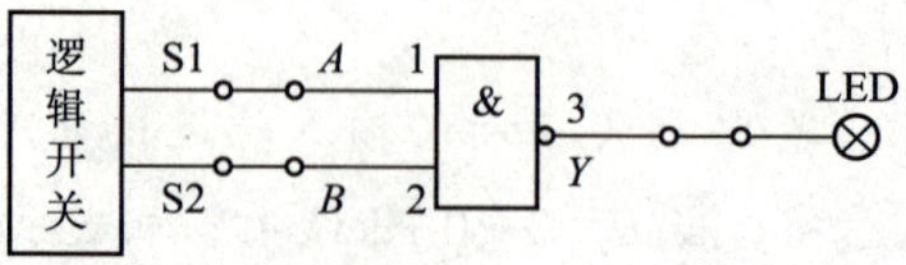

图 4-24　74LS00 与非门电路接线图

2. 与门、或门和非门功能测试

用 74LS00 与非门连接成与门、或门和非门电路，如图 4–25 所示，测试各门电路功能，填入表 4–15。

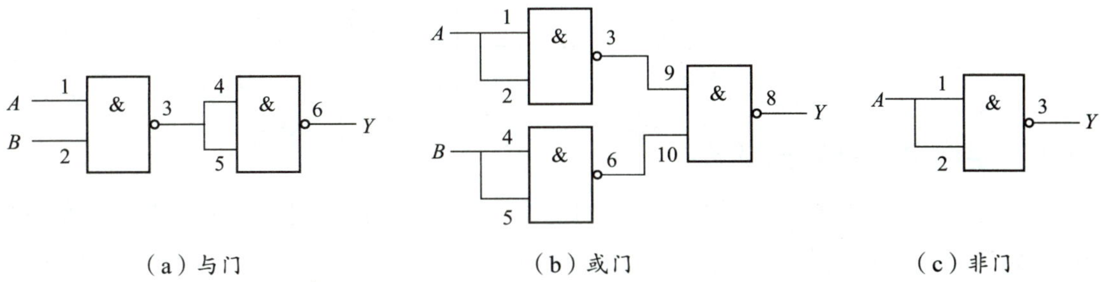

图 4–25　用 74LS00 与非门电路构成的与门、或门和非门

表 4–15 门电路逻辑功能表

输入		输出		
		与门	或门	非门
A（S1）	B（S2）	Y=AB	Y=A+B	$Y=\overline{A}$
0	0			
0	1			
1	0			
1	1			

五、实训要求

（1）整理实验表格和测试结果。

（2）总结集成逻辑门的使用方法，撰写测试报告。

任务 3　组合逻辑电路分析与设计

数字电路按其逻辑功能的特点不同可分为组合逻辑电路（简称组合电路）和时序逻辑电路（简称时序电路）两大类。在组合逻辑电路中，任意时刻的输出信号仅取决于该时刻的输入信号，与信号作用前电路原来的状态无关，这就是组合逻辑电路在逻辑功能上的特点。

组合逻辑电路的框图如图 4–26 所示，其输出信号的表达式可表示为 $F=f(A_1, A_2, \cdots, A_n)$ $(i=1, 2, \cdots, n)$，式中，$A_1, A_2, \cdots, A_n$ 为输入逻辑变量。

组合电路的结构特点为：输入、输出间没有时间延迟；电路中不含记忆单元，由门电路构成。

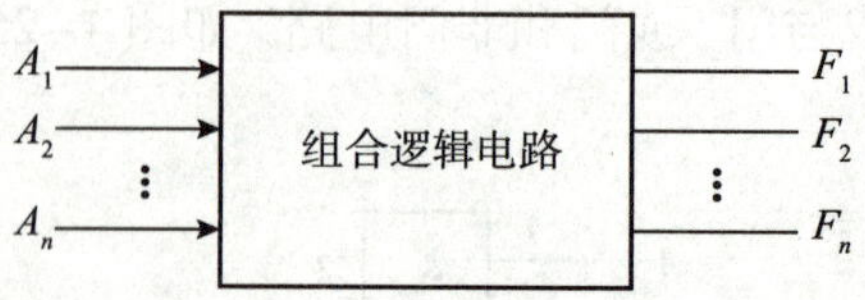

图 4-26　组合逻辑电路的框图

4.3.1　组合逻辑电路的分析

组合逻辑电路的分析，就是根据给定的逻辑电路图，通过一定的方法步骤，得到该电路的逻辑功能。一般步骤如下。

1. 写出电路的逻辑函数表达式

通常是从电路的输入到输出逐级写出逻辑函数表达式，然后根据电路的连接关系进行整理，最后得到整体电路输入与输出的逻辑函数表达式。

2. 化简逻辑函数

一般来说，由第一步得到的逻辑函数都不是最简函数，为了使逻辑关系简单明了，需要对得到的逻辑函数表达式进行化简。

3. 列出真值表

在较复杂的逻辑函数中，还是不能立刻看出该电路的逻辑功能和用途。为此，还需将逻辑函数表达式转换为真值表的形式，

4. 功能描述

根据真值表分析电路的逻辑功能。必要时还可对设计方案进行评价与改进。

【例】分析如图 4-27 所示电路的功能。

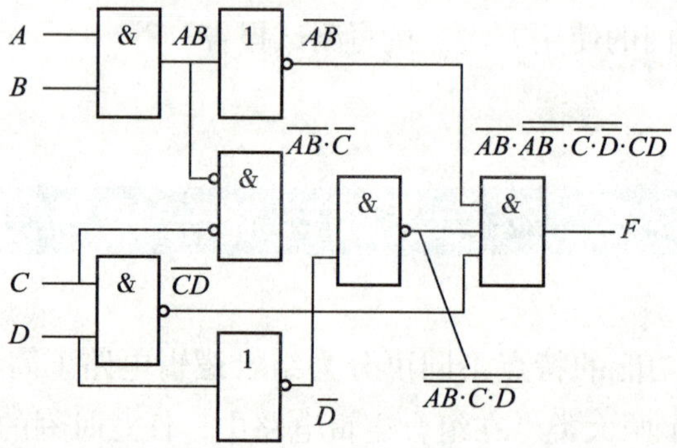

图 4-27　电路图

【解】① 分级写出各门电路的表达式，最后写出电路的输出表达式为

$$F=\overline{AB}\cdot\overline{\overline{AB}\cdot C\cdot\overline{D}}\cdot\overline{CD}$$

② 化简为

$$F=\overline{\overline{AB}\cdot\overline{\overline{AB}\cdot\overline{C}\cdot\overline{D}}\cdot\overline{CD}}$$

$$=\overline{AB}\left(AB+C+D\right)\overline{CD}$$

$$=\overline{AB}\cdot C\cdot\overline{CD}+\overline{AB}\cdot D\cdot\overline{CD}$$

$$=\overline{AB}\left(C\overline{D}+\overline{C}D\right)$$

$$=\overline{AB}\left(C\oplus D\right)$$

③ 根据化简表达式列出真值表，见表 4－16。

表 4－16　真值表

A	B	C	D	F
0	0	0	0	0
0	0	0	1	1
0	0	1	0	1
0	0	1	1	0
0	1	0	0	0
0	1	0	1	1
0	1	1	0	1
0	1	1	1	0
1	0	0	0	0
1	0	0	1	1
1	0	1	0	1
1	0	1	1	0
1	1	0	0	0
1	1	0	1	0
1	1	1	0	0
1	1	1	1	0

（4）功能分析：A、B 中只要有一个是 0 且 C、D 不相等时输出为 1。

4.3.2　中规模组合逻辑电路的应用

针对人们在生产与生活中所面临的诸多逻辑挑战，逻辑电路的设计展现出了丰富的多样性以满足不同需求。然而，在众多电路设计中，有几种电路在各类数字系统中得到了广泛且大量的应用。为提升使用便利性，这些电路的设计已经实现了标准化，并已经制作为中、小规模的单片集成电路产品，包括编码器、译码器、数据选择器以及数据分配器等。

这些标准化的电路产品为数字系统的稳定运行和高效工作提供了有力支持。

1. 编码器

在数字电路中，有时需要把某种控制信息（如十进制数码，A、B、C 等字幕，>、<、=等符号）用一个规定的二进制数来表示，这种表示控制信息的二进制数称为代码。将控制信息变换成代码的过程为编码。实现编码功能的组合电路称为编码器。编码器有若干个输入，在某一时刻只有一个输入信号被转换为二进制码。

例如，计算机的键盘，就是由编码器组成的，每按下一个键，编码器就将该按键的含义转换成一个计算机能识别的二进制数，用它去控制机器的操作。

尽管二进制在数字电路中发挥着关键作用，但人类更倾向于使用十进制系统。因此，在处理电子计算机和其他数控装置的输入输出数据时，我们必须实现十进制与二进制之间的有效转换。为了优化人机交互，通常会将待输入的十进制数的每一位都映射为一个四位的二进制数。这种编码方式不仅保留了十进制数的特性，同时也符合二进制数的形式，因此被称为二－十进制编码，简称 BCD 码。

二进制数与十进制数的对应关系中，由于四位二进制数中每位二进制数的权（即基数 2 的幂次）分别为 $2^3 2^2 2^1 2^0$ 即为 8421，所以这种 BCD 码又称为 8421 码。

按照不同的需要，编码器有二进制编码器和二－十进制编码器等。图 4－28 为一种常用的键控二进制编码器。它通过十个按键 $A_0 \sim A_9$ 将十进制数 0～9 十个信息输入，从输出端 $F_1 \sim F_4$ 输出相应的十个二进制代码，这里输出的代码正好是 8421BCD 码，又称 8421 码，故又称 8421 编码器。

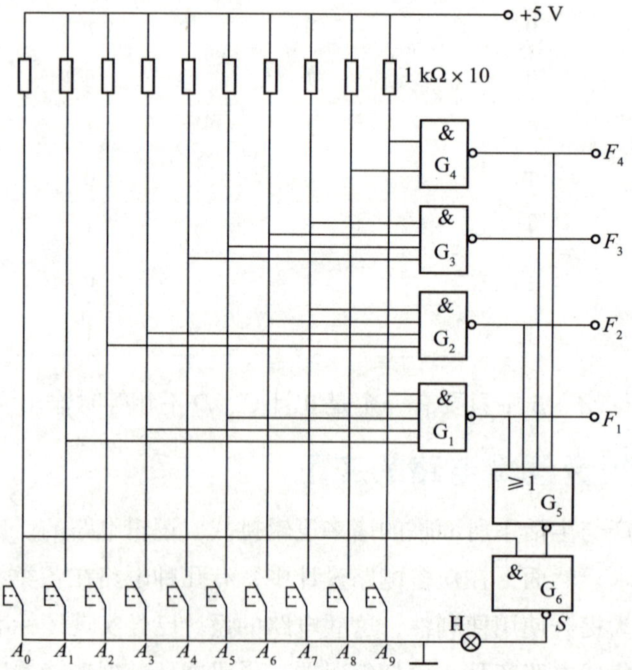

图 4－28　编码器电路

代表十进制数 0 ~ 9 的十个按键 $A_0 \sim A_9$ 未按下时，四个“与非”门 $G_1 \sim G_4$ 的输入都是高电平，按下后因接地变为低电平。$G_1 \sim G_4$ 的输出端即为编码器的输出端。由电路图中可以求得它们的逻辑关系式为

$$F_1 = \overline{A_1A_3A_5A_7A_9} \quad F_2 = \overline{A_2A_3A_6A_7} \quad F_3 = \overline{A_4A_5A_6A_7} \quad F_4 = \overline{A_8A_9}$$

该电路在所有按键都未按下时，输出也是 0000，和按下 A_0 时的输出相同。为了将两者加以区别，增加了“或非”门 G_5 和“与非”门 G_6，通过 G_6 控制指示灯的亮和灭作为使用与否的标志。使用时，只要按下任何一个键，G_6 的输出为 1，指示灯亮，否则指示灯灭。它之所以能实现这一功能，只要分析一下 G_6 输出端 S 的逻辑式即可。由图可得

$$S = \overline{A_0\overline{F_1F_2F_3F_4}} = A_0 + F_1 + F_2 + F_3 + F_4$$

可见五者中只要有一个为 1，S 即为 1。也就是说，只有在 $A_0 = 1$（按键未按下）而且 $F_1F_2F_3F_4 = 0$ 时，S 为 0，灯才不亮。

2. 译码器

译码器是一种与编码器功能相反的组合电路，其主要作用是将具有特定含义的二进制输入代码转换成对应的输出信号，从而还原二进制代码的原意。这一转换过程即为译码。

译码器可大致分为两类。一种是唯一地址译码器，它能够将一系列代码转换成与之唯一对应的有效信号。这类译码器在计算机系统中尤为重要，常用于对存储器单元地址进行译码，即每个地址代码都会被转换成有效信号，以便选择相应的存储器单元。另一类译码器则是将一种代码转换为另一种代码，因此也被称为代码变换器。

一般来说，要表示一个 n 位的二进制数，就有 n 个逻辑变量，有 2^n 个输出状态，译码器就需要 n 根输入线，2^n 个输出线。因此，二进制译码器又分为 2 线—4 线译码器、3 线—8 线译码器、4 线—16 线译码器等，它们的工作原理则是相同的。如果输出状态小于 2^n，称为部分译码器，如二—十进制译码器等。

（1）2 线—4 线译码器

图 4－29 为一个 2 线—4 线译码器。其中 A_1、A_2 为输入端，$F_1 \sim F_4$ 为输出端，E 为使能端，其作用与三态门中的使能端作用相同，是控制译码器工作的。

由逻辑电路可写出各输出端的逻辑表达式为

$$F_1 = \overline{\overline{E}\,\overline{A_1}\,\overline{A_2}} = E + A_1 + A_2$$

$$F_2 = \overline{\overline{E}\,\overline{A_1}A_2} = E + A_1 + \overline{A_2}$$

$$F_3 = \overline{\overline{E}A_1\overline{A_2}} = E + \overline{A_1} + A_2$$

$$F_4 = \overline{\overline{E}A_1A_2} = E + \overline{A_1} + \overline{A_2}$$

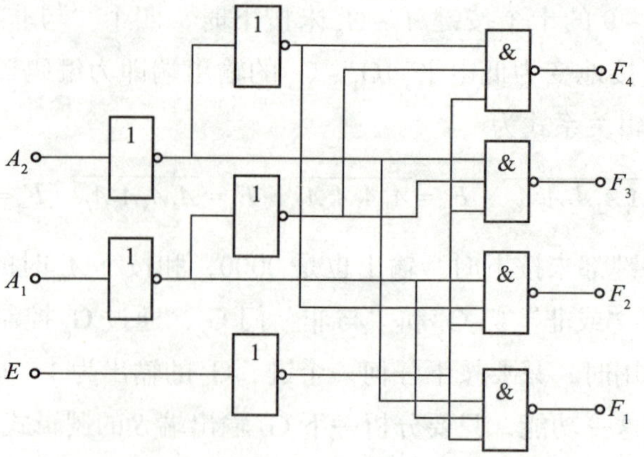

图 4-29　译码器电路

于是可以得到表 4-17 的真值表。

表 4-17　译码器真值表

E	A_1	A_2	F_1	F_2	F_3	F_4
1	φ	φ	1	1	1	1
0	0	0	0	1	1	1
0	0	1	1	0	1	1
0	1	0	1	1	0	1
0	1	1	1	1	1	0

当 $E=1$ 时，译码器处于非工作状态，无论 A_1、A_2 是何电平（φ），输出 $F_1 \sim F_4$ 都为 1。当 $E=0$ 时，译码器处于工作状态，对应于 A_1、A_2 的四种不同组合，四个输出端分别只有一个为 0，其余的均为 1。可见，这一译码器是通过四个输出端分别单独处于低电平来识别不同的输入代码的，即是采用低电平译码的。

（2）数字显示译码器

在数字电路运作中，经常需要将测量与计算得出的结果以十进制数的形式直接展现。为实现这一目标，我们需要利用显示译码器将二进制代码转换为输出信号，进而驱动数码显示器。此做法的益处体现在以下两个方面。

其一，它使得用户能够直接读取测量与计算的结果。

其二，它有助于监控数字系统的运行状态。因此，数字显示电路在众多数字设备中扮演着不可或缺的角色。

数字显示电路通常由译码器、驱动器和显示器等部分组成，如图 4-30 所示。

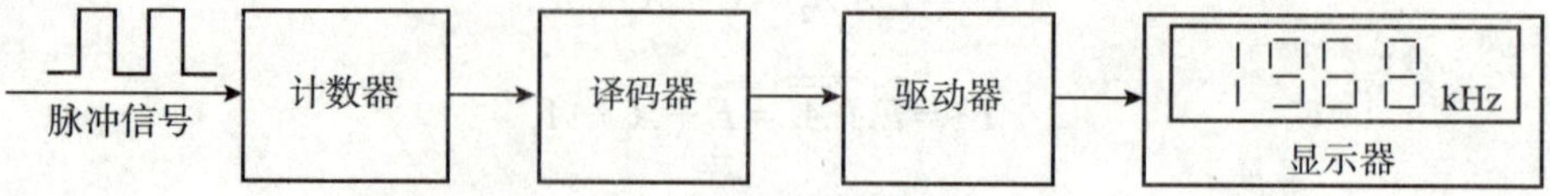

图 4-30　数字显示电路组成图

① 数码显示器

数码显示器简称数码管，是用来显示数字、文字或符号的器件。常用的有辉光数码管、荧光数码管、液晶显示器以及发光二极管（LED）显示器等。不同的显示器对译码器各有不同的要求。

数码的显示方式一般有三种，见表 4－18。

表 4－18　数码的显示方式

种类	特点说明
字形重叠式	将不同字符的电极重叠起来，要显示某字符，只需使相应的电极发亮即可，如辉光放电管、边光显示管等
分段式	由分布在同一平面上若干段发光的笔画组成，如荧光数码管等
点阵式	由一些按一定规律排列的可发光的点阵所组成，利用光点的不同组合便可显示不同的数码，如场致发光记分牌。目前应用最广泛的是由发光二极管构成的分段式七段数字显示器

半导体 LED 显示器是一种能够将电能转换成光能的发光器件。它的基本单元是 PN 结，当外加正向电压时，能发出清晰的光亮。将七个 PN 结发光段组装在一起便构成了七段 LED 显示器。通过不同发光段的组合便可显示 0～9 十个十进制数码。

LED 显示器的结构及外引线排列图如图 4－31 所示。其内部电路有共阴极和共阳极两种接法。前者如图 4－32（a）所示，七个发光二极管阴极一起接地，阳极加高电平时发光；后者如图 4－32（b）所示，七个发光二极管阳极一起接正电源，阴极加低电平时发光。

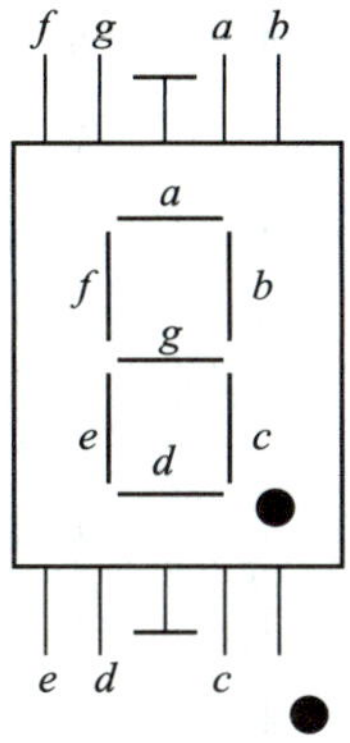

图 4－31　LED 显示器的结构及外引线排列图

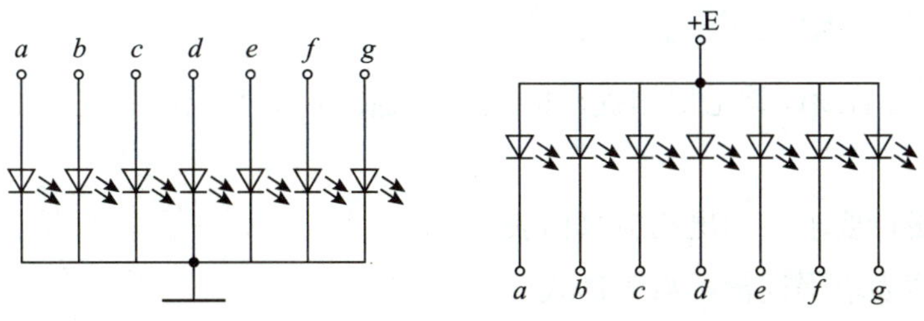

（a）共阴极接法　（b）共阳极接法

图 4－32　LED 显示器两种接法

②显示译码器

供 LED 显示器用的显示译码器有多种型号可供选用。显示译码器有四个输入端，七个输出端，它将 8421 代码译成七个输出信号以驱动七段 LED 显示器。图 4-33 为显示译码器和 LED 显示器的连接示意图。其中 A_1、A_2、A_3、A_4 是 8421 码的四个输入端。$a \sim g$ 是七个输出端，接 LED 显示器。

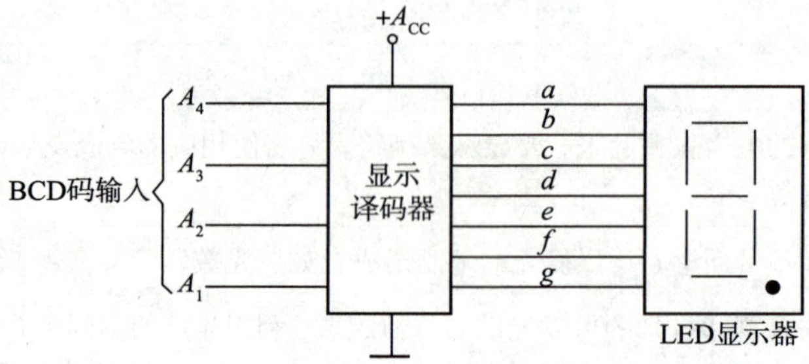

图 4-33　显示译码器和 LED 显示器的连接示意图

表 4-19 为显示译码器的真值表及对应的 LED 显示管显示的数码。

表 4-19　显示译码器的真值表及对应的 LED 显示管显示的数码

输入				输出							显示数码
A_4	A_3	A_2	A_1	a	b	c	d	e	f	g	
0	0	0	0	1	1	1	1	1	1	0	0
0	0	0	1	0	1	1	0	0	0	0	1
0	0	1	0	1	1	0	1	1	0	1	2
0	0	1	1	1	1	1	1	0	0	1	3
0	1	0	0	0	1	1	0	0	1	1	4
0	1	0	1	1	0	1	1	0	1	1	5
0	1	1	0	1	0	1	1	1	1	1	6
0	1	1	1	1	1	1	0	0	0	0	7
1	0	0	0	1	1	1	1	1	1	1	8
1	0	0	1	1	1	1	1	0	1	1	9

4.3.3　组合逻辑电路的设计方法

组合逻辑电路的设计就是根据提出的逻辑问题，求出实现这一逻辑功能的逻辑电路。一般步骤如下。

（1）分析设计要求，列出相应真值表。

（2）由真值表求得逻辑函数表达式。

（3）化简逻辑函数，得到最简与或表达式。

（4）根据化简后的函数表达式，画出逻辑电路图。

【例】设计一个由三人多数表决的逻辑电路。

【解】① 根据逻辑功能，列出真值表。

根据设计要求，设定三人为输入变量 A、B、C，赞成表示为“1”，不赞成表示为“0”；电路输出变量为 F，如果多数赞成就表示为“1”，否则表示为“0”。这样，输入变量 A、B、C 有 8 种组合，按照题意，列出相应真值表，见表 4－20。

表 4－20　三人多数表决真值表

A	B	C	F
0	0	0	0
0	0	1	0
0	1	0	0
0	1	1	1
1	0	0	0
1	0	1	1
1	1	0	1
1	1	1	1

② 由真值表求得逻辑函数表达式。

由真值表写逻辑函数表达式可以采用如下方法：先分析输出为“1”的条件，将输出为“1”各行中的输入变量为“1”者取原变量，为“0”者取反变量，再将它们用“与”的关系写出来。由此该题得到逻辑函数表达式：

$$F=\overline{A}BC+A\overline{B}C+AB\overline{C}+ABC$$

除此之外，也可分析输出为“0”的条件，写出输出反变量的与或表达式：

$$\overline{F}=\overline{ABC}+\overline{AB}C+\overline{A}B\overline{C}+A\overline{BC}$$

③ 化简逻辑函数表达式。

$$\begin{aligned}F&=\overline{A}BC+A\overline{B}C+AB\overline{C}+ABC=\left(\overline{A}+A\right)BC+A\overline{B}C+AB\overline{C}\\&=\left(C+A\overline{C}\right)B+A\overline{B}C=(C+A)B+A\overline{B}C\\&=AB+BC+A\overline{B}C=AB+C\left(B+A\overline{B}\right)\\&=AB+C(A+B)=AB+BC+AC\end{aligned}$$

④ 画出逻辑电路图，如图 4-34 所示。

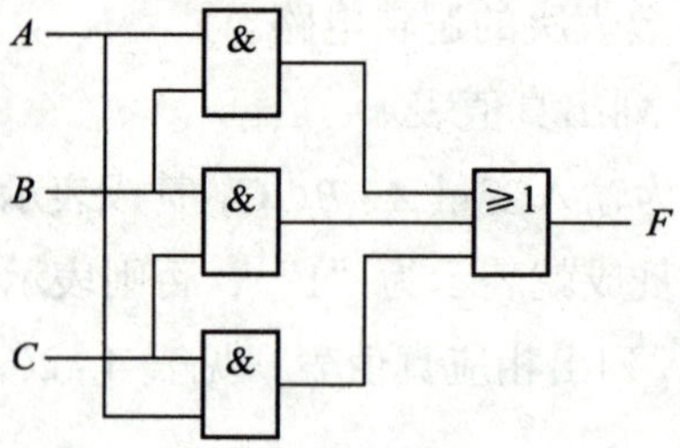

图 4-34　逻辑电路图

若采用与非门组成电路，则由 $F=AB+BC+AC=\overline{\overline{AB}\cdot\overline{BC}\cdot\overline{AC}}$，得到如图 4-35 所示电路。

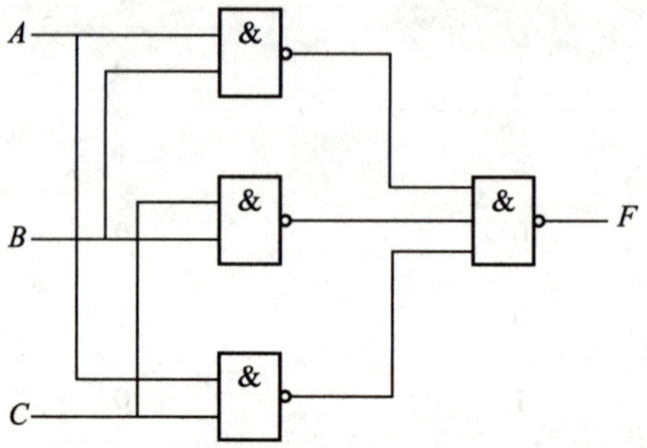

图 4-35　用与非门组成的逻辑电路图

课后实训

一、实训名称

用集成门电路设计组合逻辑电路。

二、实训目的

（1）学习用门电路实现组合逻辑电路的设计方法。

（2）学会组合逻辑电路的连接及调试。

三、仪器设备及元器件

（1）仪器及设备：数字实验装置 1 台。

（2）元器件：74LS00 四 2 输入与非门 1 块；74LS20 二 4 输入与非门 1 块。

74LS00 和 74LS20 的引脚排列图如图 4-36 所示。

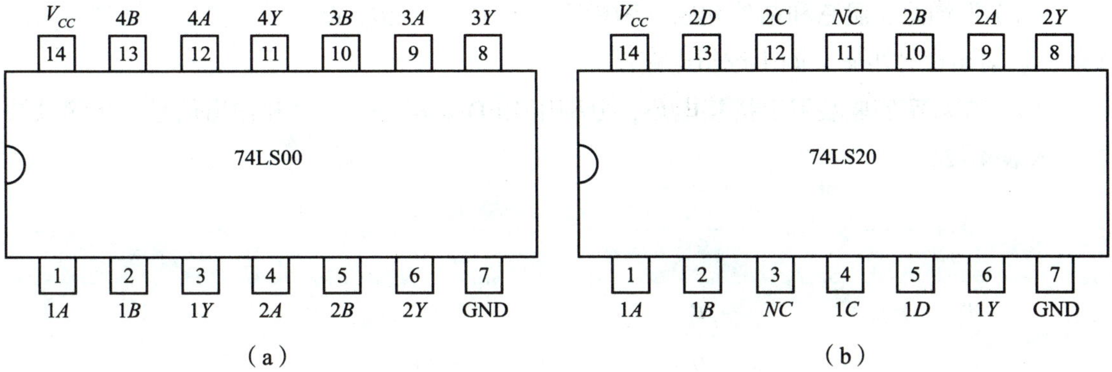

图 4-36　74LS00 和 74LS20 的引脚排列图

四、实训步骤

1. 设计裁判电路

设计一个三人裁判电路，其中主裁判 1 人，裁判 2 人，主裁判有否决权。当有 2 个或 2 个以上的裁判判决通过时，判决结果为同意，否则不同意。试用最少的与非门设计电路。

（1）设 3 个裁判分别用 A、B、C 表示，判决结果用 Y 表示。写出设计步骤，画出逻辑电路图。

（2）在数字实验装置上搭接电路，分别用发光二极管 LED 显示输入信号和输出信号。测试电路逻辑功能，将结果记入表 4-21。

表 4-21　三人裁判电路真值表

输入			输出
A	B	C	Y
0	0	0	
0	0	1	
0	1	0	
0	1	1	
1	0	0	
1	0	1	
1	1	0	
1	1	1	

2. 设计火灾报警系统

有一火灾报警系统，设有烟感、温感和紫外光感三种不同类型的火灾探测器，为了防止误报警，只有当其中两种或两种以上探测器发出探测信号时报警系统才产生报警信号，试用最少的与非门设计该报警信号电路。

（1）设烟感、温感和紫外光感三种探测器分别用 A、B、C 表示，报警系统的给出用 Y 表示。写出设计步骤，画出逻辑电路图。

（2）在数字实验装置上搭接电路，分别用 LED 显示输入信号和输出信号。将测试结果记入表 4-22。

表 4-22　报警系统真值表

输入			输出
A	B	C	Y
0	0	0	
0	0	1	
0	1	0	
0	1	1	
1	0	0	
1	0	1	
1	1	0	
1	1	1	

3. 设计数字比较器

设计一个能比较两个一位数字大小的数字比较器，试用最简与非逻辑门设计该电路。

（1）写出设计步骤，画出逻辑电路图。

（2）在数字实验装置上搭接电路，用 LED 显示器比较结果。将测试结果记入表 4-23。

表 4-23　数字比较器真值表

输入		输出		
A	B	$Y_A>B$	$Y_A<B$	$Y_A=B$
0	0			
0	1			
1	0			
1	1			

五、实训要求

（1）写出设计过程，画出逻辑图和安装接线图。

（2）测试电路逻辑功能，记录测试结果，分析和排除测试中出现的问题。

（3）总结组合逻辑电路的设计方法，撰写测试报告。

项目小结

组合逻辑电路是数字电路的重要组成部分，其分析与应用涉及到基本逻辑关系、逻辑代数的基本定律和规则、逻辑函数的表示方法、逻辑函数的化简、逻辑代数的基本运算、三极管的静态开关特性和动态开关特性、抗饱和三极管、TTL 集成逻辑门电路与非门电路、集电极开路门、三态输出门、TTL 数字集成电路系列等知识点。

在组合逻辑电路的分析中，需要明确逻辑函数的输入和输出，根据逻辑代数的基本定律和规则，采用适当的表示方法（如真值表、逻辑图、波形图或卡诺图等）进行逻辑函数的化简。化简后的逻辑函数有助于理解和分析电路的行为。

在组合逻辑电路的设计中，需要根据实际需求选择合适的逻辑门电路，构建逻辑电路，并进行测试和验证。常用的中规模组合逻辑电路如计数器、译码器等，可以预先构建好所需的逻辑功能，减少硬件资源的浪费，提高电路的可靠性和可维护性。

思考练习

1. 任何一个复杂的逻辑关系都可以用哪些逻辑关系表示出来?
2. 逻辑代数的重要规则有哪些？
3. 逻辑函数的表示方法有哪些?

项目 5 时序逻辑电路的分析与应用

项目导读

时序逻辑电路的分析与应用涉及集成触发器、集成计数器、555 集成定时器和集成寄存器等多个方面，其核心在于能够处理和存储时间信息。

集成触发器作为时序逻辑电路的基本单元，广泛应用于数据存储、状态转换等场景。

时序逻辑电路分析有助于揭示电路在不同时间点的状态变化规律。

集成计数器是时序逻辑电路中常用的组件，用于实现计数和分频等功能。它们在数字系统中广泛应用于定时、测量和控制系统。

555 集成定时器是一种广泛应用的模拟集成电路，能够产生精确的时间延迟和振荡。它在时序逻辑电路中起到关键作用。

集成寄存器则用于存储多位二进制数据，广泛应用于数据缓存、移位操作等场景。通过对集成寄存器的合理应用，可以实现数据的高效传输和处理。

深入理解这些组件的特点和应用，有助于设计出性能优异的数字电路系统。

学习目标

◎知识目标

1. 理解时序逻辑电路的基本概念和工作原理。
2. 熟悉时序逻辑电路分析的基本方法，能够根据电路图分析电路的工作原理。
3. 了解集成计数器、555 集成定时器、集成寄存器的应用场景和基本工作原理。

◎技能目标

1. 能够根据电路图进行时序逻辑电路的分析和设计，并能够解决实际应用中的相关问题。

2. 能够熟练操作相关电子设备和软件，如示波器、逻辑分析仪等。

3. 具备团队协作和沟通能力，能够与其他团队成员有效合作，共同解决问题。

◎素质目标

1. 培养学生独立思考和解决问题的能力，能够自主分析和解决问题。

2. 培养学生严谨的逻辑思维和良好的分析能力，能够准确分析和判断电路的工作原理。

3. 培养学生的创新意识和创新能力，能够根据实际需求提出新的解决方案和方法。

思政目标

1. 培养学生树立正确的世界观、人生观和价值观，坚持正确的政治方向和价值观念。

2. 培养学生的爱国主义精神和社会责任感，积极参与社会公益事业，为社会做出贡献。

3. 加强学生职业道德和行业规范，共同推动行业的发展。

4. 培养学生良好的学习态度和习惯，不断学习和提高自己的专业素养和能力。

任务 1　集成触发器的应用

按逻辑功能分类，触发器一般可分为 RS 触发器、JK 触发器、D 触发器、T 触发器等；根据触发方式的不同，触发器可分为电平触发器、边沿触发器和主从触发器；根据电路结构的不同，触发器可分为基本 RS 触发器、同步触发器和边沿触发器等。

扫一扫

集成触发器的应用

5.1.1　基本 RS 触发器

基本 RS 触发器是电路结构最简单的一种触发器，它是许多复杂电路结构触发器的基本组成部分。下面介绍由与非门组成的基本 RS 触发器。

1. 电路结构

由两个与非门 G1 和 G2 组成的基本触发器电路及逻辑符号如图 5-1 所示。基本 RS 触发器有两个输入端 $\overline{R}$ 和 $\overline{S}$，$\overline{R}$ 称为置 0 端（或复位端），$\overline{S}$ 称为置 1 端（或置位端），非号表示低电平有效，在逻辑符号中用小圆圈表示；两个互补输出端 Q 和 $\overline{Q}$。

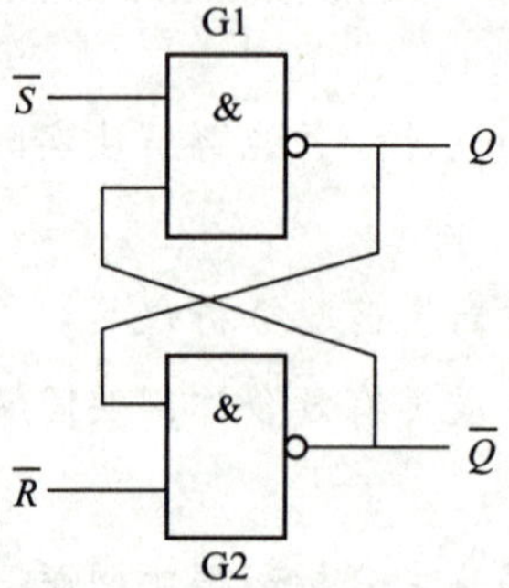

（a）电路

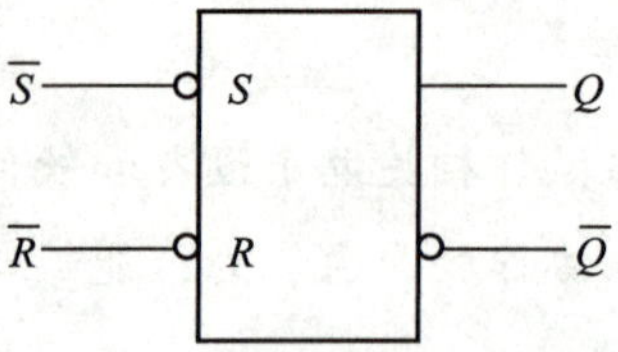

（b）逻辑符号

图 5-1　基本 RS 触发器

通常 $Q=1$、$\overline{Q}=0$ 时，称触发器为 1 状态；$Q=0$、$\overline{Q}=1$ 时，称触发器为 0 状态。用 Q^n 表示触发器的现态，指触发器输入信号变化前的状态；用 Q^{n+1} 表示次态，指触发器输入信号变化后的状态。

2. 逻辑功能

表 5-1 列出了基本 RS 触发器功能，由功能表可知。

（1）当 $\overline{R}=0$、$\overline{S}=1$ 时，因 $\overline{R}=0$，G2 门输出 $\overline{Q}=1$，这时 G1 门输入都为高电平 1，输出 $Q=0$，触发器将处于 0 状态，即触发器置 0。

（2）当 $\overline{R}=1$、$\overline{S}=0$ 时，因 $\overline{S}=0$，G1 门输出 $Q=1$，这时 G2 门输入都为高电平 1，输出 $\overline{Q}=0$，触发器将处于 1 状态，即触发器置 1。

（3）当 $\overline{R}=1$、$\overline{S}=1$ 时，因 $\overline{R}$、$\overline{S}$ 全为 1，G1 门输出 $Q=\overline{1\cdot\overline{Q}}=Q$，G2 门输出 $\overline{Q}=\overline{1\cdot Q}=\overline{Q}$，故触发器保持原状态不变，即触发器具有存储和记忆功能。

（4）当 $\overline{R}=0$、$\overline{S}=0$ 时，G1 门、G2 门的输出分别为 $Q=1$、$\overline{Q}=1$，这种情况不符合 Q 和 $\overline{Q}$ 的逻辑要求。而且，当 $\overline{R}$、$\overline{S}$ 同时由 0 变为 1 时，输出可能是 0 状态，也可能是 1 状态，即 Q 和 $\overline{Q}$ 输出状态不确定，所以此情况不允许出现。通常在实际应用时，要求在 $\overline{R}$、$\overline{S}$ 两个输入信号中至少有一个为逻辑 1。

表 5-1　基本 RS 触发器功能表

$\overline{R}$	$\overline{S}$	Q^n	Q^{n+1}	逻辑功能
0	0	0	×	不允许
0	0	1	×	
0	1	0	0	置 0
0	1	1	0	
1	0	0	1	置 1
1	0	1	1	
1	1	0	0	保持
1	1	1	1	

基本 RS 触发器虽然结构简单，但其状态转换受输入信号的直接控制，还有约束条件的限制，不便使用。

3. 工作原理

根据与非门的逻辑功能，即有“0”，出“1”，全“1”为“0”，可以分析得到与非门组成的基本 RS 触发器的工作原理如下。

当$\overline{R}=0$、$\overline{S}=1$时，由于$\overline{R}=0$，G_2门的输出端$\overline{Q}=1$，G_1门的两输入为 1，因此G_1门的输出端$Q=0$。

当$\overline{R}=1$、$\overline{S}=0$时，由于$\overline{S}=0$，G_1门的输出端$Q=1$，G_2门的两输入为 1，因此G_2门的输出端$\overline{Q}=0$。

当$\overline{R}=1$、$\overline{S}=1$时，G_1门和G_2门的输出端被它们的原来状态锁定，故输出保持原态，所以触发器具有存储和记忆的功能。

当$\overline{R}=0$、$\overline{S}=0$时，则有$Q=\overline{Q}=1$。若输入信号$\overline{R}=0$、$\overline{S}=0$之后出现$\overline{R}=1$、$\overline{S}=1$，触发器的状态将由两个与非门的信号传输快慢决定，最终结果是随机的，故输出状态不确定。因此$\overline{R}=0$、$\overline{S}=0$的情况不能出现，为使这种情况不出现，特给该触发器加一个约束条件$\overline{S}+\overline{R}=1$。

由以上分析可得到逻辑状态转换表（表 5-2）。

表 5-2　与非门组成的基本 RS 触发器逻辑状态转换表

$\overline{R}$	$\overline{S}$	Q_{n+1}
0	0	不定
0	1	0
1	0	1
1	1	Q_n

根据基本 RS 触发器逻辑状态转换表 5-2，得到基本 RS 触发器的特性方程为

$$Q^{n+1}=S+\overline{R}Q^n$$
$$\overline{S}+\overline{R}=1$$

【例】已知与非门组成的基本 RS 触发器，根据图 5-1 中$\overline{R}$、$\overline{S}$的波形，画出基本 RS 触发器Q和$\overline{Q}$端的波形，设初始状态$Q^n=0$。

【解】根据与非门组成的基本 RS 触发器逻辑状态转换表（表 5-2），画出波形图，如图 5-2 所示。从波形图中可见，$\overline{R}$端加负脉冲，触发器置 0；$\overline{S}$端加负脉冲，触发器置 1。$\overline{R}=\overline{S}=1$，输出状态不变。

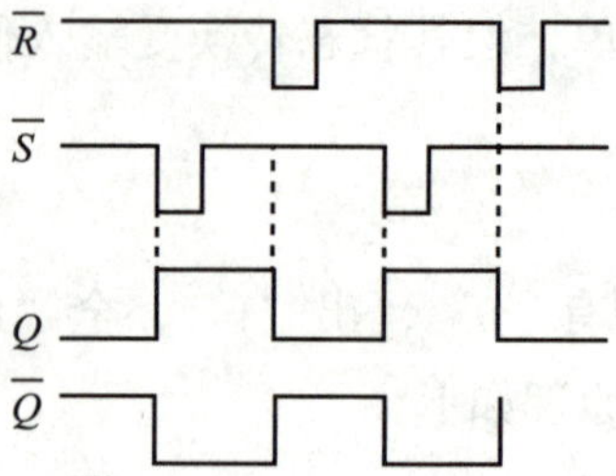

图 5-2　波形图

知识拓展

同步触发器的空翻现象

由于同步触发器是电平触发，如果在 $CP=1$ 期间，输入信号多次发生变化，输出 Q 也会随之多次发生变化。像这样在一个 CP 期间触发器翻转多次的情况，称为触发器的空翻现象，这在实际使用中是需要禁止的。采用边沿触发器可克服空翻现象。

5.1.2　同步 RS 触发器

基本 RS 触发器虽具备置 0、置 1 和记忆的功能，但在实际应用中仍存在不足。由于数字系统中常包含多个动作速度各异的双稳态触发器，为了确保各触发器动作的协调一致，需引入一个统一的信号，即时钟脉冲（CP）信号，以指导各触发器的动作。

具有时钟脉冲控制端的触发器被称为时钟触发器，其输出状态的变化由时钟脉冲和输入信号共同决定。当时钟脉冲由 0 变为 1 时，称为正脉冲的前沿时间或上升沿时间；由 1 变为 0 时，称为正脉冲的后沿时间或下降沿时间。时钟脉冲保持在“1”（或“0”）电位期间，分别称为高电平（或低电平）。

输入信号采用正脉冲形式时，信号未到时为低电平 0，信号到来时为高电平 1，此时称输入信号为高电平有效；若输入信号采用负脉冲形式，信号未到时为高电平 1，信号到来时为低电平 0，此时称输入信号为低电平有效。同步触发器在时钟脉冲有效期内，当输入信号到达时，其状态改变与输出保持同步。以下将以同步 RS 触发器为例，详细阐述同步触发器的工作原理。

1. 电路结构

图 5-3 为一个四门钟控型电路结构的同步 RS 触发器。上面两个与非门组成了一个基本 RS 触发器，下面两个与非门组成了把时钟脉冲和输入信号引入的导引电路。

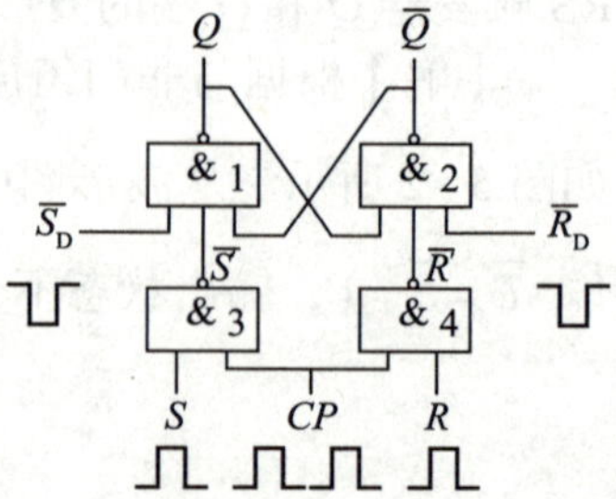

图 5-3　同步 RS 触发器电路

图中 CP 为时钟控制信号，时钟脉冲采用周期一定的正脉冲。

当时钟脉冲未到时，$CP=0$，无论 R、S 有无信号输入，与非门 3 和 4 的输出都为 1，即 $\overline{R'}=1$、$\overline{S'}=1$，触发器保持原状态不变，R、S 不起作用，信号无法输入，这种情况称为导引门 3、4 被封锁。

当时钟脉冲到来时，$CP=1$，触发器的状态才由 R、S 的输入信号决定，即 R、S 才起作用，信号才能输入，这种情况称为导引门打开。

由于 CP 对输入信号起着打开和封锁导引门的作用，因而在多个触发器共存的系统中便可以避免动作的参差不齐。可见，CP 只是起统一步调的作用，每个触发器的输出状态仍由 R、S 的输入信号决定。

$\overline{R_D}$ 和 $\overline{S_D}$ 是异步置 0 端和异步置 1 端，采用负脉冲。由于它们是从上面的基本 RS 触发器直接引出的，故不受 CP 的控制，用于工作前使触发器预先置于某一状态。触发器开始工作后，不再起作用，两者都保持在高电平，即 $\overline{R_D}=\overline{S_D}=1$。

2. 逻辑功能

在 $CP=0$ 时，触发器不工作，此时 G3、G4 门输出均为 1，基本 RS 触发器处于保持态。无论 R、S 如何变化，均不会改变 G3、G4 门的输出，故对任意状态无影响。

在 $CP=1$ 时，触发器工作，其功能见表 5-3。由表可知。

① 当 $R=S=0$ 时，$Q^{n+1}=Q^n$，触发器状态不变。

② 当 $R=0$，$S=1$，$Q^{n+1}=1$，触发器置“1”。

③ 当 $R=1$，$S=0$，$Q^{n+1}=0$，触发器置“0”。

④ 当 $R=S=1$ 时，触发器的输出端 $Q=\overline{Q}=1$，且当 R 和 S 同时由 1 变为 0 时，则触发器的新状态不能预先确定。触发器正常工作时，将不允许此情况出现。

表 5-3　同步 RS 触发器功能表

R	S	Q^n	Q^{n+1}	逻辑功能
0	0	0	0	保持
0	0	1	1	
0	1	0	1	置 1
0	1	1	1	
1	0	0	0	置 0
1	0	1	0	
1	0	1	0	不允许
1	1	0	×	

3. 特征方程

触发器的特性方程，也称特征方程，是指触发器输出状态的次态 Q^{n+1} 与现态 Q^n 及输入之间的逻辑关系表达式。触发器现态 Q^n 既是触发器现在的输出状态，又同时与输入信号共同决定着触发器的下一个输出状态，即次态 Q^{n+1}。

所以，特性方程实际上是以触发器的输入及现态作变量，输出次态为函数的逻辑方程。根据功能表可画出同步 RS 触发器 Q^{n+1} 的卡诺图，如图 5-4 所示，由此得到同步触发器的特性方程为

$$\begin{cases} Q^{n+1} = S + \overline{R}Q^n \\ RS = 0 \quad \text{（约束条件）} \end{cases}$$

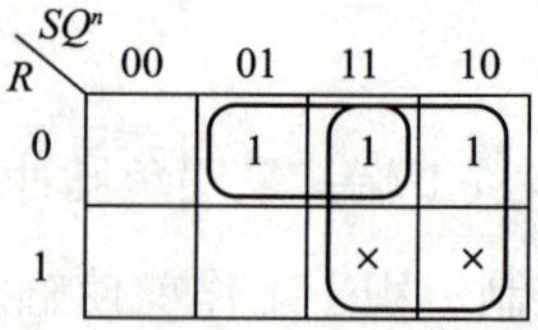

图 5-4　同步 RS 触发器 Q^{n+1} 的卡诺图

由于 RS 触发器在 $R=S=1$ 时，存在着不定状态，这在实际使用中非常不方便，故将它进行适当的变化可得到常用的 D 触发器和 JK 触发器。

4. 逻辑功能及状态转换表

根据与非门的逻辑功能，得到同步 RS 触发器的逻辑功能如下。

当 $CP=0$ 时，导引门 3、4 被封锁，无论 R、S 怎样变化，触发器保持原状态不变，即 $Q_{n+1}=Q_n$。

当 $CP=1$ 时，导引门 3、4 打开，输出状态由 R、S 的输入信号和电路原来的状态 Q_n 决定。

当 $R=0$、$S=0$ 时，触发器保持原来状态，$Q_{n+1}=Q_n$。

当 $R=0$、$S=1$ 时，$\overline{S'}=0$，从而使 $Q^{n+1}=1$，触发器被置 1。

当 $R=1$、$S=0$ 时，$\overline{R'}=0$，从而使 $Q^{n+1}=0$，触发器被置 0。

当 $R=1$、$S=1$ 时，触发器状态不定，在使用中应避免这种情况。

归纳可得其逻辑状态转换表，见表 5-4。

表 5-4　同步 RS 触发器逻辑状态转换表

R	S	Q_n	Q_{n+1}	说明
0	0	0	0	保持原态
0	0	1	1	
0	1	0	1	置 1 态
0	1	1	1	
1	0	0	0	置 0 态
1	0	1	0	
1	1	0	不定	状态不定
1	1	1	不定	

5. 触发方式

同步 RS 触发器的触发方式为电平触发。电平触发方式分为高电平触发和低电平触发。$CP=1$ 期间输入控制输出，称为高电平触发；$CP=0$ 期间输入控制输出，称为低电平触发。上述电路属于高电平触发，而在 CP 端之前加一个非门的电路则为低电平触发。电平触发同步 RS 触发器的逻辑符号如图 5-5 所示。CP 端的“。”表示低电平触发。$\overline{R_D}$ 和 $\overline{S_D}$ 是异步置 1 和异步置 0 端。

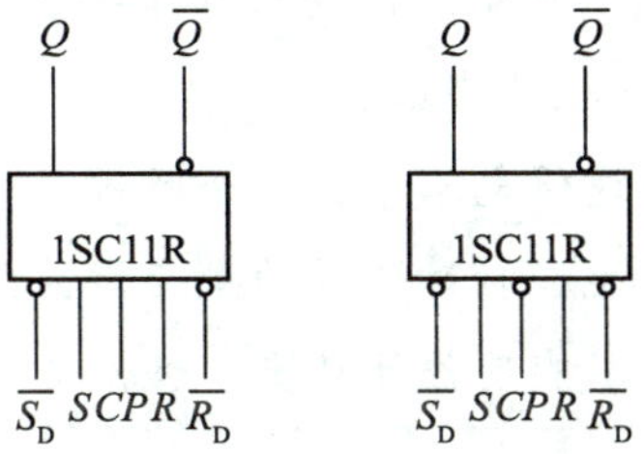

（a）高电平触发　（b）低电平触发

图 5-5　同步 RS 触发器的逻辑符号

【例】按照图 5-6 中给出的高电平触发同步 RS 触发器 CP 和 R、S 的状态，画出 Q 和 $\overline{Q}$ 端的波形，设初始状态 $Q_n=0$。

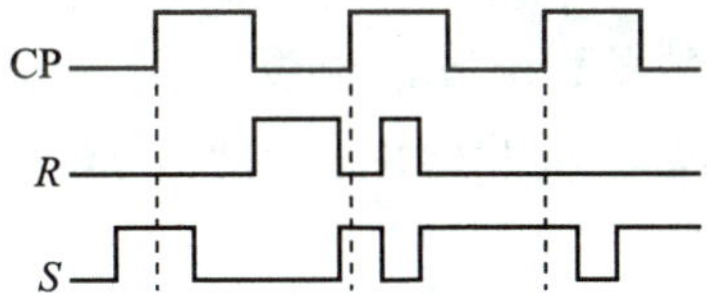

图 5-6　波形图

【解】分析这种触发器的输出波形时，要注意以下几点。

（1）CP 前沿对应的 R、S 状态决定了触发器的输出状态。

（2）触发器输出相应状态的时间也在 CP 前沿到来之时。

（3）在 CP 的有效期内（$CP=1$），若输入信号发生变化，输出状态将会发生相应的变化，应注意多次翻转的问题。

根据以上三点，最后得到 Q 和 $\overline{Q}$ 的波形如图 5-7 所示。

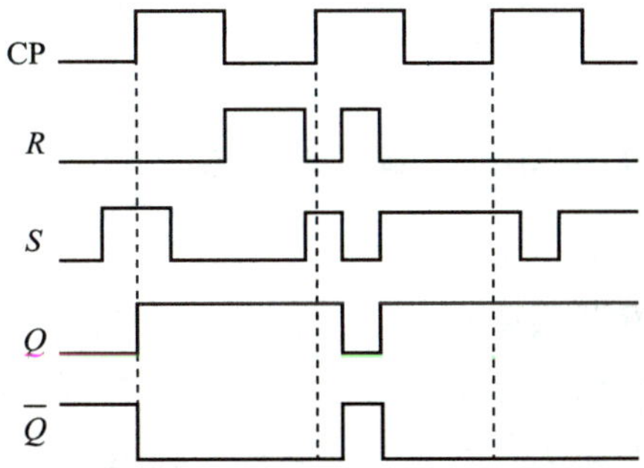

图 5-7　Q 和 $\overline{Q}$ 波形图

知识拓展

电平触发方式的优缺点

触发器输出状态的变化，即由0态变为1态，或由1态变为0态，称为翻转。电平触发的优点是电路结构简单，动作较快，输入信号变化时，输出状态能很快随之变化。电平触发的缺点在于一个 CP 有效期内，若输入信号发生多次变化，触发器输出状态会发生多次翻转，即出现"空翻"现象。这就破坏了输出状态应与 CP 同步，即每来一个 CP 信号，输出状态只能翻转一次的要求。

在计数器、寄存器等时序逻辑电路中，一个时钟信号周期内只允许输出状态改变一次，且输出状态的改变只能发生在时钟信号的跳变沿，因此，同步触发器的"空翻"现象使它只能用于数据锁存，而不能用作计数器、移位寄存器等。

5.1.3 JK 触发器

按照状态转换和输出是否同步，JK 触发器可分为主从触发 JK 触发器和边沿触发 JK 触发器。边沿型触发器具有抗干扰能力强、速度快的优点，因此目前生产的大多数是边沿触发 JK 触发器。以下对边沿触发 JK 触发器进行介绍。

边沿触发方式分为上升沿触发和下降沿触发。CP 由 0 变 1 瞬间输入控制输出，称为上升沿触发。CP 由 1 变 0 瞬间输入控制输出，称为下降沿触发。

1. 逻辑符号

边沿触发 JK 触发器的逻辑符号如图 5-8 所示。逻辑符号中"A"表示边沿触发。

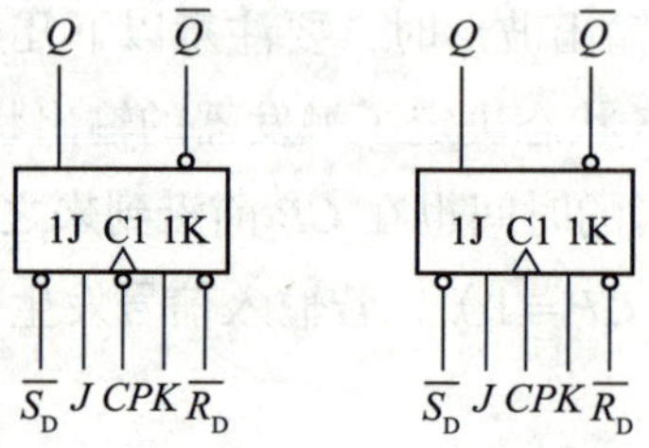

（a）下降沿触发　（b）上升沿触发

图 5-8　边沿触发 JK 触发器的逻辑符号

2. 逻辑功能及状态转换表

以下降沿触发 JK 触发器为例，触发器开始工作后，$\overline{R_D}$ 和 $\overline{S_D}$。保持高电平，即 $\overline{R_D}=\overline{S_D}=1$。

（1）$J=0$、$K=0$，触发器保持原态。

（2）$J=0$、$K=1$，触发器为 0 态，时钟脉冲下降沿到来时状态改变。

（3）$J=1$、$K=0$，触发器为 1 态，时钟脉冲下降沿到来时状态改变。

（4）$J=1$、$K=1$，触发器状态翻转，时钟脉冲下降沿到来时状态改变。

根据以上分析结果，可以得到下降沿触发 JK 触发器的逻辑状态转换表（表 5-5）。表中 J、K 为 CP 下降沿到来前的输入信号，Q^{n+1} 为 CP 下降沿到来后触发器的状态。

表 5-5　JK 触发器逻辑状态转换表

J	K	Q^n	Q^{n+1}	说明
0	0	0	0	保持原态
0	0	1	1	
1	0	0	1	置 1 态
1	0	1	1	
0	1	0	1	置 0 态
0	1	1	0	
1	1	0	1	翻转为 1 态
1	1	1	0	翻转为 0 态

3. 特性方程

由逻辑状态转换表可以得到 JK 触发器的特性方程为

$$
\begin{aligned}
Q^{n+1} &= \overline{J}\overline{K}Q^n + J\overline{K}Q^n + J\overline{K}\overline{Q^n} + JK\overline{Q^n} \\
&= \left(\overline{J}\overline{K} + J\overline{K}\right)Q^n + \left(J\overline{K} + JK\right)\overline{Q^n} \\
&= J\overline{Q^n} + \overline{K}Q^n
\end{aligned}
$$

【例】如图 5-9 所示的 J、K 信号波形，画出下降沿触发 JK 触发器输出信号 Q 的波形，设初始状态 $Q_n=0$。

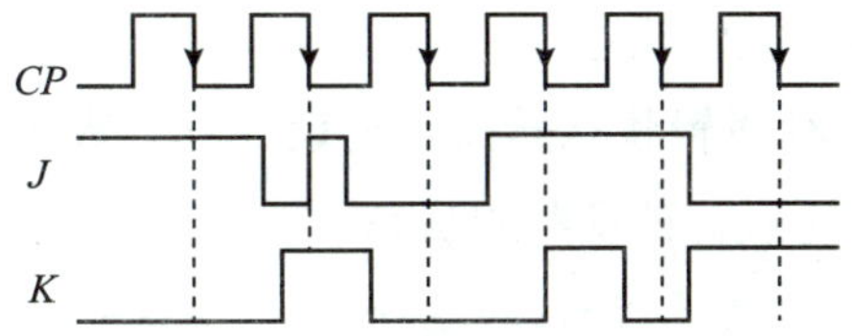

图 5-9　波形图

【解】输出信号 Q 的波形如图 5-10 所示。画图时应注意以下两点。

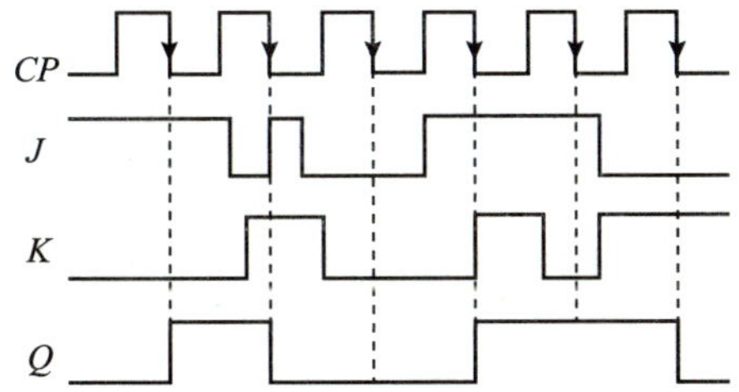

图 5-10　Q 波形图

（1）触发器对应 CP 后沿（下降沿）翻转。

（2）Q_{n+1} 由 CP 下降沿前一瞬间的 J、K 信号决定。

5.1.4 D 触发器

为了提高触发器的可靠性，增强抗干扰能力，希望触发器在时钟脉冲 CP 的上升沿（或下降沿）到达的时刻接收输入信号，使其输出状态可以跟随输入信号改变，而在 CP 其他时间内，触发器的状态不变化。具有这种特性的触发器称为边沿触发器。国产 D 触发器几乎全是边沿触发器。D 触发器有同步 D 触发器、维持阻塞 D 触发器。

1. 逻辑符号

D 触发器的逻辑符号如图 5-11 所示。

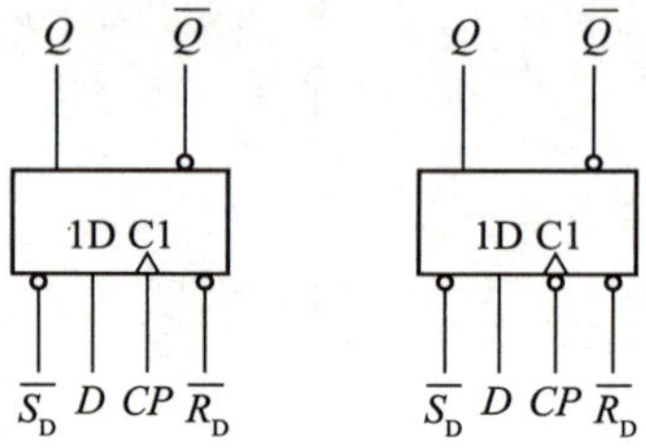

（a）上升沿触发　（b）下降沿触发

图 5-11　D 触发器的逻辑符号

2. 逻辑功能及状态转换表

以上升沿触发的 D 触发器为例，触发器开始工作后，$\overline{R_D}$ 和 $\overline{S_D}$ 保持高电平，即 $\overline{R_D}=\overline{S_D}=1$。

（1）当 $CP=0$ 时，维持原态。

（2）当 CP 由 0 变 1，即上升沿到来时，触发器状态翻转，$Q=$D。

（3）当 $CP=1$ 时，维持翻转状态。

归纳以上的逻辑功能，其逻辑状态转换表见表 5-6。表中 D 为 CP 上升沿到来前的输入信号，Q^{n+1} 为 CP 上升沿到来后触发器的状态。

表 5-6 D 触发器逻辑状态转换表

D	Q^n	Q^{n+1}	说明
0	0	0	置 0 态
0	1	0	
1	0	1	置 1 态
1	1	1	

3. 特性方程

根据逻辑状态转换表可以得到 D 触发器的特性方程为

$$Q^{n+1}=D$$

【例】如图 5－12 所示的 *CP* 信号和 *D* 信号波形，画出 D 触发器 *Q* 端波形。设初始状态 $Q^{n}=0$。

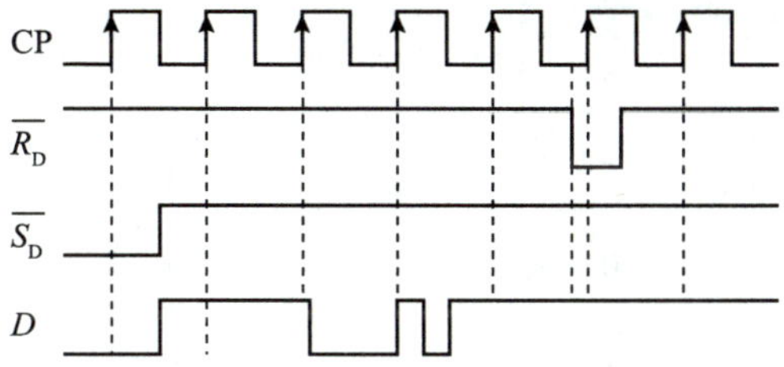

图 5－12　*CP* 信号和 *D* 信号波形图

【解】根据 D 触发器的逻辑功能和逻辑状态转换表，得到输出 *Q* 端波形如图 5－13 所示。画图时应注意以下几点。

① 直接置 0 信号 $\overline{R_D}$ 及直接置 1 信号 $\overline{S_D}$ 具有优先权，即只有在 $\overline{R_D}=\overline{S_D}=1$ 时，触发器的输出状态才依照触发器的逻辑功能随 *CP* 信号和输入信号而变化；否则，$\overline{R_D}=0$，输出为 0 态，$\overline{S_D}=0$，输出为 1 态。

② 该触发器为 *CP* 上升沿触发，对于每个 *CP* 上升沿，触发器的输出状态取决于 *CP* 上升沿到来前一时刻输入信号 *D*，有 $Q^{n+1}=D$。

③ 在 *CP* 的下一个上升沿到来之前，若输入信号发生变化，输出状态不会发生相应变化。

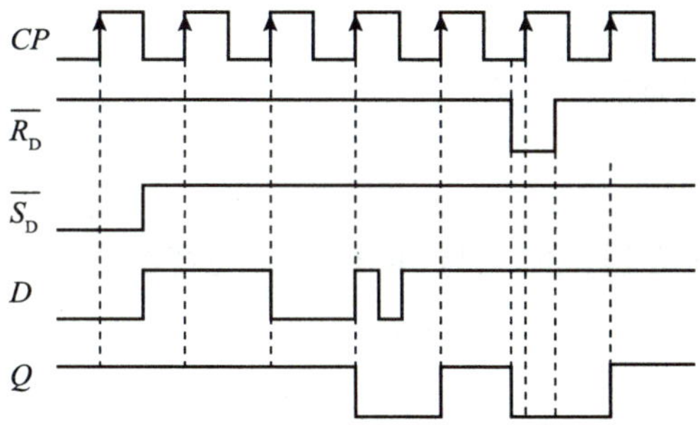

图 5－13　*Q* 波形图

5.1.5　T 触发器

在某些应用场合下，需要这样一种逻辑功能的触发器，当控制信号 $T=1$ 时，每来一次脉冲信号，它的状态就翻转一次；而当 $T=0$ 时，*CP* 到达后状态保持不变。具有这种逻辑功能的触发器称为 T 触发器。

1. 逻辑功能和逻辑状态转换表

在 CP 上升沿或下降沿时刻，$T=0$ 时，触发器保持原来状态；$T=1$ 时，触发器状态翻转。CP 保持高（或低）电平时，触发器保持原态。

由逻辑功能分析，可得到 T 触发器逻辑状态转换表，见表 5-7。

表 5-7　T 触发器逻辑状态转换表

T	Q_n	Q_{n+1}	说明
0	0	0	保持原态
0	1	1	
1	0	1	翻转为 1 态
1	1	0	翻转为 0 态

2. 特性方程

根据逻辑状态转换表可以得到 T 触发器的特性方程为

$$Q^{n+1}=T\overline{Q^n}+\overline{T}Q^n$$

如果 $T=1$，则 T 触发器处于计数状态，每来一个 CP 脉冲，触发器状态就翻转一次，这种 T 触发器称为计数触发器，也称为 T′ 触发器。

T′ 触发器的特性方程为

$$Q^{n+1}=\overline{Q^n}$$

【例】用下降沿触发 JK 触发器构成 T 触发器。

【解】T 触发器的特性方程为

$$Q^{n+1}=T\overline{Q^n}+\overline{T}Q^n$$

JK 触发器的特性方程为

$$Q^{n+1}=J\overline{Q^n}+\overline{K}Q^n$$

变换 T 触发器的特征方程，使之与 JK 触发器的特征方程相同，即将该式与 JK 触发器的特性方程做比较可得

$$J=K=T$$

将下降沿触发 JK 触发器的 J、K 两个输入信号端连接在一起称为输入端 T，就构成了 T 触发器。可画出由下降沿触发 JK 触发器改造得到的下降沿触发 T 触发器的逻辑图，如图 5-14（a）所示，逻辑符号如图 5-14（b）所示。

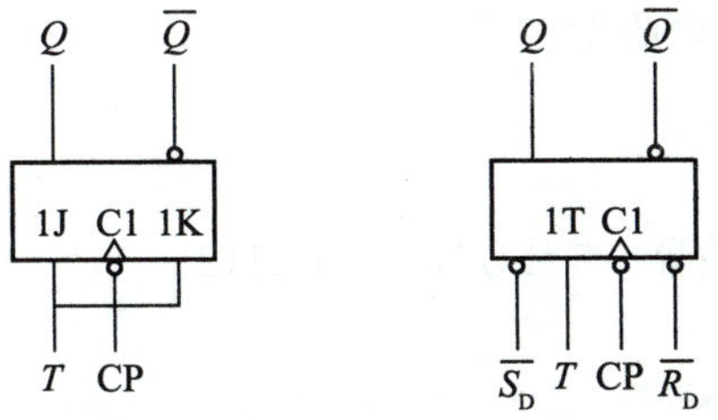

（a）逻辑电路图　　（b）逻辑符号

图 5-14　下降沿触发 T 触发器逻辑电路和逻辑符号

【例】用上升沿触发 D 触发器构成 T 触发器。

【解】T 触发器的特性方程为

$$Q^{n+1}=T\overline{Q^n}+\overline{T}Q^n$$

D 触发器的特性方程为

$$Q^{n+1}=D$$

变换 T 触发器的特征方程，若令

$$D=T\oplus Q^n$$

则形式与 D 触发器的特征方程相同，于是可画出逻辑图如图 5-15（a）所示，逻辑符号如图 5-15（b）所示。

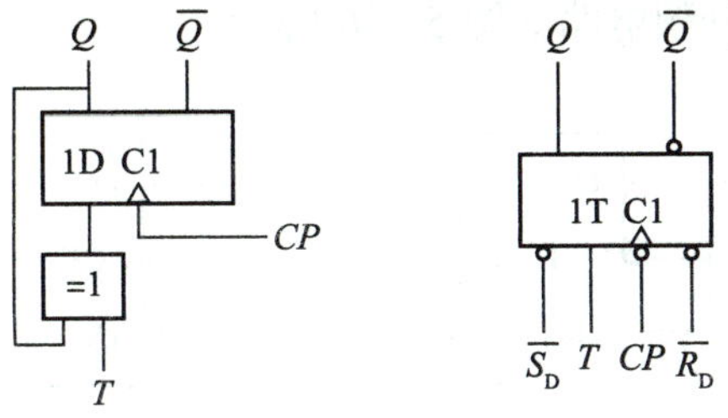

（a）逻辑电路图　　（b）逻辑符号

图 5-15　上升沿触发 T 触发器逻辑电路和逻辑符号

由上升沿触发 T 触发器构成的 T' 触发器在脉冲上升沿计数；由下降沿触发 T 触发器构成的 T' 触发器在脉冲下降沿计数。

课后实训

一、实训名称

集成触发器应用电路测试。

二、实训目的

（1）学习各种集成触发器的逻辑功能。

（2）学会正确使用各种集成触发器。

三、仪器设备及元器件

数字实验系统、双踪示波器、74LS74、74LS112。

四、实训步骤

1. 用集成边沿 D 触发器 74LS74 构成 T' 触发器

（1）画出用 74LS74 构成的 T' 触发器电路图。

（2）用 Multisim 软件仿真观测 T' 触发器的工作波形。

（3）在数字实验箱上搭接 T' 触发器，用实验箱上的连续脉冲作 CP 时钟，用示波器（或发光二极管 LED）观察并记录 CP 和 Q 的同步波形（或看发光二极管，灯亮为 1、灯灭为零的输出结果）。

2. 用集成边沿 JK 触发器 74LS112 构成 T 触发器

（1）画出用 74LS112 构成的 T 触发器电路图。

（2）用 Multisim 软件仿真观测 T 触发器的工作波形。

（3）在数字实验箱上搭接 T 触发器，用实验箱上的连续脉冲作 CP 时钟，用示波器（或 LED）观察并记录 CP 和 Q 的同步波形。

3. 用集成边沿 JK 触发器 74LS112 构成四分频电路

用 JK 触发器构成的四分频电路如图 5－16 所示。

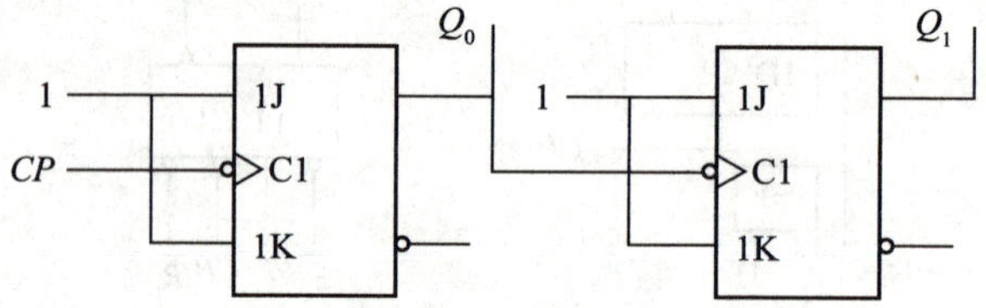

图 5－16 四分频电路

（1）用 Multisim 软件仿真观测四分频电路的工作波形。

（2）在数字实验箱上用 74LS112 搭接四分频电路，用实验箱上的连续脉冲作 CP 时钟，用示波器观察 Q_0 和 Q_1 的波形并记录下来。

五、实训要求

（1）画出各电路的接线图，整理和分析测试结果，说明分频电路的逻辑功能。

（2）撰写测试报告。

任务 2　时序逻辑电路分析

5.2.1　时序逻辑电路概述

时序逻辑电路的特性在于其输出状态在任意时刻不仅取决于当前的输入信号，而且受到电路先前状态的影响。因此，为了保持并传递先前的电路状态，时序逻辑电路中必须集成存储电路。实现存储电路的方式众多，其中包括利用延迟元件或触发器等。本任务将专注于以触发器作为存储元件的时序电路进行深入探讨。

1. 基本结构框图

图 5－17 为时序逻辑电路的基本结构框图。由该图可得，时序逻辑电路由组合电路和存储电路两部分组成。其中 X（X_1，…，X_i）是时序逻辑电路的输入信号，Z（Z_1，…，Z_j）是时序逻辑电路的输出信号，Y（Y_1，…，Y_k）是存储电路的输入信号 Q（Q_1，…，Q_r）是存储电路的输出信号，Q 被反馈到组合电路的输入端，与输入信号 X 共同决定时序逻辑电路的输出状态。

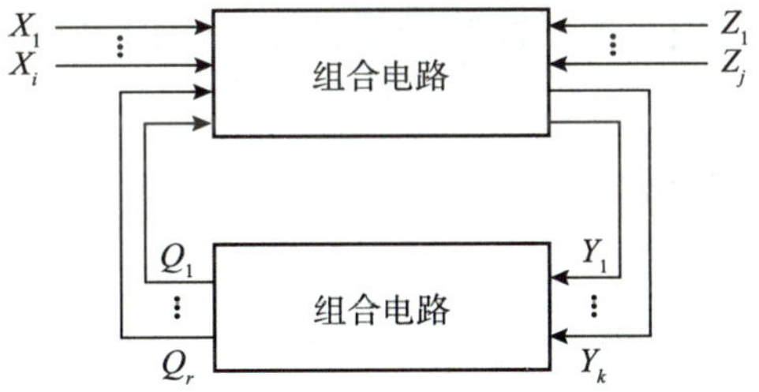

图 5－17　时序逻辑电路的基本结构框图

2. 时序逻辑电路的分类

按照存储单元状态变化的特点，时序逻辑电路可以分为同步时序逻辑电路和异步时序逻辑电路两大类。同步时序逻辑电路的工作特点：所有触发器共用同一个时钟信号。异步时序逻辑电路的工作特点是：各个触发器的时钟信号不同。

3. 时序逻辑电路的分析步骤

时序逻辑电路的分析一般按照以下几个步骤进行。

（1）明确提供触发器的类型，根据具体的触发器类型写出其驱动方程。

（2）为了求得状态方程和输出方程，需要首先根据触发器的逻辑功能类型，详细列出其特性方程。然后，将各触发器的驱动方程代入到特性方程中，从而得到状态方程。依据电路输出端的连接关系来推导输出方程。

（3）在掌握了触发器的特性方程和驱动方程之后，进一步列出状态转换表，用以清晰展示触发器在不同输入条件下的状态转移情况。

（4）根据状态转换表所揭示的关系，绘制出电路的波形图，以便更直观地理解电路在不同时刻的工作状态。

（5）对电路的逻辑功能进行深入分析，从而明确电路在各种输入条件下的输出响应，以及触发器状态的变化规律。

5.2.2 同步时序逻辑电路的分析

以下将举例介绍同步时序逻辑电路的分析方法。

【例】如图 5-18 所示时序逻辑电路，分析其逻辑功能，设触发器初始状态为 0 态，给定输入信号 X 波形。

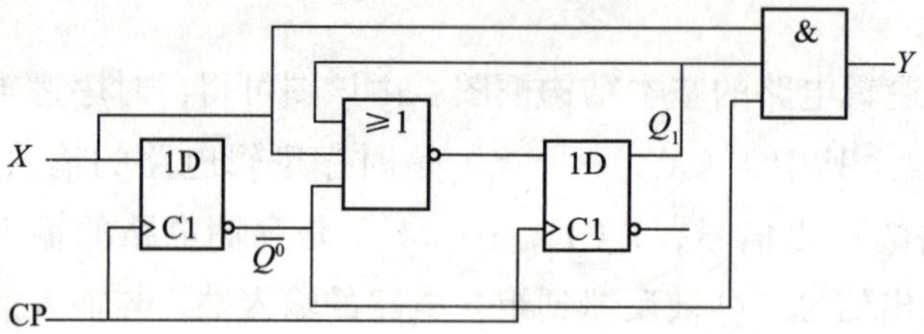

图 5-18 时序逻辑电路

【解】由于图 5-18 电路的两个 D 触发器共用一个时钟脉冲（CP），故属于同步时序电路。

按照分析步骤，其功能分析如下。

① 写出驱动方程

由电路连接关系，首先写出触发器的驱动方程为

$$D_0 = X$$

$$D_1 = \overline{X + \overline{Q_0^n} + Q_1^n} = \overline{X}\,\overline{Q_1^n}Q_0^n$$

② 代入特性方程

将驱动方程代入 D 触发器的特性方程，得到以下的触发器状态方程：

$$Q_1^{n+1} = D_1 = \overline{X}\,\overline{Q_1^n}Q_0^n$$

$$Q_0^{n+1} = D_0 = X$$

由电路输出端的连接关系，可直接写出输出方程为

$$Y = XQ_1^n\overline{Q_0^n}$$

③ 列出状态转换表

将输出方程右边变量的二进制组合取值代入状态方程和输出方程中进行计算，求得各个触发器的 Q^{n+1} 及输出，得到状态转换表，见表 5-8。

表 5-8　电路的转换状态表

X	Q_0^n	Q_1^n	Q_0^{n+1}	Q_1^{n+1}	Y
0	0	0	0	0	0
0	1	0	0	1	0
0	0	1	0	0	0
0	1	1	0	0	0
1	0	0	1	0	0
1	1	0	1	0	0
1	0	1	1	0	1
1	1	1	1	0	0

④ 根据状态转换表画出波形图

根据状态转换表画出波形图，如图 5-19 所示。需要注意的是，该触发器为上升沿触发的 D 触发器，因此触发器状态都在 CP 上升沿改变。

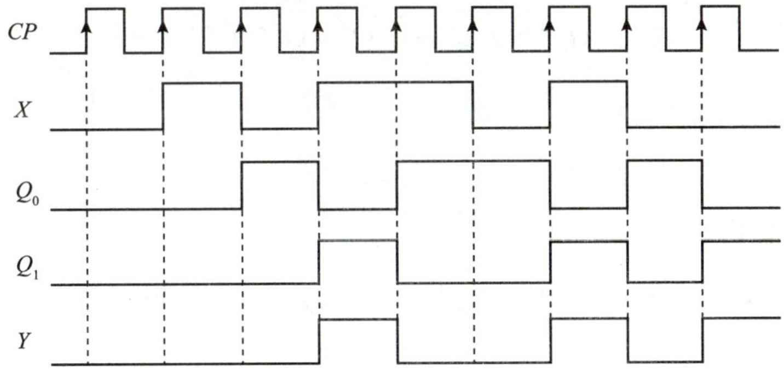

图 5-19　波形图

⑤ 分析逻辑功能

由波形图看出，一旦 $XQ_1^nQ_0^n$ 出现“110”组合，Y 输出便产生一个相应的“1”，其他情况下 Y 输出都为“0”。因此，该电路实现了对输入序列信号“101”的检测功能。

【例】分析如图 5-20 所示时序逻辑电路的逻辑功能，设触发器的初始状态为 0 态，电路中各触发器都为 TTL 下降沿触发 JK 触发器。

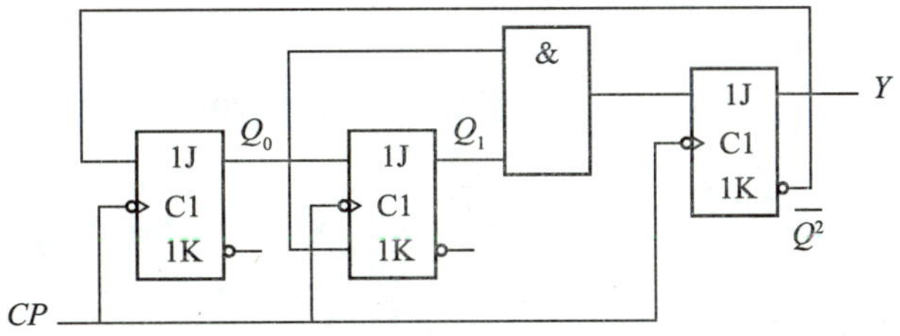

图 5-20　时序逻辑电路的逻辑功能图

【解】在图 5-20 所示电路中，由于各触发器使用同一个 CP 信号，所以为同步时序电路。其分析过程如下。

① 写出触发器的驱动方程

在 TTL 电路中，触发器的输入端悬空时，相当于接“1”（高）电平。因此，图中各触发器的驱动方程为

$$J_0 = \overline{Q_2^n} \quad K_0 = 1$$

$$J_1 = Q_0^n \quad K_1 = Q_0^n$$

$$J_2 = Q_1^n Q_0^n \quad K_2 = 1$$

② 求得状态方程和输出方程

将各驱动方程代入 JK 触发器特性方程，可得到各触发器状态方程为

$$Q_0^{n+1} = J_0\overline{Q_0^n} + \overline{K_0}Q_0^n = \overline{Q_2^n}\,\overline{Q_0^n}$$

$$Q_1^{n+1} = J_1\overline{Q_1^n} + \overline{K_1}Q_1^n = Q_1^n \oplus Q_0^n$$

$$Q_2^{n+1} = J_2\overline{Q_2^n} + \overline{K_2}Q_2^n = \overline{Q_2^n}Q_1^n Q_0^n$$

输出方程为

$$Y = Q_2^n$$

③ 列出状态转换表

将 $Q_2^n Q_1^n Q_0^n$ 的 8 种二进制组合代入状态方程和输出方程，得到各个触发器的 Q^{n+1} 及输出 Y，见表 5-9。

表 5-9　电路的转换状态表

Q_2^n	Q_1^n	Q_0^n	Q_2^{n+1}	Q_1^{n+1}	Q_0^{n+1}	Y
0	0	0	0	0	1	0
0	0	1	0	1	0	0
0	1	0	0	1	1	0
0	1	1	1	0	0	0
1	0	0	0	0	0	1
1	0	1	0	1	0	1
1	1	0	0	1	0	1
1	1	1	0	0	0	1

在表 5–9 中，触发器从初态 000 开始，时序电路每来 5 个时钟脉冲，触发器的输出态 $Q_2^{n+1}Q_1^{n+1}Q_0^{n+1}$ 又恢复到初态 000，完成一个状态循环。所以 000 ~ 100 这 5 个状态称为有效状态，有效状态构成的循环为有效循环体；而 101、110、111 不参与有效循环，称为无效状态。

④ 根据状态转换表画出波形图

根据状态转换表画出波形图，如图 5–21 所示。注意，该题中触发器为下降沿触发的 JK 触发器，因此触发器状态都在 *CP* 后沿改变。

⑤ 分析逻辑功能

通过分析上述电路知道，该电路是一个每输入 5 个（计数）时钟脉冲就循环一周的时序电路，通常将它称为同步五进制计数器。

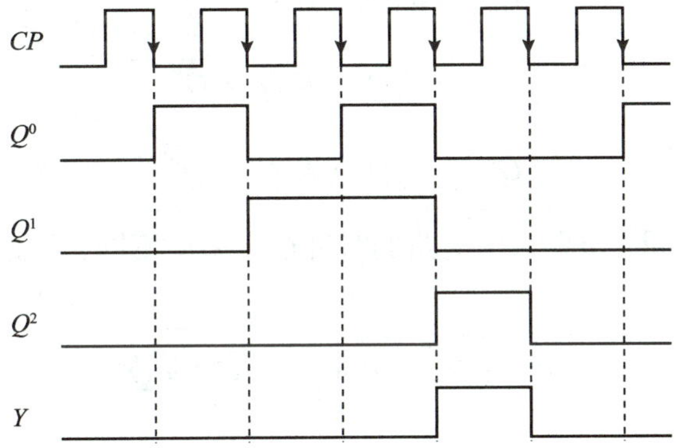

图 5–21　波形图

5.2.3　异步时序逻辑电路的分析

异步时序电路与同步时序电路在分析方法上大体相同，主要差异在于异步时序电路中，各触发器缺乏统一的时钟脉冲。因此，在分析异步时序电路时，首要步骤是确定各触发器的时钟信号是否构成有效触发条件。

当触发器有效触发时，其 Q^{n+1} 可由电路状态方程计算求得；否则，触发器将保持原来状态 Q^n 不变。因此，分析异步时序电路，一般要写出触发器的时钟方程。

【例】分析如图 5–22 所示的时序电路的逻辑功能，电路中触发器为 TTL 下降沿触发 JK 触发器。设触发器初始状态为 0 态。

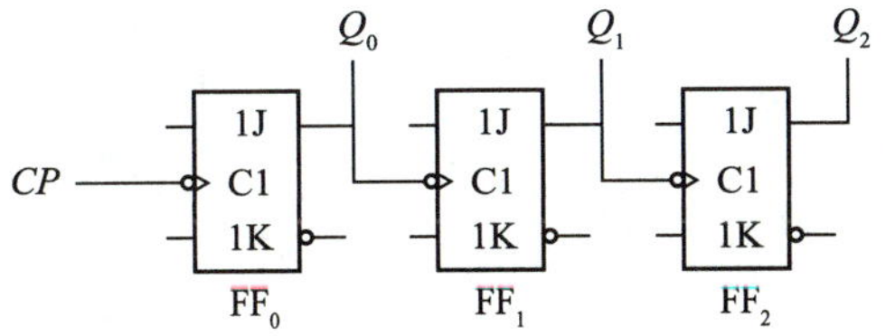

图 5–22　时序电路的逻辑功能图

【解】由于图 5-22 所示电路的三个 JK 触发器不共用时钟脉冲，故属于异步时序电路。

① 写出驱动方程

由电路连接关系，首先写出触发器的驱动方程。在 TTL 电路中，当触发器的输入端悬空时，相当于接“1”（高）电平。因此，图中各 JK 触发器的驱动方程为

$$J_0=K_0=1$$

$$J_1=K_1=1$$

$$J_2=K_2=1$$

② 将驱动方程代入特性方程

将驱动方程代入 JK 触发器的特性方程，得到以下触发器的状态方程

$$Q_0^{n+1}=J_0\overline{Q_0^n}+\overline{K_0}Q_0^n=\overline{Q^n}$$

$$Q_1^{n+1}=J_1\overline{Q_1^n}+\overline{K_1}Q_1^n=\overline{Q_1^n}$$

$$Q_2^{n+1}=J_2\overline{Q_2^n}+\overline{K_2}Q_2^n=\overline{Q_2^n}$$

与同步时序电路不同，异步时序电路的时钟信号来源不同，因此其时钟方程不可省略，时钟方程为

$$CP_0=CP,\quad CP_1=Q_0^n,\quad CP_2=Q_1^n$$

③ 列出状态转换表

三个触发器都是下降沿触发。当外来 CP 脉冲为下降沿时，FF_0 状态翻转；而只有当 $\overline{Q^n}$ 由 1 变 0 时，FF_1 状态才能翻转；当 $\overline{Q_1^n}$ 由 1 变 0 时，FF_2 状态才能翻转。

第一个 CP 脉冲下降沿到来时，$Q_0^{n+1}=1$，所以 Q^0 由 0 变 1，为上升沿，因此 FF_1 没有被有效触发，Q_1^{n+1} 仍然为 0，Q_2^{n+1} 仍然为 0；第二个 CP 脉冲下降沿到来时，$Q_0^{n+1}=0$，Q_0 由 1 变 0，为下降沿，因此 FF_1 被有效触发，Q_1^{n+1} 翻转为 1，Q^1 由 0 变 1，为上升沿，因此 FF_2 没有被有效触发，Q_2^{n+1} 仍然为 0；第三个 CP 脉冲下降沿到来时，$Q_0^{n+1}=1$，Q_0 由 0 变 1，为上升沿，因此 FF_1 未被有效触发，Q_1^{n+1} 仍然为 1，Q_2^{n+1} 仍然为 0；依次推导下去，得到状态转换表见表 5-10。

表 5-10　电路的转换状态表

CP（下降沿有效）	Q_2^n	Q_1^n	Q_0^n	Q_2^{n+1}	Q_1^{n+1}	Q_0^{n+1}
1	0	0	0	0	0	1
2	0	0	1	0	1	0
3	0	1	0	0	1	1
4	0	1	1	1	0	0

续表

CP（下降沿有效）	Q_2^n	Q_1^n	Q_0^n	Q_2^{n+1}	Q_1^{n+1}	Q_0^{n+1}
5	1	0	0	1	0	1
6	1	0	1	1	1	0
7	1	1	0	1	1	1
8	1	1	1	0	0	0

④ 画出波形图

根据状态转换表画出波形图，如图 5-23 所示。需要注意的是，该触发器为下降沿触发的 JK 触发器，因此触发器状态都在各自时钟脉冲的下降沿改变。

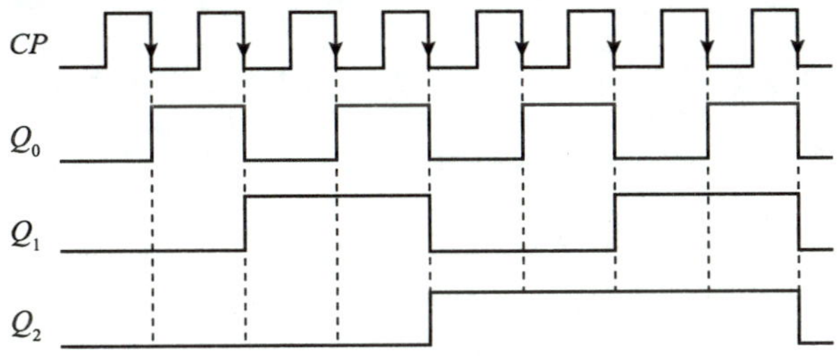

图 5-23　波形图

⑤ 分析逻辑功能

通过分析上述电路知道，该电路是一个每输入 8 个（计数）时钟脉冲就循环一周的时序电路，通常将它称为三位异步二进制计数器或异步八进制计数器。

⑥ 进行电路仿真

采用软件 Multisim 进行电路仿真。

课后实训

一、实训名称

分析如图 5-24 所示电路的逻辑功能。

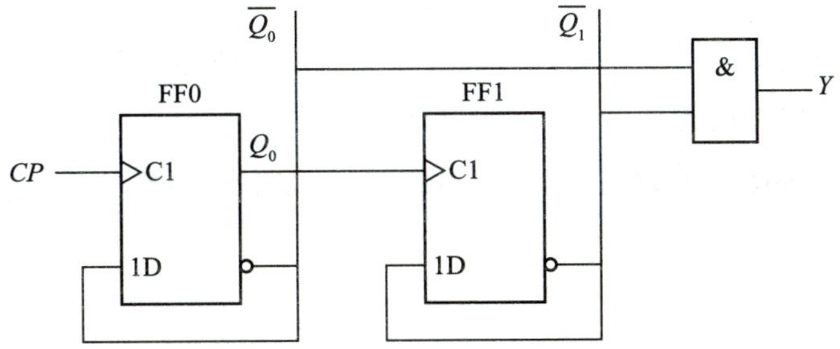

图 5-24　电路的逻辑功能图

二、实训目的

（1）理解并掌握基本的组合逻辑电路分析方法。

（2）学会根据电路图分析电路的逻辑功能，并能够根据功能设计合适的实验 .

（3）增强理论结合实践的能力，提高解决实际问题的能力。

三、仪器设备及元器件

逻辑分析仪、电源适配器、万用表、电路板、连接线、电阻、电容、二极管、晶体管、逻辑门集成电路、输入选择开关、LED 指示灯。

四、实训步骤

1. 写出相关方程式

（1）时钟方程。

（2）输出方程。

（3）驱动方程。

（4）状态方程。

2. 列出状态转换真值表

3. 画出状态转换图和时序图

状态转换图和时序图如图 5－25 所示。

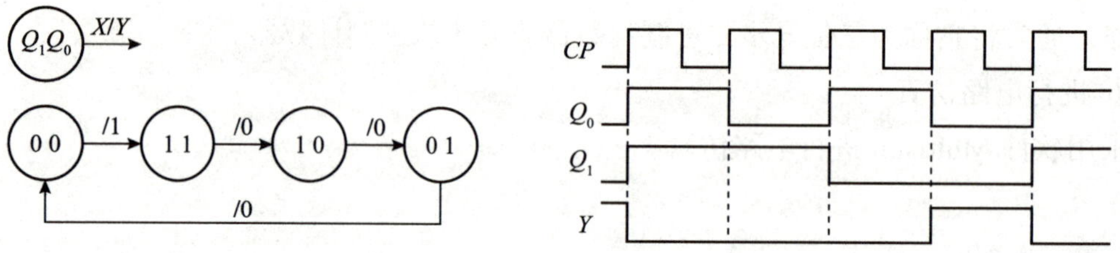

（a）状态转换图　（b）时序图

图 5－25　状态转换图和时序图

4. 进行逻辑功能分析

五、实训要求

（1）熟练掌握组合逻辑电路的分析方法，能够根据功能要求设计合适的实验。

（2）学会使用仪器设备进行电路测试和数据记录。

（3）通过对实际电路的分析和验证，增强理论结合实践的能力，提高解决实际问题的能力。

任务 3　集成计数器的应用

5.3.1　计数器的分类

计数器（图 5-26）具备多种功能，包括统计脉冲数量、分频、定时以及进行数学运算等，因此在数字电路中得到了广泛应用。根据计数器内部触发器翻转方式的不同，计数器可以分为同步计数器和异步计数器两大类。

图 5-26　计数器

同步计数器在工作时，会将输入的计数脉冲作为各触发器的时钟脉冲，并同时作用于各触发器的 *CP* 端，从而实现触发器的同步动作。而在异步计数器中，触发器的动作则存在先后顺序的差异。部分触发器将输入的计数脉冲作为时钟脉冲，直接受其控制；而另一部分触发器则以其他触发器的输出作为时钟脉冲，因此其动作是异步的。

按数制的不同，计数器由分为二进制计数器、十进制计数器和任意（*N*）进制计数器。一般来说，几个状态构成一个计数循环，就称为几进制计数器，但二进制计数器是个例外。n 位的二进制计数器共有 2^n 个状态，例如，4 位二进制计数器有 0000 ~ 1111 共 16 个状态，也可称为十六进制计数器。

按计数过程中数字的增减来分，计数器分为加法计数器、减法计数器和既可加又可减的可逆计数器三种。

5.3.2　异步二进制计数器

图 5-27 为利用 4 个下降沿触发 T 触发器构成的二进制计数器。*CP* 是计数脉冲。如果以 Q_4、Q_3、Q_2、Q_1 作为计数器输出端，则该电路为一个二进制加法器；由于 4 个触发器采用的时钟脉冲不统一，故为 4 位异步二进制加法器，或称异步十六进制计数器。

加法器工作前首先清零，工作时，每来一个 *CP* 脉冲，便增加 1 个数。由于 4 个触发器只能累计 4 位二进制数，所以到第 16 个 *CP* 脉冲到来时，已超过计数的范围，这种现象称为“溢出”，这时，计数器应回到 0000。

如图 5-27 所示电路中，由于 T 触发器的翻转条件是 $T=1$，而这四个触发器的输入端都接高电平 1，所以每来一个 *CP* 脉冲，触发器都应翻转一次。由于各触发器都是采用下降沿触发，所以触发器在每个 *CP* 脉冲下降沿到来时状态翻转。

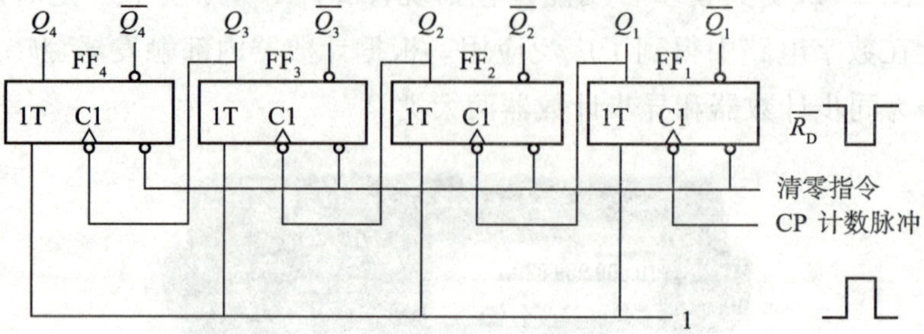

图 5-27　二进制计数器电路

因此，触发器 FF_1 在每个 *CP* 脉冲到来时都应翻转，故 Q_1 应由 0 变 1，再由 1 变 0……

由于触发器 FF_2 的 *CP* 端是接至 Q_1 的，即 Q_1 的输出就是 FF_2 的时钟脉冲，因而每当 Q_1 由 1 变 0 时，FF_2 改变状态。

同理，触发器 FF_3 和 FF_4 的输出状态的翻转时间应分别在每个 Q_2 和 Q_3 由 1 变 0 时。

由电路图结合以上分析得到该 4 位二进制加法计数器的输出状态，见表 5-11 中 Q_4、Q_3、Q_2、Q_1。其波形图如图 5-28 所示。需要注意的是，该电路的所有触发器状态的改变均应在各自时钟脉冲的下降沿进行。

若采用 4 个上升沿触发的 D 触发器构成 T 触发器组成异步二进制计数器，则各触发器状态的改变均在各自时钟脉冲的上升沿进行。

表 5-11　4 位二进制加法计数器状态表

CP 顺序	Q_4	Q_3	Q_2	Q_1	$\overline{Q_4}$	$\overline{Q_3}$	$\overline{Q_2}$	$\overline{Q_1}$
0	0	0	0	0	1	1	1	1
1	0	0	0	1	1	1	1	0
2	0	0	1	0	1	1	0	1
3	0	0	1	1	1	1	0	0
4	0	1	0	0	1	0	1	1
5	0	1	0	1	1	0	1	0
6	0	1	1	0	1	0	0	1
7	0	1	1	1	1	0	0	0
8	1	0	0	0	0	1	1	1
9	1	0	0	1	0	1	1	0

续表

CP 顺序	Q_4	Q_3	Q_2	Q_1	$\overline{Q_4}$	$\overline{Q_3}$	$\overline{Q_2}$	$\overline{Q_1}$
10	1	0	1	0	0	1	0	1
11	1	0	1	1	0	1	0	0
12	1	1	0	0	0	0	1	1
13	1	1	0	1	0	0	1	0
14	1	1	1	0	0	0	0	1
15	1	1	1	1	0	0	0	1
16	0	0	0	0	1	1	1	1

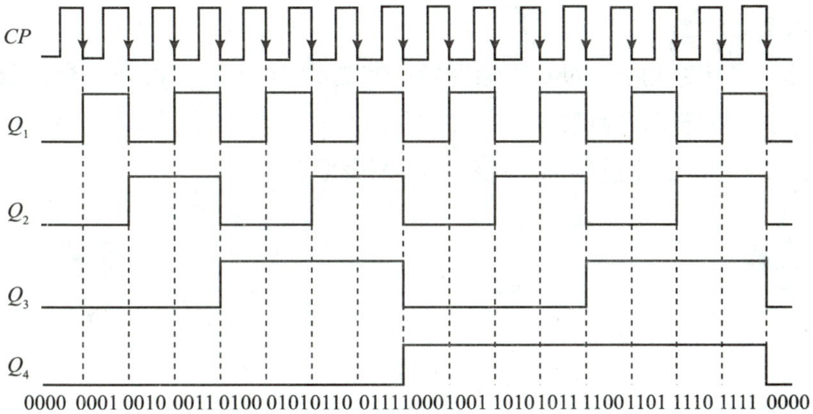

图 5－28　二进制加法计数器波形图

反之，如果将该电路中的 $\overline{Q_4}$、$\overline{Q_3}$、$\overline{Q_2}$、$\overline{Q_1}$ 作为计数器的输出端，则该电路便成为二进制减法计数器。二进制减法计数器的输出状态见表 5－11 中 $\overline{Q_4}$、$\overline{Q_3}$、$\overline{Q_2}$、$\overline{Q_1}$。工作前，$\overline{Q_4}$、$\overline{Q_3}$、$\overline{Q_2}$、$\overline{Q_1}$ 先被置 1111，每来一个 *CP* 脉冲便减少 1 个数，当第 16 个 CP 脉冲到来时，计数器溢出，返回到 1111。

由波形图还可以看出，每经过一个触发器，脉冲的周期就增加了一倍，频率减为一半，于是从 Q_1 端引出的波形为二分频，从 Q_2 端引出的波形为四分频，依此类推，从 Q_n 端引出的波形为 n 分频。因此计数器又常用作分频器。

5.3.3　同步十进制计数器

十进制加法计数器电路如图 5－29 所示。它由 4 个下降沿触发的 JK 触发器组成，4 个触发器采用相同的 *CP* 脉冲，故称同步计数器，C 为进位端。每个触发器都有直接置 0 端 $\overline{R_D}$，在计数前预先置 0，图中未画出。根据前面所讲的同步时序电路分析方法，学习者可自行根据电路图分析其逻辑功能，这里不再赘述。

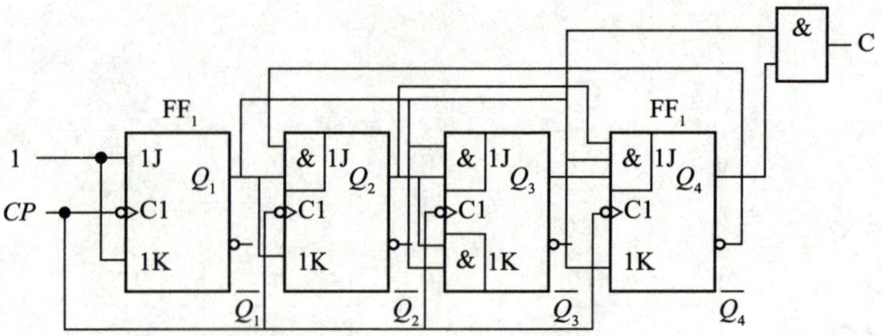

图 5－29　十进制加法计数器

十进制计数器与二进制计数器的工作原理基本相同，只是将十进制数的每一位都用二进制数来表示而已。最常用的是采用 8421BCD 码。由于十进制数只有 0～9 十个数码，因此采用 4 位二进制计数器来累计十进制数的每一位数时，只能取用 0000～1001，其余的 1010～1111 六个数舍去。

也就是说，当计数到 9，即 4 个触发器的状态为 1001 时，再来一个计数脉冲，计数器不能像二进制计数器那样翻转成 1010，而必须返回到 0000，同时向另一组十进制计数器进位。图 5－29 所示的十进制加法计数器状态表见表 5－12。

表 5－12　十进制加法计数器状态表

CP 顺序	Q_4	Q_3	Q_2	Q_1	C	十进制数
0	0	0	0	0	0	0
1	0	0	0	1	0	1
2	0	0	1	0	0	2
3	0	0	1	1	0	3
4	0	1	0	0	0	4
5	0	1	0	1	0	5
6	0	1	1	0	0	6
7	0	1	1	1	0	7
8	1	0	0	0	0	8
9	1	0	0	1	0	9
10	0	0	0	0	1	进位
11	1	0	1	1	0	无效
12	0	1	0	0	1	无效
13	1	1	0	1	1	无效
14	0	1	0	0	0	无效
15	1	1	1	1	1	无效
16	0	0	0	0	0	无效

表中，每一行的 Q^n 均作为下一行（下一个 CP 脉冲）的 Q^{n+1} 来计算得到下一行的 Q^n。由表中可以看出，1010～1111 是六个无效状态。十进制加法计数器波形如图 5－30 所示，无效状态不在波形图上画出。

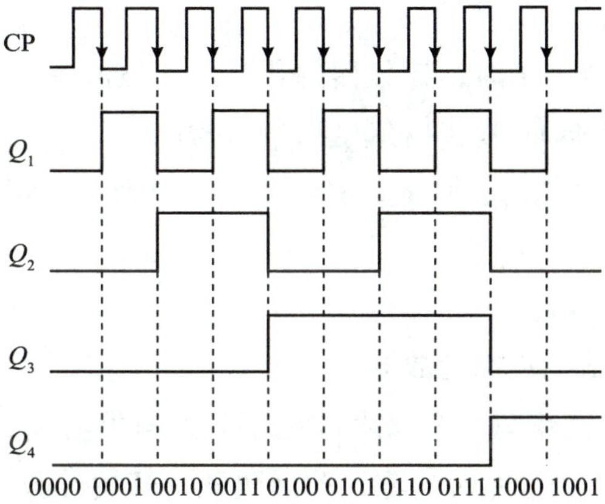

图 5－30　十进制加法计数器波形图

5.3.4　中规模集成计数器组件及应用

目前，计数器有多种集成电路产品可供选用。CT1192 是一种具有双时钟脉冲的十进制可逆计数器，其外引线排列如图 5－31 所示。

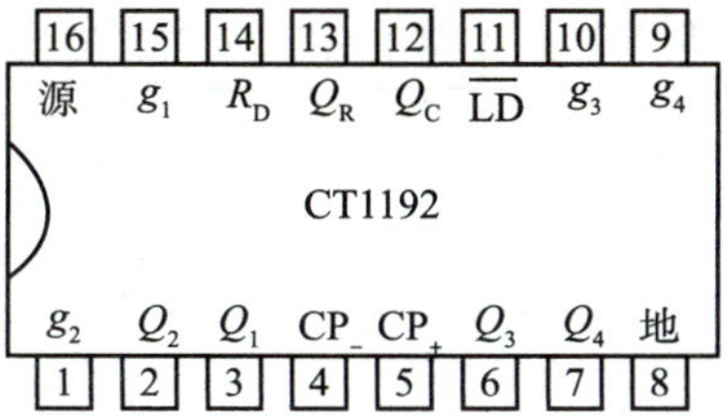

图 5－31　CT1192 外引线排列图

$\overline{LD}$ 是置数端，与数据输入端 g_4、g_3、g_2、g_1 配合可以预先并行置数，$CP_-=1$ 时，CP_+ 加入计数脉冲，可进行加法计数；$CP_+=1$ 时，CP_- 加入计数脉冲，可以进行减法计数。Q_R 为串行借位输出端。

当减法计数到 Q_4、Q_3、Q_2、Q_1 为 0000 时，向下一个高位计数器发出借位脉冲，使高位计数器减 1。O_C 为串行进位输出端，当加法计数到 Q_4、Q_3、Q_2、Q_1 为 0000 时，向下一个高位计数器发出进位脉冲，使高位计数器加 1。

双时钟二一五一十进制计数器 74LS90 也是一种常用集成计数器组件，由于其功能灵活，因此常用于构成任意进制计数器。74LS90 外引线排列如图 5－32 所示。

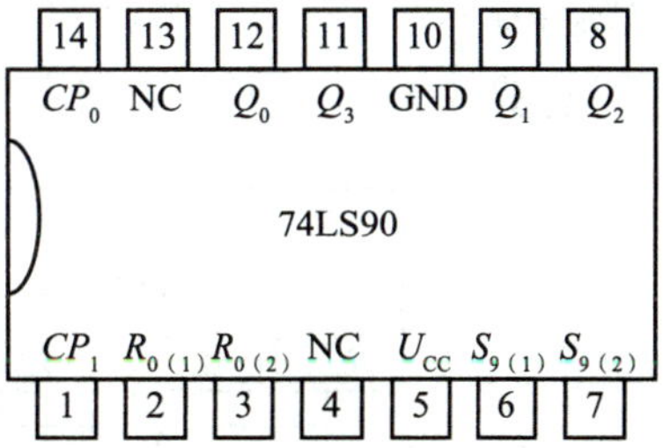

图 5－32　4LS90 外引线排列图

74LS90 的功能如下。

（1）计数脉冲由 CP_0 输入，单独使用 Q_0 即为二进制计数器；计数脉冲由 CP_1 输入，使用 $Q_3 \sim Q_1$ 即为五进制计数器；将 Q_0 和 CP_1 连接起来，由 CP_0 输入计数脉冲，就构成十进制计数器。

（2）当 $R_{0(1)}$ 和 $R_{0(2)}$ 全为 1 时，计数器的各触发器被清零。当 $S_{9(1)}$ 和 $S_{9(2)}$ 全为 1 时，Q_0 和 Q_3 被置 1，Q_1 和 Q_2 被置 0，即 $Q_3Q_2Q_1Q_0=1001$。

（3）当计数器工作时，$R_{0(1)}$ 和 $R_{0(2)}$ 中至少有一个为 0，$S_{9(1)}$ 和 $S_{9(2)}$ 中也至少有一个为 0。

（4）时钟脉冲后沿为触发沿。

【例】用 74LS90 组成七进制计数器。

【解】采用反馈清零法将第 7 个脉冲到来后计数器的输出状态反馈到直接清零端 $R_{0(1)}$ 和 $R_{0(2)}$，使计数器在第 7 个脉冲时清零，此后再从 0 开始计数，从而实现七进制计数。74LS90 接成十进制计数器，当第 7 个脉冲到来时，计数器输出 $Q_3Q_2Q_1Q_0=0111$，因此将 $Q_2Q_1Q_0$ 接到与门输入端，与门输出端接 $R_{0(1)}$ 和 $R_{0(2)}$ 端，这样，只要第 7 个脉冲到达，计数器就被清零，此后再输入计数脉冲时则从 0 开始计数，计数器的状态每经过 7 个计数脉冲就循环一次，实现了七进制计数。外部连线图如图 5-33 所示。

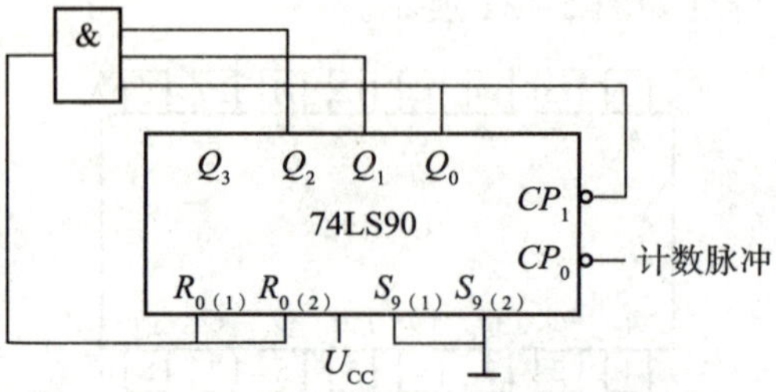

图 5-33　用 74LS90 构建的七进制计数器

【例】用 74LS90 组成五十进制计数器。

【解】采用级联法用两片 74LS90 构成五十进制计数器。74LS90（A）接成五进制计数器，74LS90（B）接成十进制计数器。74LS90（B）的 Q_3 接到 74LS90（A）的 CP_1 端，74LS90（B）的 CP_0 端接计数脉冲，所以这种接法属于异步级联方式。片 B 逢十进一，当第 9 个计数脉冲输入时，片 B 的状态 $Q_3Q_2Q_1Q_0=1001$；当第 10 个计数脉冲输入时，片 B 的状态清零，$Q_3Q_2Q_1Q_0=0000$，所以 Q_3 由 1 变 0，因此片 A 被有效触发。外部接线图如图 5-34 所示。

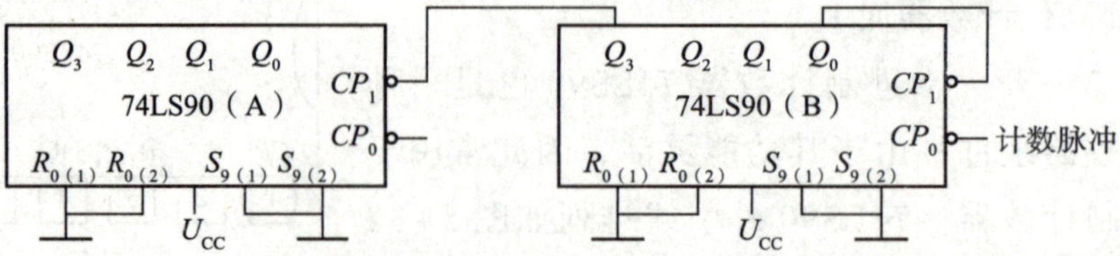

图 5-34　用 74LS90 构建的五十进制计数器

课后实训

一、实训名称

计数、译码和显示电路测试。

二、实训目的

（1）学习集成计数器的逻辑功能及应用。

（2）学会用集成计数器构成任意进制计数器的方法。

（3）学会计数、译码和显示电路的仿真、安装及测试方法。

三、仪器设备及元器件

数字实验系统、74LS290、CC4511、LC5011、74LS00。

74LS290 和 CC4511 的引脚图分别如图 5-35 和图 5-36 所示。

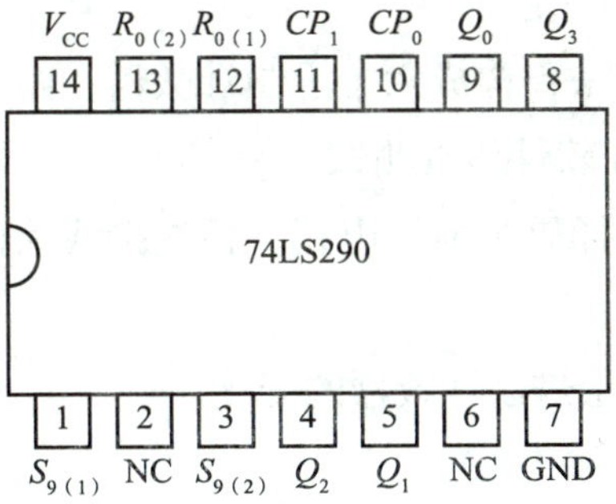

图 5-35　74LS290 引脚图

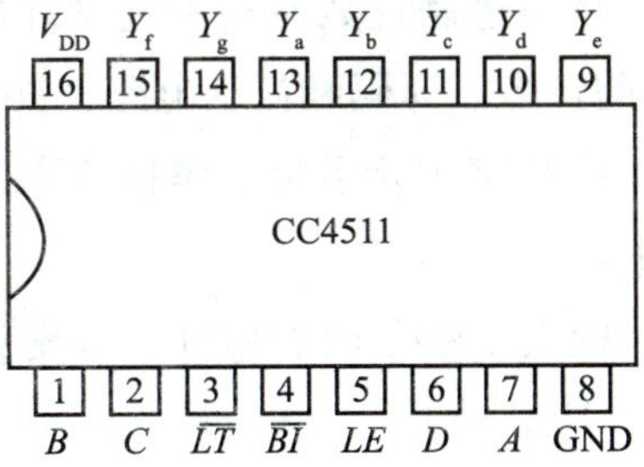

图 5-36　CC4511 引脚图

四、实训步骤

1. 用十进制计数器 74LS290 构成计数、译码和显示电路

（1）用 Multisim 软件仿真测试如图 5-37 所示的十进制计数、译码和显示电路。

（2）在数字实验系统上搭接十进制计数、译码和显示电路，检查接线无误后，接通 +5 V 电源。

（3）输入 1 Hz 的 CP 脉冲后，观察数码管显示计数的变化。

2. 用 74LS290 构成六进制计数、译码和显示电路

（1）画出六进制计数器的计数、译码和显示电路，并用 Multisim 软件仿真测试。

（2）在数字实验系统上搭接六进制计数、译码和显示电路，检查接线无误后，接通 +5 V 电源。

（3）输入 1 Hz 的 CP 脉冲，观察数码管的显示数字变化。

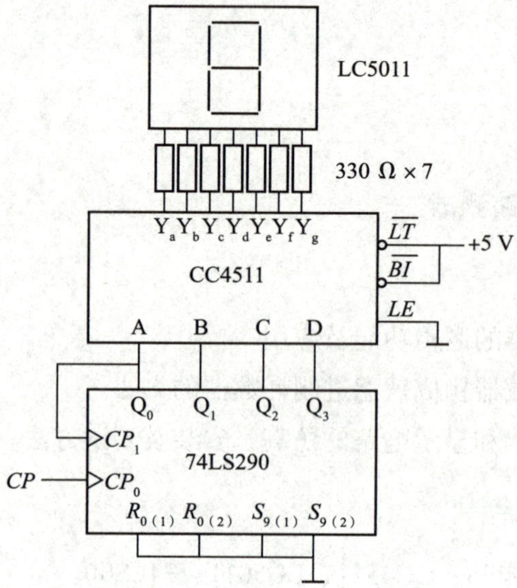

图 5-37　十进制计数、译码和显示电路

3. 用 74LS290 构成六十进制计数、译码和显示电路

（1）将六进制计数器和十进制计数器级联起来，构成六十进制计数器，画出六十进制计数器的计数、译码和显示电路，并用 Multisim 软件仿真测试。

（2）在数字实验系统上搭接六十进制计数、译码和显示电路，检查接线无误后，接通+5 V 电源。

（3）输入 1 Hz 的 *CP* 脉冲，观察数码管上六十进制计数器的变化。

4. 用 74LS290 构成二十四进制计数、译码和显示电路

（1）用 2 片 74LS290 和 74LS00 设计二十四进制计数器，画出计数、译码和显示电路，并用 Multisim 软件仿真测试。

（2）在数字实验系统上搭接二十四进制计数、译码和显示电路，输入 1Hz 的 CP 脉冲，观察数码管上二十四进制计数器的变化。

五、实训要求

（1）分别画出六进制、六十进制和二十四进制计数器与译码器、数码显示器相互连接的逻辑图和安装接线图。

（2）观测记录各进制计数器的变化，总结测试结果。

（3）说明电路测试中产生的故障现象，以及分析、检测、排除故障的方法。

任务 4　555 集成定时器

数字系统中的数字波形和时序波形都是脉冲波形。获得脉冲波形的方法主要有两种：一种是利用多谐振荡器直接产生符合要求的矩形脉冲，如触发器的时钟脉冲 *CP* 等。另一种是通过整形电路对已有的波形进行整形、变换，使之符合数字系统的要求。

施密特触发器和单稳态触发器电路是两种不同用途的脉冲波形的整形、变换电路。施密特触发器用以将缓慢变化的或快速变化的非矩形脉冲变换成上升沿和下降沿都很陡峭的矩形脉冲，而单稳态触发器则主要用以将宽度不符合要求的脉冲变换成符合要求的矩形脉冲。

555 定时器电路是一种模拟和数字电路结合在一起的中规模集成电路，只要在外部加上几个适当的阻容元件，便可构成施密特触发器、单稳态触发器和多谐振荡器等脉冲产生与变换电路。

555 定时器有 TTL 型和 CMOS 型两类，它们的逻辑功能完全相同。TTL 型单定时器的最后 3 位数字为 555，双定时器为 556，四定时器为 558。CMOS 型定时器的最后 4 位数字为 7555，双定时器为 7556，四定时器为 7558。

555 定时器电源电压范围宽（双极型为 5 ~ 16 V，CMOS 为 3 ~ 18 V），可提供与 TTL 及 CMOS 数字电路兼容的接口电平，输出电流为 100 ~ 200 mA，可驱动微电机、指示灯、扬声器等，广泛应用于脉冲波形的产生与变换、仪器与仪表、测量与控制、家用电器等领域。

5.4.1　555 集成定时器的结构图

图 5－38（a）为 555 定时器的内部结构图，它包括以下几部分。

1. 由 3 个阻值均为 5 kΩ 的电阻串联起来构成分压器

由 3 个阻值均为 5 kΩ 的电阻串联起来构成分压器，其作用是为后面的电压比较器 C_1 和 C_2 提供参考电压，如果在电压控制端 CO 另加控制电压，则可改变 C_1、C_2 的参考电压。

2. 电压比较器 C_1 和 C_2

C_1 的同相输入端电压为 $\frac{2}{3}U_{DD}$，C_2 的反相输入端电压为 $\frac{1}{3}U_{DD}$。

3. 与非门组成的基本 RS 触发器

C_1 和 C_2 的输出作为基本 RS 触发器的输入，从而确定该触发器的输出状态。

4. MOS 管或晶体管

整个组件共有 8 个引线端，排列如图 5－38（b）所示。

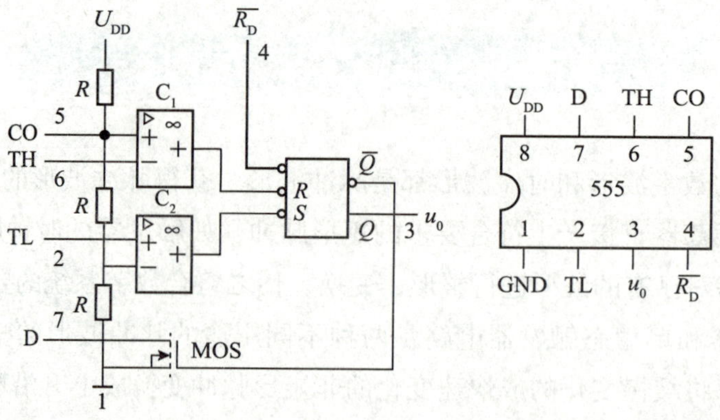

（a）内部结构图　　　　（b）外引线排列图

图 5-38　555 集成定时

各个引脚的功能如下。

（1）TH 是高电平触发端。当该端的电压小于$\frac{2}{3}U_{DD}$时，C_1 输出为高电平 1；该端电压大于$\frac{2}{3}U_{DD}$时，C_1 输出为低电平 0，使触发器置 0 态，即 $Q=0$

（2）TL 是低电平触发端。当该端的电压大于$\frac{1}{3}U_{DD}$时，C_2 输出为高电平 1；当该端电压小于$\frac{1}{3}U_{DD}$时，C_2 输出为低电平 0，使触发器置 1 态，即 $Q=1$。

（3）u_0 是定时器的输出端，即基本 RS 触发器的 Q 端。

（4）CO 是电压控制端，此端可以外加一电压以改变电压比较器的参考电压。工作中如果不使用 CO 端，一般都通过一个 0.01 μF 的电容接地，以旁路高频干扰。

（5）$\overline{R_D}$ 是复位端，是专门设置的以便基本 RS 触发器可以从外部进行直接置 0。需要置 0 时，从该端输入负脉冲，即 $\overline{R_D}=0$ 时，$Q=0$。

（6）D 是放电端，从 MOS 管的漏极 D 引出。MOS 场效应管构成开关，其状态受 $\overline{Q}$ 控制。$\overline{Q}=1$ 时，MOS 管导通，为外接电容元件提供放电通路；$\overline{Q}=0$ 时，MOS 管截止。

（7）U_{DD} 是电源端，电压范围为 4.5 ~ 18 V。

（8）GND 是接地端。

综上所述，555 集成定时器的状态见表 5-13。

555 集成定时器不仅提供了复位电平$\frac{2}{3}U_{DD}$和置位电平$\frac{1}{3}U_{DD}$，而且提供了可通过 $\overline{R_D}$ 直接置 0 的基本 RS 触发器，还提供了一个状态受该触发器控制的 MOS 管开关或晶体管开关，因此使用方便、应用广泛。只需通过外部适当地连接合适的电阻、电容，555 集成定时器便能以多种方式工作。

表 5-13　555 集成定时器状态表

U_{TH}	U_{TL}	R	S	Q	$\overline{Q}$	MOS 管
$>\frac{2}{3}U_{DD}$	$>\frac{1}{3}U_{DD}$	0	1	0	1	导通
$<\frac{2}{3}U_{DD}$	$<\frac{1}{3}U_{DD}$	1	0	1	0	截止
$<\frac{2}{3}U_{DD}$	$>\frac{1}{3}U_{DD}$	1	1	保持	保持	保持

5.4.2　用 555 定时器构成施密特触发器

施密特触发器可以将输入变化缓慢的电压波形变换成符合数字电路要求的矩形脉冲。由于其具有滞回特性，所以具有较强的抗干扰能力，因此它在脉冲的整形和产生方面有着广泛的应用。

1. 电路结构

图 5-39（a）为由 555 定时器构成的施密特触发器。将 TH 端和 $\overline{TR}$ 端相连作为输入 u_I，将 $\overline{R}_D$ 端接高电平 V_{CC}，CO 端和地之间接 0.01 μF 电容，便构成了施密特触发器。

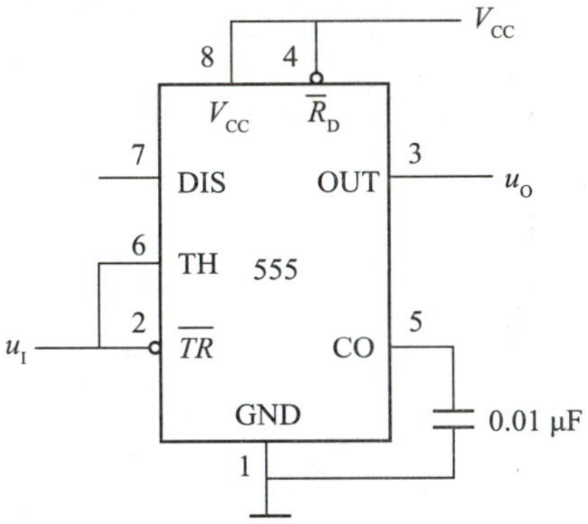

（a）电路

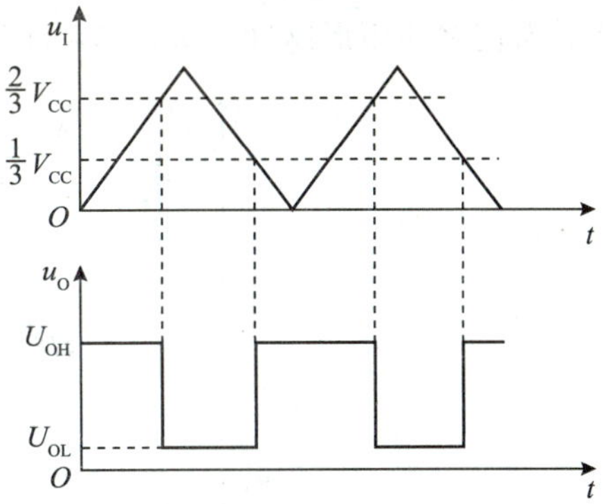

（b）工作波形

图 5-39　用 555 定时器构成的施密特触发器

2. 工作原理

（1）上升过程

由图 5-39（b）的工作波形可知。当输入 u_I 由 0 逐渐增大，且 $u_I<V_{cc}/3$ 时，输出 $u_o=U_{OH}$；当 $V_{cc}/3<u_I<2V_{cc}/3$ 时，输出 $u_o=U_{OH}$ 保持不变；当 $u_I\geqslant 2V_{cc}/3$ 时，输出 $u_o=U_{OL}$，电路发生翻转。因此，上限阈值电压 $U_{T+}=2V_{cc}/3$。

（2）下降过程

当输入 u_I 再逐渐减小 $V_{cc}/3<u_I<2V_{cc}/3$ 时，输出 $u_o=U_{OL}$ 保持不变；当 $u_I\leqslant V_{cc}/3$ 时，输出 $u_o=U_{OH}$，电路又一次翻转。因此，下限阈值电压 $U_{T-}=V_{cc}/3$。

施密特触发器的回差电压 ΔU_T 为

$$\Delta U_T = U_{T+} - U_{T-} = \frac{1}{3} V_{cc}$$

可见，施密特触发器可以把不规则的脉冲波形变换成数字电路所需要的矩形脉冲。

图 5-40 为电路的电压传输特性，显然电路具有反相输出特性。

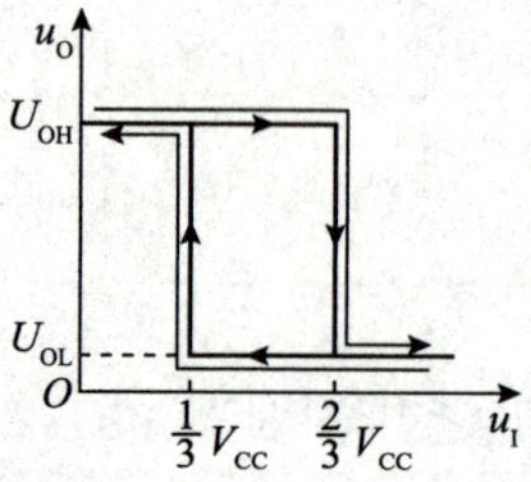

图 5-40　施密特触发器的电压传输特性

3. 施密特触发器的应用

（1）波形变换

施密特触发器可用于将三角波、正弦波及其他不规则的信号变换成矩形脉冲。

（2）脉冲整形

当传输的信号受到干扰而发生畸变时，可利用施密特触发器的滞回特性，将受到干扰的信号整形为较好的矩形脉冲，如图 5-41 所示。

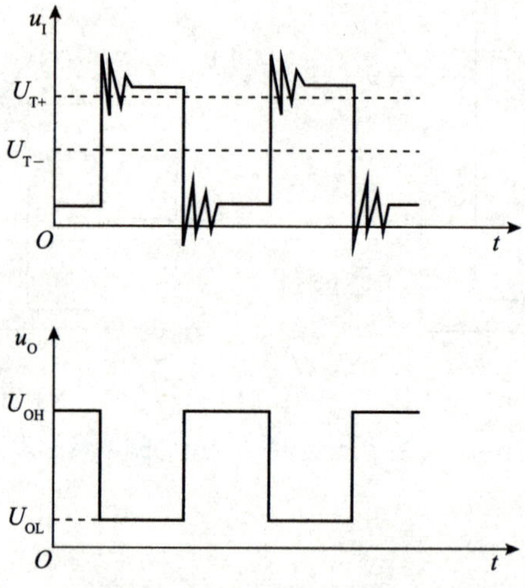

图 5-41　脉冲整形

（3）脉冲幅度鉴别

如果输入信号为一组幅度不等的脉冲，而要求将幅度大于 U_{T+} 的脉冲信号挑选出来时，可用施密特触发器对输入脉冲的幅度进行鉴别，如图 5-42 所示。这时，可将输入幅度大于 U_{T+} 的脉冲信号选出来，而幅值小于 U_{T+} 的脉冲信号则去掉了。

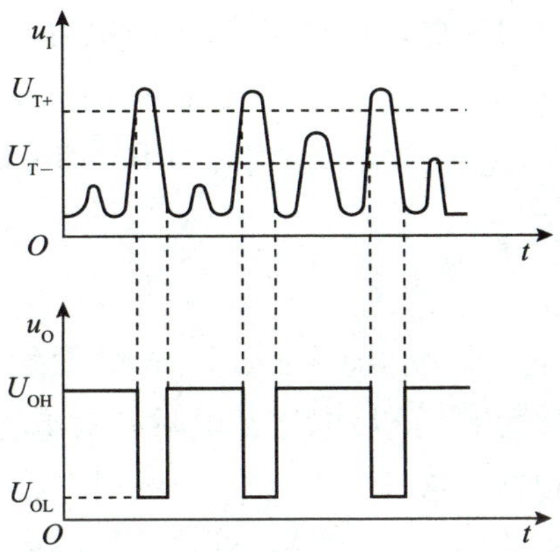

图 5-42　鉴别脉冲幅度

5.4.3　用 555 定时器构成单稳态触发器

单稳态触发器是一种常用的脉冲整形和延时电路，它具有一个稳定状态和一个暂稳态。当没有外加触发脉冲作用时，电路始终处于稳定状态；只有在外加触发脉冲作用下，电路才能从稳定状态翻转到暂稳态，经过一段时间后又自动返回到原来的稳定状态。

1. 电路结构

图 5-43（a）为 555 定时器构成的单稳态触发器。$\overline{TR}$ 端作触发器输入 u_I，负脉冲触发有效。TH 端和 7 端 DIS 相连后，与定时元件 R、C 连接，同时将 $\overline{R}_D$ 接 V_{CC}，便构成了单稳态触发器。

2. 工作原理

下面参照如图 5-43（b）所示的工作波形讨论单稳态触发器的工作原理。

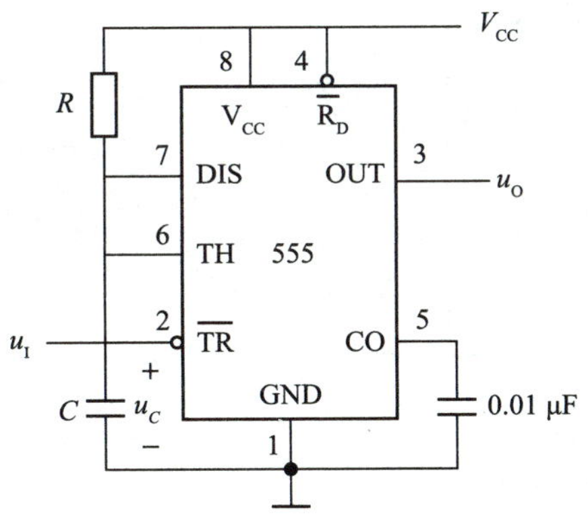

（a）电路

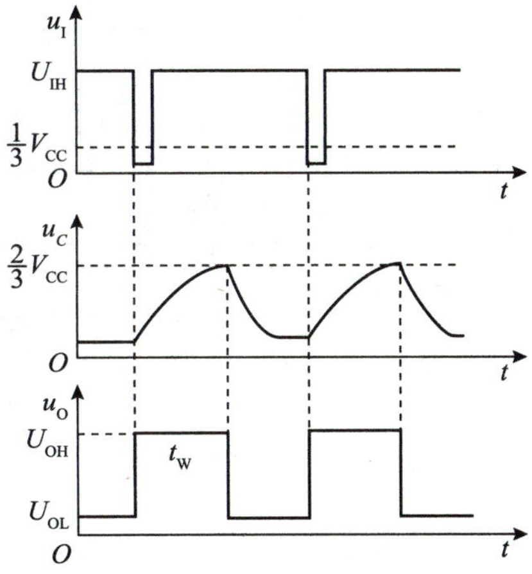

（b）工作波形

图 5-43　用 555 定时器组成单稳态触发器

（1）稳定状态

电路无触发信号时，u_I 为高电平 U_{IH}，且大于 $V_{cc}/3$，此时，$u_c \approx 0$，$u_o = 0$，电路处于

稳定状态。其原因是，当电路通电后，V_{cc} 经电阻 R 对电容 C 充电，使其电压 u_c 上升。当电容 C 上的电压 $u_c \geqslant 2V_{cc}/3$ 时，即 $U_{TH} \geqslant 2V_{cc}/3$，而此时 $u_I > V_{cc}/3$，使得输出 $u_o = 0$。同时放电管 V 导通，电容 C 经其迅速放完电，使得 $u_c \approx 0$。而 $u_I > V_{cc}/3$，这时输出将保持 0 状态不变，即电路处于稳定状态。

（2）触发进入暂稳态

当 u_I 输入一个窄负脉冲时，即 u_I 由高电平 U_{IH}；跃变到小于 $V_{cc}/3$ 时，u_o 由 U_{OL} 跃变 U_{OH}，输出 $u_o = 1$。同时放电管截止，此后电源经电阻 R 对电容 C 充电。电路进入暂稳态。在暂稳态期内应使输入 u_I 回到高电平。

（3）自动返回稳定状态

触发器进入暂稳态后，随着电容 C 的充电，当 u_c 逐渐增大到 $\geqslant 2V_{cc}/3$ 时，而 $\overline{TR}$ 端已恢复高电平，u_o 则由 U_{OH} 变到 U_{OL}，输出 $u_o = 0$。同时放电管导通，电容 C 经 V 迅速放电，$u_c = 0$，电路返回稳态。

单稳态触发器输出脉冲宽度 t_w 计算式为

$$t_w = RC\ln 3 \approx 1.1RC$$

可见，输出脉冲宽度 t_w 完全取决于外接的 R 和 C，与触发脉冲没有关系。调节 R 和 C 的大小就可以调整输出脉冲宽度。

应注意的是，图 5-43（a）所示电路只有在输入 u_I 负脉冲宽度小于输出正脉冲宽度 t_w 时才能正常工作。如 u_I 负脉冲宽度大于脉冲输入宽度，则要在输入端接入 RC 微分电路，如图 5-44 所示。图中的 R_dC_d 微分电路，将输入的负脉冲变换成正、负尖脉冲进行触发后，电路才能正常工作。

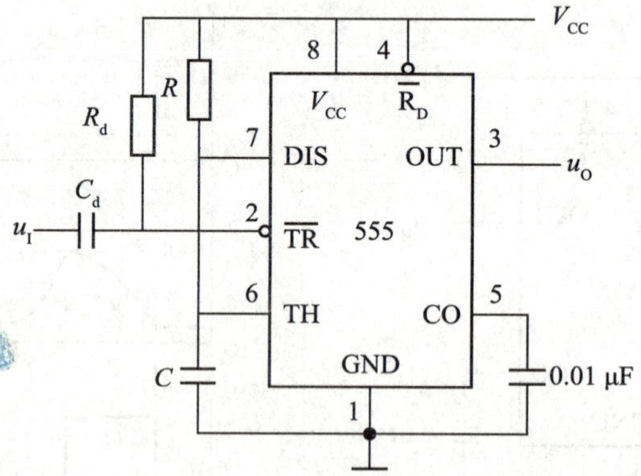

图 5-44　具有微分电路的单稳态触发器

3. 单稳态触发器的应用

单稳态触发器的主要应用有脉冲整形、定时和展宽。例如，脉冲信号在经过长距离传输后其边沿会变差或在波形上叠加了某些干扰。为了使这些脉冲信号变成符合要求的波形，这时可利用单稳态触发器进行整形。而当输入脉冲宽度较窄时，则可利用单稳态触发器按实际要求展宽。

图 5-45 为由单稳态触发器组成的脉冲定时电路和工作波形。由于单稳态触发器在输入 u_I 下降沿触发下，产生一定宽度 t_w 的脉冲定时信号，利用这个脉冲作为与门的输入控制信号，使得只有在 t_w 期间内，脉冲信号 u_A 才能通过。

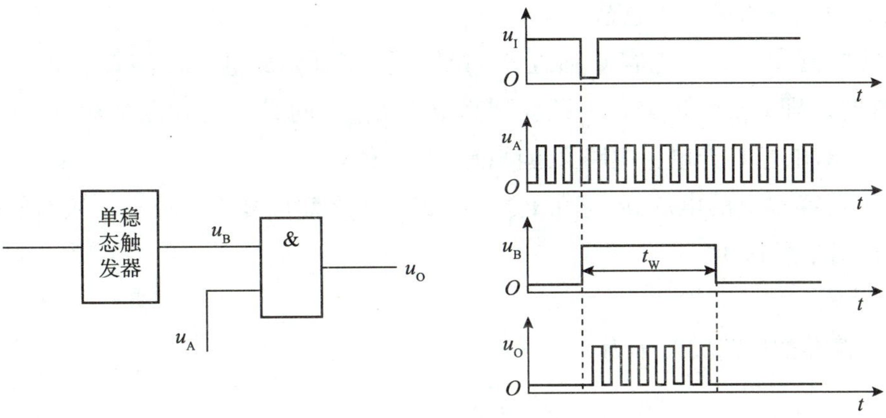

（a）电路图　　（b）工作波形

图 5-45　脉冲定时电路和工作波形

5.4.4　用 555 定时器构成多谐振荡器

多谐振荡器没有稳定状态，只有两个暂稳态。当电路接通电源后，不需要外加触发信号，电路通过电容的充电和放电，使电路在两个暂稳态之间相互转换，产生自激振荡，输出周期性的矩形脉冲波形。由于矩形脉冲含有丰富的谐波分量，因此常将矩形脉冲产生电路称为多谐振荡器。

1. 电路结构

图 5-46（a）为用 555 定时器构成的多谐振荡器的电路图。将 $\overline{TR}$ 端和 TH 端相连后接到定时电容 C 与电阻 R_2 的连接处，将 DIS 端接 R_1 和 R_2 的连接处，并将 $\overline{R}_D$ 接 V_{CC} 上便构成了多谐振荡器。

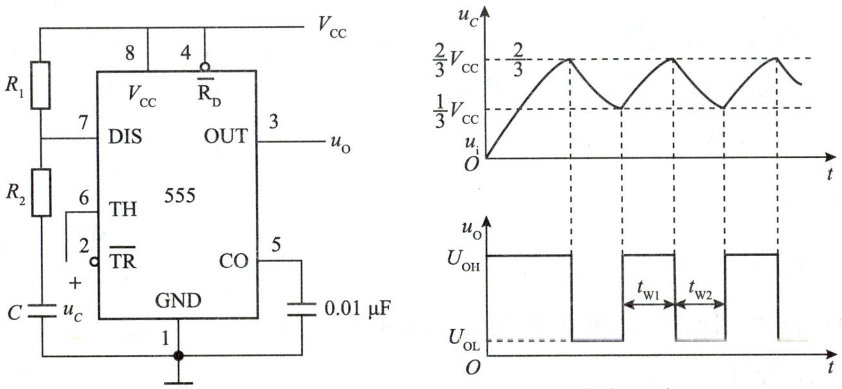

（a）电路　　（b）工作波形

图 5-46　用 555 定时器构成的多谐振荡器

2. 工作原理

由图 5-46（b）所示的工作波形可知，刚接通电源 V_{CC} 时，由于电容 C 上电压 $uc=0$，使 $U_{TH}=0$，故 $u_o=U_{OH}$，放电管 V 截止，V_{CC} 经 R_1、R_2 对电容 C 充电，电路进入第一暂稳态。当电容 C 上电压上升到 $\geqslant 2V_{CC}/3$ 时，即 $U_{TH}\geqslant 2V_{CC}/3$，$u_o$ 跃变到低电平 U_{OL}。同时，放电管 V 导通，电路进入第二暂稳态。

由于放电管 V 导通，电容 C 通过 R_2 和放电管 V 开始放电，uc 随着下降。当 uc 下降到 $\leqslant V_{CC}/3$ 时，即 $U_{TH}\leqslant V_{CC}/3$，u_o 跃变到高电平 U_{OH}。同时，放电管 V 截止，V_{CC} 又经电阻 R_1 和 R_2，对电容 C 充电，电路又返回前一个暂稳态。

可见，电容 C 上的电压 uc 将在 $V_{CC}/3$ 和 $2V_{CC}/3$ 之间反复充、放电，从而使电路产生了振荡，输出矩形脉冲。

3. 参数计算

多谐振荡器的振荡周期 T 为

$$T=t_{w1}+t_{w2}$$

t_{w1} 为 uc 由 $V_{CC}/3$ 上升到 $2V_{CC}/3$ 所需的时间，充电时常数为（R_1+R_2）C，可以求得

$$t_{w1}=(R_1+R_2)C\ln 2\approx 0.7(R_1+R_2)C$$

t_{w2} 为 uc 由 $2V_{CC}/3$ 下降到 $V_{CC}/3$ 所需的时间，放电时常数为 R_2C，可以求得

$$t_{w2}=R_2C\ln 2\approx 0.7R_2C$$

则

$$T=t_{w1}+t_{w2}=0.7(R_1+R_2)C$$

改变电阻 R_1、R_2 和 C 的值就可以改变输出脉冲的频率。

4. 占空比可调的多谐振荡器

图 5-47 为用 555 定时器构成的占空比可调的多谐振荡器。放电管 V 截止时，V_{CC} 经电阻 R_1 和 VD_1 对电容 C 充电；放电管 V 导通时，电容 C 经电阻 R_2、VD_2 和放电管 V 放电。可以求得

$$t_{w1}=0.7R_1C;\quad t_{w2}=0.7R_2C$$

振荡周期为

$$T=t_{w1}+t_{w2}=0.7\times(R_1+R_2)C$$

调节电位器 R_p 可改变 R_1 和 R_2 的比值，即可改变输出脉冲的占空比。

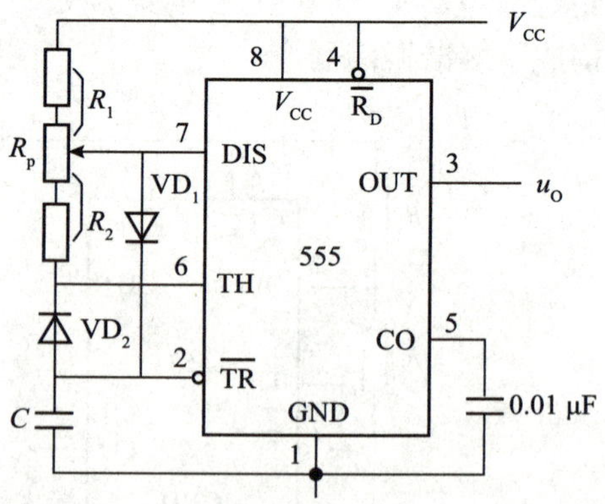

图 5-47　用 555 定时器构成的占空比可调的多谐振荡器

课后实训

一、实训名称

555 定时器应用电路的测试。

二、实训目的

（1）学习 555 定时器的工作原理。

（2）能够对 555 定时器构成的各种应用电路进行仿真及测试。

三、仪器设备及元器件

数字实验系统、双踪示波器、LM5551、电阻器、电位器、电容、二极管。

四、实训步骤

（1）用 Multisim 软件仿真如图 5-48 所示的施密特触发器，输入频率为 1 kHz，峰值为 5 V 的正弦信号，用示波器观测输入信号和输出信号 u_O 的波形。

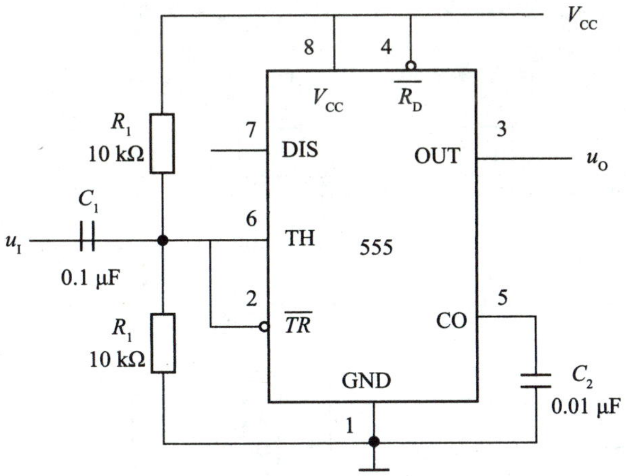

图 5-48　施密特触发器

（2）在实验箱上搭接施密特触发器，检查无误后，接通+5 V 电源。

（3）在输入端输入频率为 1 kHz，峰值为 5 V 的正弦信号 u_I，用示波器观测输入电压 u_I 和输出 u_O 的波形，测量正向阈值电压 U_{T+} 和负向阈值电压 U_{T-}，计算回差电压 ΔU_T。

五、实训要求

（1）整理测试结果，记录测量电路的被测波形。

（2）分析定时元件参数对输出波形的影响。

任务 5　集成寄存器的应用

寄存器作为数字电路中的核心组件，承担着存储数字代码和指令等重要任务。依据功能的不同，寄存器可细分为数码寄存器和移位寄存器两大类别。移位寄存器不仅具备存储数码的功能，更拥有独特的移位能力。每当外部输入一个移位脉冲，其内部存储的数码会相应地向左或向右移动一位，这一特性在算术运算中尤为关键。此外，根据数码存取方式的不同，寄存器又可分为并行和串行两种类型。前者通常应用于数码寄存器，后者则多见于移位寄存器之中。

5.5.1　数码寄存器

图 5-49 为一个可以存放 4 位二进制数码的数码寄存器。一般来说，一个双稳态触发器可以存放 1 位二进制数码。因此，该寄存器需要四个双稳态触发器。图中采用了 4 个高电平触发的 RS 触发器。它们的输入和输出端都利用门电路来进行控制。A_4 ~ A_1 是数码存入端，Q_4 ~ Q_1 是数码寄存端，Q_4 ~ Q_1 是数码取出端。图中双稳态触发器的 $\overline{Q}$ 和 S_D 端不用，在图中未画出。

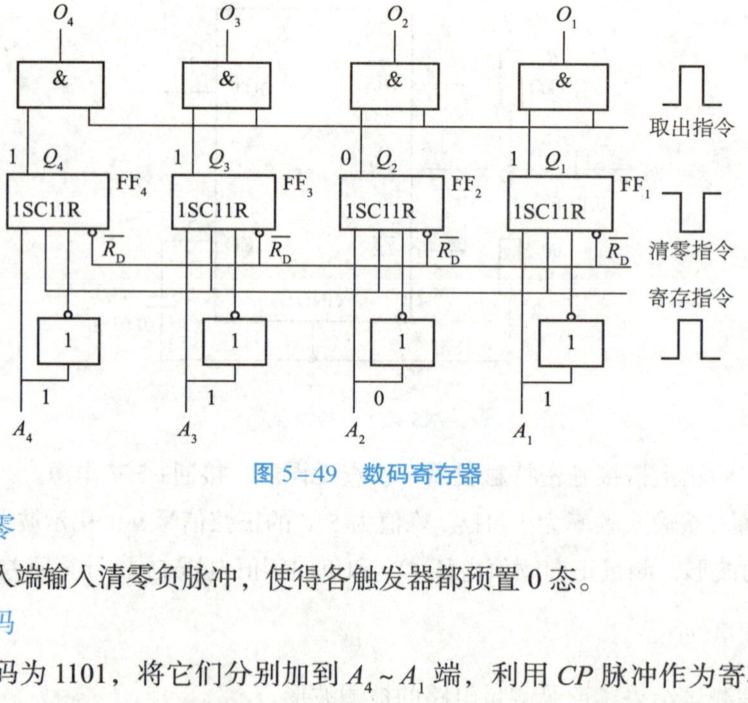

图 5-49　数码寄存器

1. 预先清零

在清零输入端输入清零负脉冲，使得各触发器都预置 0 态。

2. 存入数码

设待存数码为 1101，将它们分别加到 A_4 ~ A_1 端，利用 CP 脉冲作为寄存指令。在寄存指令未到时，CP 端为 0，各触发器保持原态，即 0 态，这时数码尚未存入。寄存指令到来时，CP 端为 1，触发器 FF_4、FF_3 和 FF_1 的 $R=0$、$S=1$，Q_4、Q_3、Q_1 都为 1，FF_2 的 $R=1$、$S=0$，$Q_2=0$，故 $Q_4Q_3Q_2Q_1$ 为 1101，数码被存入。寄存指令过后，各触发器保持原态，即数码被寄存。

3. 取出数码

取出指令未到时，由于四个与门的右边输入为 0，它们的输出也为 0，即 $Q_4Q_3Q_2Q_1$，为 0000，故数码虽然已经存入但未取出。取出指令到来时，四个与门右边输入都为 1，即门打开，输出取决于另一端输入 $Q_4Q_3Q_2Q_1$。由于 $Q_4Q_3Q_2Q_1$ 为 1101，所以 $Q_4Q_3Q_2Q_1$ 为 1101，即数码被取出。

5.5.2　移位寄存器

移位寄存器按移位方向不同又有右移、左移和双向移位之分。图 5-50 为一个 4 位的右移寄存器，由 4 个上升沿触发的 D 触发器组成，只有一个输入端和一个输出端。数码从输入端 D_4 逐位输入，从输出端 Q_1 逐位输出。工作过程见状态转换表（表 5-14）。

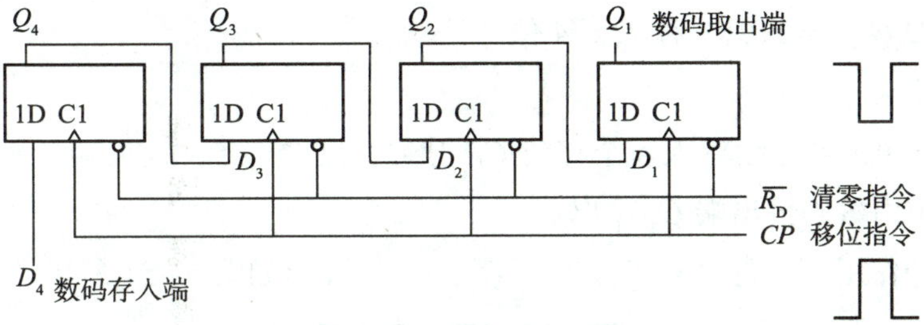

图 5-50　4 位右移寄存器

表 5-14 移位寄存器状态转换表

CP 顺序	D_4	Q_4	Q_3	Q_2	Q_1	存取过程
0	0	0	0	0	0	清零
1	1	1	0	0	0	存入 1 位
2	0	0	1	0	0	存入 2 位
3	1	1	0	1	0	存入 3 位
4	1	1	1	0	1	存入 4 位
5	0	0	1	1	0	取出 1 位
6	0	0	0	1	1	取出 2 位
7	0	0	0	0	1	取出 3 位
8	0	0	0	0	1	取出 4 位

1. 预先清零

在清零输入端输入负脉冲，使得 $Q_4Q_3Q_2Q_1$ 为 0000。

2. 存入数码

设待存数码仍是 1101。将它按时钟脉冲（即移位脉冲）CP 的节拍从低位数到高位数依次串行送到数码输入端 D_4。由于 D_3、D_2、D_1 分别接至 Q_4、Q_3、Q_2，因此在每个 CP 脉冲上升沿到来时，D_3、D_2、D_1 分别等于前一个 CP 脉冲时的 Q_4、Q_3、Q_2。

于是可知存入数码的过程如下。

（1）令 $D_4=1$（第 1 位数）在第 1 个 CP 脉冲上升沿到来时，由于 $D_4D_3D_2D_1=1000$，所以 $Q_4Q_3Q_2Q_1=1000$，存入第 1 位"1"。

（2）令 $D_4=0$（第 2 位数），在第 2 个 CP 脉冲上升沿到来时，由于 $D_4D_3D_2D_1=0100$，所以 $Q_4Q_3Q_2Q_1=0100$，存入第 2 位"0"。

（3）令 $D_4=1$（第 3 位数），在第 3 个 CP 脉冲上升沿到来时，由于 $D_4D_3D_2D_1=1010$，所以 $Q_4Q_3Q_2Q_1=1010$，存入第 3 位"1"。

（4）令 $D_4=1$（第 4 位数），在第 4 个 CP 脉冲上升沿到来时，由于 $D_4D_3D_2D_1=1101$，所以 $Q_4Q_3Q_2Q_1=1101$，存入第 4 位"1"。

3. 取出数码

只需令 $D_4=0$，再连续输入 4 个移位 CP 脉冲，结合表 5-14 可知，所存的 1101 将从低位到高位逐位由数码输出端 Q_1 输出。

在移位脉冲作用下，寄存器 Q_4、Q_3、Q_2、Q_1 的波形如图 5-51 所示。

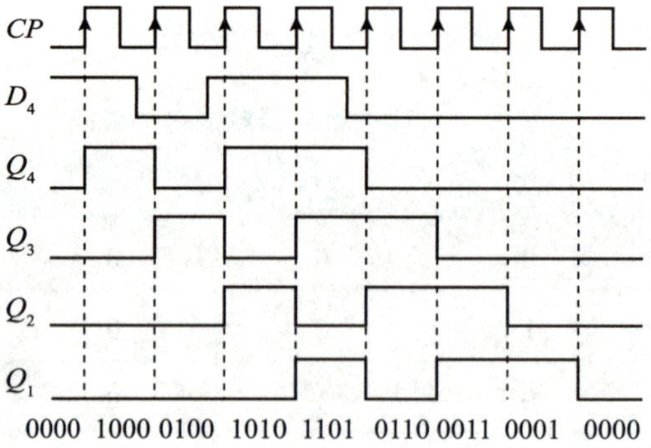

图 5-51　移位寄存器波形图

上述寄存器，数码是逐位串行输入，逐位串行输出的，所以又称为串行输入串行输出的寄存器。

如果将上述寄存器中每个触发器的输出端都引到外部，则 4 位数码经 4 个移位脉冲串行输入后，便可从各个触发器的输出端 Q_4、Q_3、Q_2、Q_1 并行输出，这样就构成了串行输入并行输出的移位寄存器。

从以上的分析可以看到，右移寄存器的特点是：右边的触发器受左边的触发器控制。在移位脉冲作用下，寄存器内存放的数码均从高位向低位移一位。如果反过来，左边触发器受右边触发器控制，待存数码从高位数到低位数依次串行送到输入端，在移位脉冲作用下，寄存器内存放的数码均从低位向高位移一位，则这样的寄存器称为左移寄存器。

目前国产集成寄存器的种类很多。CT1194 为 4 位双向移位寄存器，其外引线排列如图 5－52 所示。这种寄存器功能比较全面，既可并行输入，也可串行输入；既可并行输出，也可串行输出；既可右移，又可左移。Q_4、Q_3、Q_2、Q_1 是并行输出端，A_4、A_3、A_2、A_1 是并行输入端，$\overline{S_0}$ 和 $\overline{S_1}$ 是功能控制端。

例如串行右移时，令 $\overline{S_0}=0$、$\overline{S_1}=1$，数码由 D_{SR} 逐位输入，由 Q_1 端输出；串行左移时，令 $\overline{S_0}=1$、$\overline{S_1}=0$，数码由 D_{SL} 逐位输入，由 Q_4 端输出；并行输入时，$\overline{S_0}=1$、$\overline{S_1}=1$。

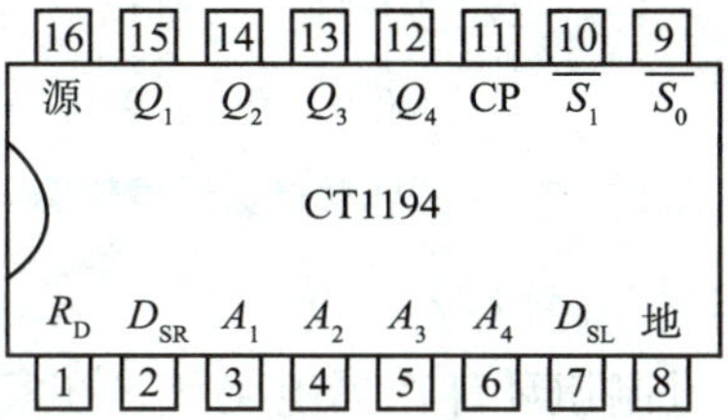

图 5－52　CT1194 外引线排列图

课后实训

一、实训名称

移位寄存器的应用测试。

二、实训目的

（1）学习移位寄存器的逻辑功能。

（2）学习集成移位寄存器的使用方法。

三、仪器设备及元器件

数字实验系统、74LS1941、74LS201。

四、实训步骤

1. 用移位寄存器构成环形计数器

（1）按如图 5－53 所示 4 位环形计数器电路，在数字实验室装置中连接电路。

（2）接线完毕，检查无误后，接入＋5 V 电源。

（3）先在 M1M0 端加预置信号 11，将寄存器初始状态预置成 $Q_0Q_1Q_2Q_3=1000$。预置信号结束后，将寄存器处于右移工作方式，即置 $\overline{CR}=1$，M1M0＝01。

（4）置 CP 脉冲为 1 Hz，用四个发光二极管 LED 观测 $Q_0Q_1Q_2Q_3$ 工作状态。

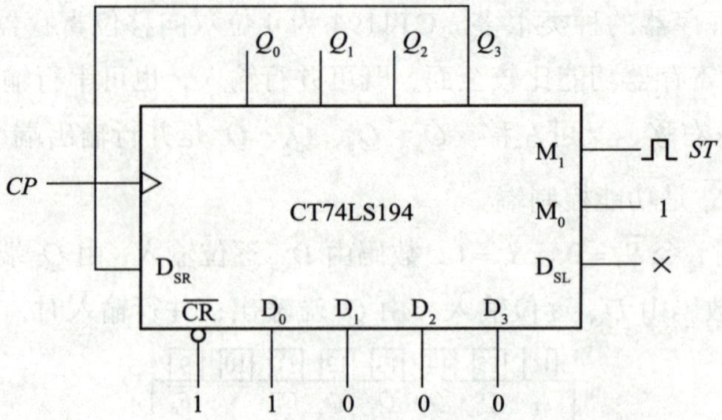

图 5-53　4 位环形计数器逻辑图

2. 用移位寄存器构成八进制扭环计数器

（1）按如图 5-54 所示八进制扭环计数器电路图，在实验室装置上连接好电路。

（2）置 CP 为单次脉冲，用四个 LED 发光二极管观测 $Q_0Q_1Q_2Q_3$ 的工作状态。

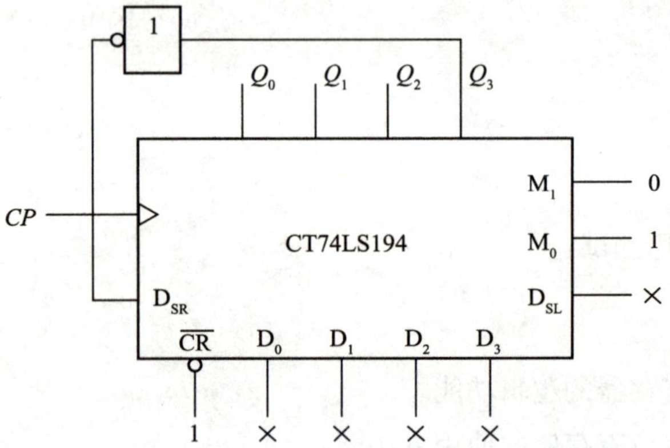

图 5-54　74LS194 构成八进制扭环计数器逻辑图

3. 用移位寄存器构成七进制扭环计数器

（1）按如图 5-55 所示七进制扭环计数器电路图，在实验室装置上连接好电路。

（2）置 CP 为单次脉冲，用四个 LED 发光二极管观测 $Q_0Q_1Q_2Q_3$ 的工作状态。

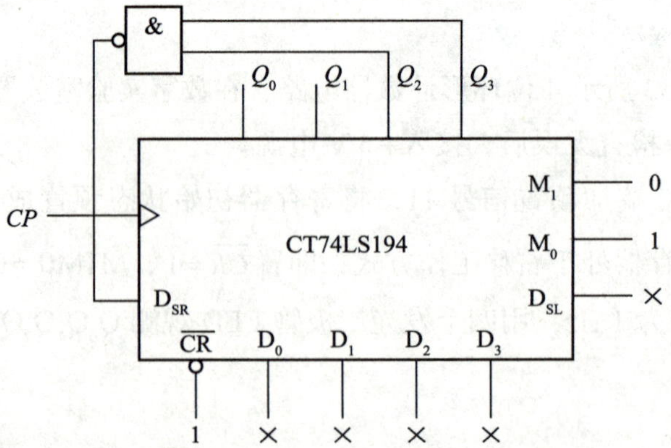

图 5-55　74LS194 构成七进制扭环计数器逻辑图

五、实训要求

（1）画出各计数器的安装接线图，测试电路工作状态。

（2）总结环形计数器和扭环计数器的工作特点。

项目小结

触发器是时序逻辑电路的一种基本元件，它可以存储二进制数据。集成触发器具有简单、稳定、易于集成等特点，在各种数字系统中被广泛应用。

时序逻辑电路是一种包含存储元件的逻辑电路，能够记忆和转换输入信号。其分析过程包括建立波形、分析状态和输出，以及根据状态转换表确定电路的功能。通过这些步骤，可以了解时序逻辑电路的工作原理和性能。

计数器是时序逻辑电路的一种应用，它能够计数输入脉冲的数量。集成计数器具有精度高、速度快、功耗低等优点，广泛应用于数字系统中。

555 集成定时器是一种常用的定时元件，它可以产生时间间隔和延时。它广泛应用于各种电子设备中。通过调整元件参数，可以控制定时器的输出时间和频率，从而实现各种功能。

寄存器是一种能够存储二进制数据的元件，它可以存储数据并实现数据的传输和交换。集成寄存器具有简单、稳定、易于集成等特点，广泛应用于各种数字系统中，可以实现数据的存储和传输，提高数字系统的效率和可靠性。

思考练习

1. 触发器的分类有哪些？
2. 时序逻辑电路的分类有哪些？
3. 时序逻辑电路的分析步骤有哪些？

项目 6　D/A 转换器和 A/D 转换器的应用

项目导读

D/A 转换器和 A/D 转换器是两种重要的电子转换器，它们在各种应用中发挥着重要作用。

D/A 转换器，即数字模拟转换器，其主要应用在数字信号处理、数据采集、仪器仪表、自动控制和通信等领域。D/A 转换器可以将数字信号转换为模拟信号，使得计算机、仪器设备等能够与外部环境进行交互。例如，在数据采集系统中，D/A 转换器可以将计算机输出的数字信号转换为模拟信号，驱动执行机构进行测量和控制。此外，在通信领域中，D/A 转换器可以将数字信号转换为模拟信号，以便于传输和接收。

A/D 转换器，即模拟数字转换器，其主要应用在图像处理、音频处理、医疗影像、自动驾驶等领域。A/D 转换器可以将模拟信号转换为数字信号，以便于计算机进行处理和存储。例如，在图像处理中，A/D 转换器可以将摄像头采集到的模拟图像信号转换为数字信号，以便于计算机进行图像识别和处理。此外，在音频处理中，A/D 转换器可以将音频信号转换为数字信号，以便于进行音频编辑和处理。

随着科技的不断发展，这两种转换器的应用领域还将不断扩大。

学习目标

◎知识目标

1. 理解 D/A 转换器和 A/D 转换器的基本原理和工作方式。

2. 掌握 D/A 转换器在数字信号处理、数据采集、仪器仪表、自动控制和通信等领域的应用。

3. 了解 A/D 转换器在图像处理、音频处理、医疗影像、自动驾驶等领域的应用。

◎技能目标

1. 能够正确使用 D/A 转换器和 A/D 转换器，进行电路连接和参数设置。

2. 掌握数据采集、信号处理和通信等领域的实际操作技能。

3. 能够根据实际需求，设计合适的 A/D 转换器应用方案。

◎素质目标

1. 培养学生严谨细致的科研态度，注重实验操作规范和数据真实性。

2. 加强学生团队协作精神，能够与其他同学分工合作，共同解决问题。

3. 培养学生的创新思维，能够根据实际需求，提出新的解决方案。

思政目标

1. 帮助学生树立正确的价值观，注重知识产权和专利保护，遵守学术道德规范。

2. 培养学生良好的职业道德，尊重他人研究成果，注重合作共赢。

3. 增强学生的爱国情怀，关注国家科技发展，为我国科技事业做出贡献。

任务 1　D/A 转换器的应用

6.1.1　$R-2R$ 型 D/A 转换器的电路结构

扫一扫

DA 转换器的应用

D/A 转换器的基本思想是将数字量转换成与它等值的十进制数成正比的模拟量。D/A 转换器的种类很多，本任务以常用的 $R-2R$ 型 D/A 转换器为例来说明 D/A 转换器的基本原理。图 6－1 为 $R-2R$ 型 D/A 转换器原理图。

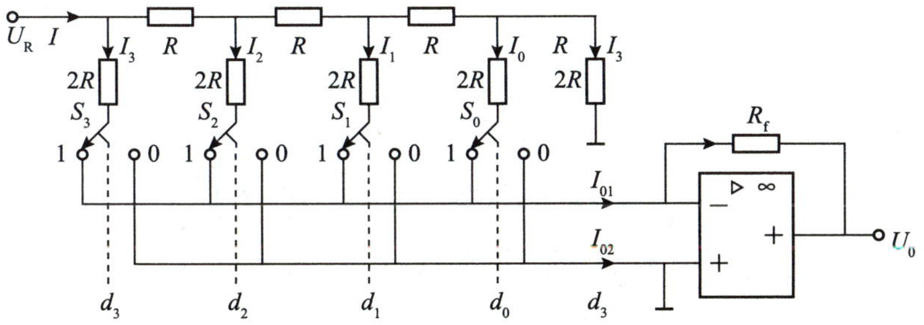

图 6－1　$R-2R$ 型 D/A 转换器原理图

1. 模拟开关

图 6-1 中，$S_3 \sim S_0$ 是模拟开关。模拟开关的导通压降要尽可能小且相等。模拟开关的状态受输入数字 $d_3 \sim d_0$ 的控制，若某位数字为 1，则开关合向 1 侧；反之，则合向 0 侧。

2. 电流求和及电流电压转换电路

对模拟开关 $S_3 \sim S_0$，当开关合向 1 侧时，其所在支路的电流流向运算放大器的反相输入端；当开关合向 0 侧时，其所在支路的电流流向运算放大器的同相输入端。I_{01} 是数字量为 1 对应的几个支路电流的和。根据运放的运算规律，I_{01} 与电阻 R_f 的乘积就是 D/A 转换器输出的模拟电压。

3. 基准电压

U_R 是由具有极高稳定度的电源提供的，是 D/A 转换器的基准电压。

6.1.2 R-2R 型 D/A 转换器的工作原理

图 6-1 中的运算放大器接成反向比例运算电路。根据“虚地”的概念，反相端与同相端等电位，即“0 V”，由此可知，无论模拟开关合向 0 侧还是合向 1 侧，与各开关相接的 2R 电阻都接地，所以流经各 2R 电阻的电流与开关的位置无关。因此，在分析计算时，可以将电阻网络等效为如图 6-2 所示的电路。

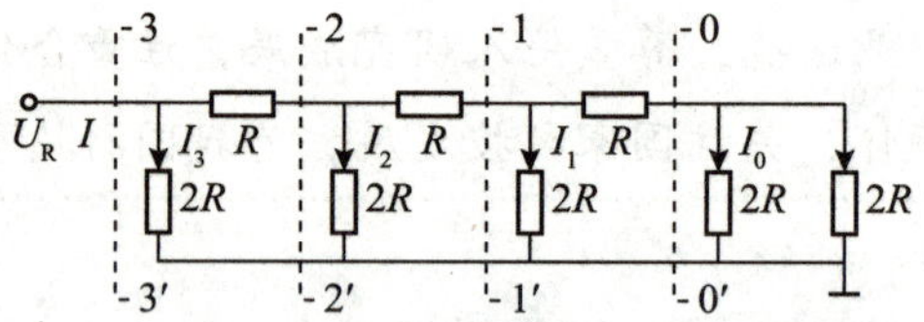

图 6-2 R-2R 型 D/A 转换器电阻网络的等效电路

由图 6-2 可以看出，从 0-0′、1-1′、2-2′、3-3′ 看进去的等效电阻均为 R，所以电阻网络的总电流 $I = \dfrac{U_R}{R}$，各支路电流为

$$I_3 = \frac{U_R}{2R} = \frac{U_R}{2^1 R} \quad I_2 = \frac{U_R}{4R} = \frac{U_R}{2^2 R} \quad I_1 = \frac{U_R}{8R} = \frac{U_R}{2^3 R} \quad I_0 = \frac{U_R}{16R} = \frac{U_R}{2^4 R}$$

所以流向运算放大器反相端的电流为

$$I_{01} = \frac{U_R}{2^4 R}\left(d_3 \cdot 2^3 + d_2 \cdot 2^2 + d_1 \cdot 2^1 + d_0 \cdot 2^0\right)$$

从而运算放大器的输出电压为

$$U_o = -I_{01} R_f = -\frac{U_R R_f}{2^4 R}\left(d_3 \cdot 2^3 + d_2 \cdot 2^2 + d_1 \cdot 2^1 + d_0 \cdot 2^0\right)$$

当 $R_f = R$，二进制数为 n 位时，U_o 可表示为

$$U_o = -\frac{U_R}{2^n R}\left(d_{n-1} \cdot 2^{n-1} + d_{n-2} \cdot 2^{n-2} + \cdots + d_0 \cdot 2^0\right)$$

上式说明，D/A 转换器输出的模拟量与输入的数字量成正比。

6.1.3　D/A 转换器的主要技术指标

1. 分辨率

分辨率表明 D/A 转换器对微小输入量变化的敏感程度，它是用其输出的最小模拟电压和最大模拟电压的比值来表示的。它确定了能由 D/A 转换器产生的最小模拟量的变化，因此分辨率还可以被定义为其输出模拟电压可能被分离的等级。输入数字量的位数越多，输出模拟电压的可分离等级越多，所以也可以用输入二进制数的位数来表示分辨率。二进制数的位数越多，分辨率越高。

2. 线性误差

D/A 转换器的实际转换值与理想转换特性之间的最大偏差相对于满量程的百分比称为线性误差。

3. 建立时间

建立时间是 D/A 转换器的一个重要性能参数，定义为：从输入数字信号起，到输出模拟电压或电流达到稳定值所用的时间。单片 D/A 转换器的建立时间最短可在 0.1 μs 以内。

4. 温度灵敏度

温度灵敏度是指输入的数字信号不变的情况下，模拟输出信号随温度的变化。一般 D/A 转换器的温度灵敏度为 $\pm 50\times 10^{-6}$/℃。

5. 输出电平

不同型号 D/A 转换器的输出电平相差较大，一般为 5 ~ 10 V，有的高压输出型的输出电平高达 24 ~ 30 V。

四、集成 D/A 转换器及其应用

集成 D/A 转换器目前广泛使用集成器件，常见的集成 DAC 芯片有 DAC0832、DAC1232 等。这些芯片尽管都能实现 D/A 转换，但性能指标上有较大差别，DAC0832 的分辨率为 8 位，而 DAC1232 的分辨率为 12 位，因此，使用时应根据实际需要选择不同型号的 DAC 芯片。下面仅介绍 DAC0832。

1.DAC0832 逻辑功能框图及引脚图

DAC0832 结构框图和引脚排列图如图 6-3 所示，它由 8 位输入寄存器、8 位 D/A 寄存器和 8 位 D/A 转换器组成。8 位 D/A 转换器由倒 T 型电阻网络和电子开关组成，其转换结果是电流输出，使用时需外接运算放大器。

DAC0832 芯片上各管脚的名称和功能说明如下。

（1）$D_0 \sim D_7$：8 位数据输入端。

（2）ILE：输入锁存选通端，高电平有效。

（3）$\overline{CS}$：片选信号输入端，低电平有效。当 $\overline{CS}=0$、$ILE=1$ 时选通 $\overline{WR}_1$。

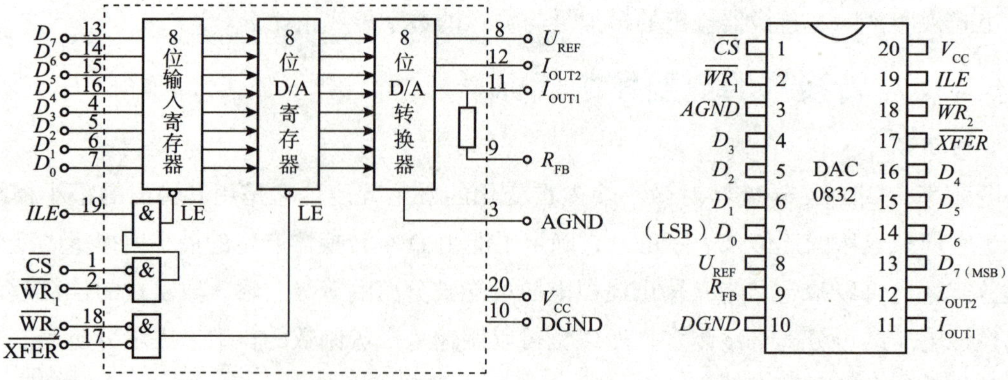

（a）内部结构　　　　（b）引脚图

图 6-3　DAC0832 的内部结构和引脚图

（4）$\overline{WR_1}$：写信号 1 端，低电平有效。当 $\overline{WR_1}=0$ 时，用来将输入数据送入输入寄存器中；当 $\overline{WR_1}=1$ 时，输入到寄存器中的数据被锁存，即寄存器中的数据不随输入数据而变。

（5）$\overline{WR_2}$：写信号 2 端，低电平有效。当 $\overline{WR_2}=0$ 时，输入寄存器中的数据传输到 D/A 寄存器中；当 $\overline{WR_2}=1$ 时，传输到 D/A 寄存器中的数据被锁存。

（6）$\overline{XFER}$：传输控制信号端，当 $\overline{XFER}=0$ 时，起选通 $\overline{WR_2}$ 的作用。

（7）I_{OUT1}、I_{OUT2}：D/A 转换器的电流输出端。I_{OUT1} 端应接外部运放的反相输入端；I_{OUT2} 端应接外部运放的同相输入端。

（8）R_{FB}：集成在片内的外接运放的反馈电阻。

（9）U_{REF}：基准电压输入端，可在 $-10\sim+10$ V 内选择。

（10）V_{CC}：电源电压端，选择范围 $-5\sim+15$ V。

（11）DGND：输入数字信号接地端。

（12）AGND：输出模拟信号接地端。

2. DAC0832 的工作方式

DAC0832 进行 D/A 转换，可以采用两种方式对数据进行锁存，即输入寄存器工作在锁存状态，而 D/A 寄存器工作在直通状态；输入寄存器工作在直通状态，而 D/A 寄存器工作在锁存状态。因此，DAC0832 有以下三种工作方式，见表 6-1。

表 6-1　DAC0832 的三种工作方式

方式	适用范围
直通方式	直通方式是输入寄存器和 D/A 寄存器都不锁存。数字量一旦输入，就直接进入 D/A 转换。这种方式适用于输入数字量变化缓慢的场合
单缓冲方式	单缓冲方式是在输入数字量送入 D/A 转换器进行转换的同时，将该数字量锁存在 D/A 寄存器中，以保证 D/A 转换器输入稳定，转换正常。此方式适用于只有一路模拟量输出或几路模拟量异步输出的情形
双缓冲方式	双缓冲方式是输入数字量在进入 D/A 转换器之前，需经过两个独立控制的寄存器。此方式适用于多个 D/A 转换同步输出的情形

3. DAC0832 的应用

由 DAC0832 组成的阶梯脉冲发生器如图 6－4 所示，DAC0832 工作在直通方式。集成二进制计数器 74LS161 的输出 $Q_3 \sim Q_0$ 作为 DAC0832 低位数据 $D_3 \sim D_0$ 的输入信号，DAC0832 的高位数据输入端 $D_7 \sim D_4$ 都接地。当计数器的状态在 0000～1111 之间循环变化时，在电路的输出端 u_O 就得到 16 个阶梯脉冲电压波形。

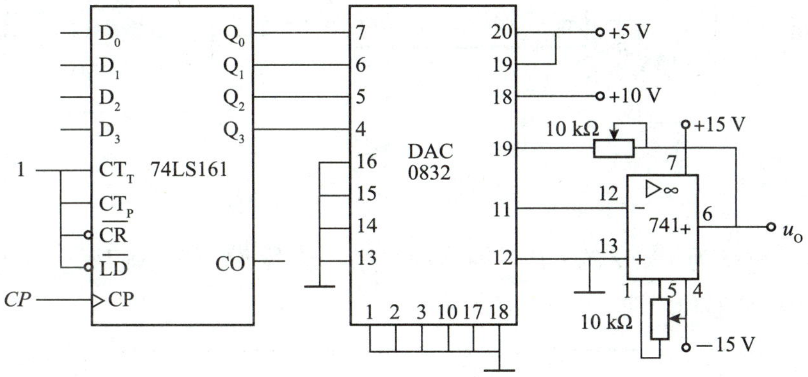

图 6－4　由 DAC0832 组成阶梯脉冲发生器

课后实训

一、实训名称

阶梯脉冲发生电路的仿真测试。

二、实训目的

（1）学习 D/A 转换器的工作原理。

（2）学习 D/A 转换器应用电路的测试方法。

三、仪器设备及元器件

电脑、仿真软件、示波器、电源、可调电阻、电阻、电容、电感等电子元器件、导线。

四、实训步骤

（1）用仿真软件创建如图 6－5 所示阶梯脉冲发生器仿真电路。D/A 转换器选用 8 位权电流型 IDAC8。将同步二进制计数器 74LS161 的输出 $Q_3 \sim Q_0$ 接 IDAC8 的 $D_3 \sim D_0$，并将 IDAC8 的 $D_7 \sim D_4$ 接低电平 0。

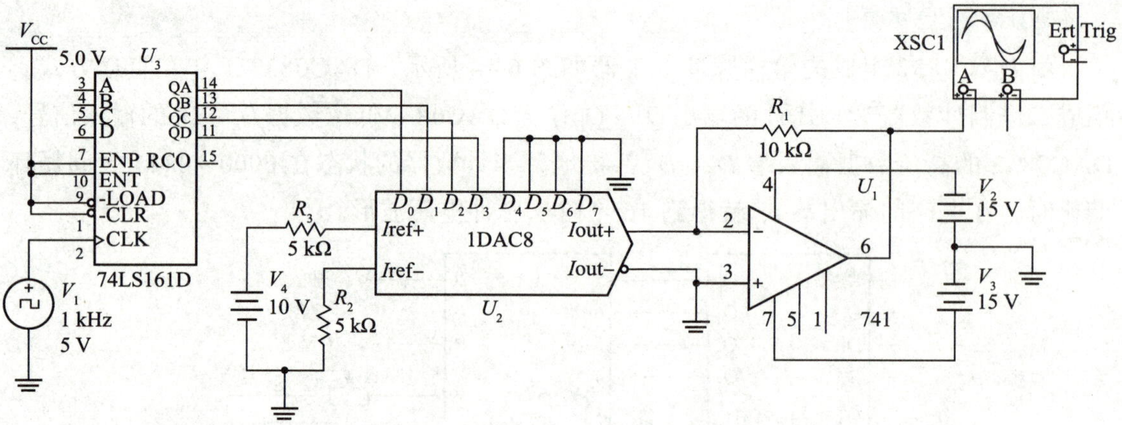

图 6-5　阶梯脉冲发生器仿真电路

（2）接入频率为 1 kHz 的 *CP* 时钟脉冲，用示波器观察输出波形，如图 6-6 所示。记录电路的输出波形和周期。

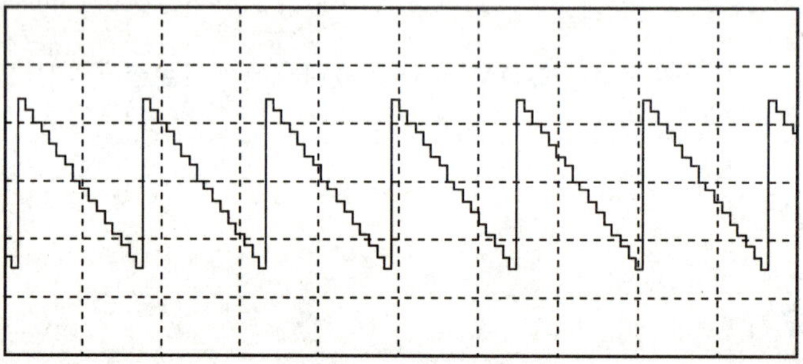

图 6-6　阶梯脉冲发生器仿真电路输出波形

五、训练要求

（1）完成电路的仿真测试，整理所测实验数据和波形。

（2）总结 D/A 转换器的应用方法。

任务 2　A/D 转换器的应用

A/D 转换器，其主要职责是将模拟信号转换为多位的二进制数字信号输出。为完成此任务，存在多种方法，例如逐次逼近法、双积分法以及电压频率转换法等。同时，A/D 转换器的种类繁多，各具特色。

并联比较型 A/D 转换器以其快速转换速度而著称，但其需要大量的比较器和触发器。随着分辨率的提升，所需元件数量呈几何级数增长。

双积分型 A/D 转换器则以其稳定的性能、高精度的转换结果以及出色的抗干扰能力而受到关注。其电路结构简单，但工作速度相对较慢。因此，它更适合那些对转换精度要求较高，而对速度要求相对较低的场合，如数字万用表等检测仪器。

逐次逼近型 A/D 转换器在分辨率、误差以及转换速度方面均表现出色，它在一定程度上融合了前两种转换器的优点，因此得到了广泛应用。

6.2.1 *n* 位逐次逼近型 A/D 转换器的电路结构

n 位逐次逼近型 A/D 转换器框图如图 6－7 所示。它由置数控制逻辑电路、时序脉冲发生器、逐次逼近寄存器、D/A 转换器及电压比较器等组成。

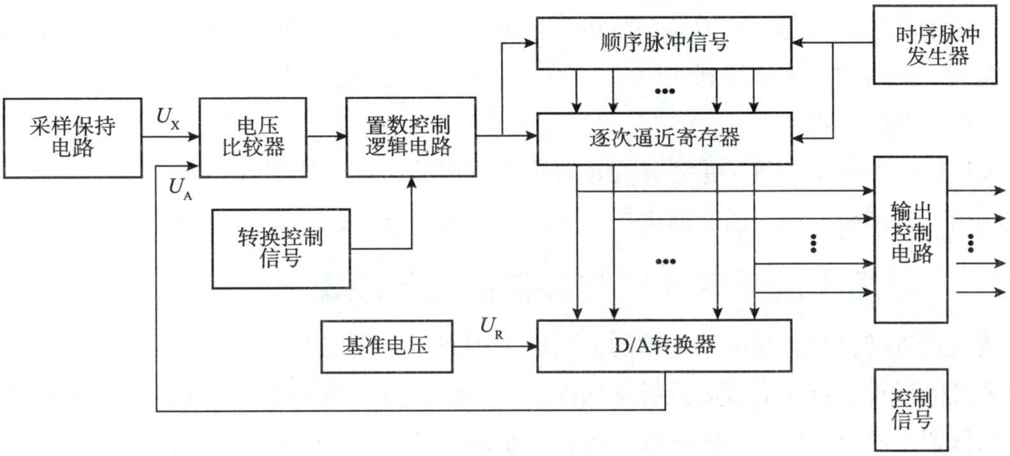

图 6－7 *n* 位逐次逼近型 A/D 转换器框图

下面就以逐次逼近型 ADC 为例说明 A/D 转换器的工作原理。

1. 时序脉冲发生器

时序脉冲发生器由移位寄存器或计数器组成，作用是产生在时间上有先后顺序的脉冲信号，使 A/D 转换器的转换工作能有序进行。

2. D/A 转换器

D/A 转换器的作用是把逐次逼近寄存器中的数字量转换成模拟电压，并将其输出的模拟电压 U_A 传送到电压比较器的输入端。

3. 电压比较器

电压比较器的作用是将输入的模拟电压 U_X 与 D/A 转换器的输出电压 U_A 进行比较，并将比较结果提供给置数控制逻辑电路。

4. 置数控制逻辑电路

置数控制逻辑电路的作用是，根据电压比较器输出的信号，对应每个顺序脉冲，输出一个置数控制信号。若 $U_X>U_A$，则置数控制逻辑电路产生的信号使逐次逼近寄存器中本次置 1 的数字位保留 1；若 $U_X<U_A$，则置数控制逻辑电路产生的信号使逐次逼近寄存器中本次置 1 的数字位变为 0。

5. 逐次逼近寄存器

逐次逼近寄存器的作用是，在顺序脉冲信号的作用下，根据置数控制逻辑电路的状态产生相应的数字量，并保存数据。逐次逼近寄存器第一次置数应使 n 位数字量的最高位置 1，其余位置 0。以后怎样置数取决于置数控制逻辑电路的状态。这部分的作用就好像用砝码称物时一次次加减砝码一样。

6. 采样保持电路

采样保持电路的功能在于，将连续变化的模拟信号转化为离散时间点的模拟信号。为确保能够精确反映实际模拟信号的变化情况，采样电路需具备足够高的工作频率，从而使得转换后的数字信号与原始模拟信号更为接近。此外，考虑到模拟信号与数字信号之间的转换需要一定时间，采样得到的模拟电压在特定时间段内必须保持稳定。

7. 输出控制电路

A/D 转换器输出的数字量要先通过输出控制电路，再向外部电路传送。一般输出控制电路是由三态门组成的，通过输出控制电路可以对输出数据进行三态控制。

6.2.2 n 位逐次逼近型 A/D 转换器的工作原理

逐次逼近转换过程与天平称物的方法颇为相似。在使用天平称重时，我们遵循一个有序且系统的过程：首先尝试放置最重的砝码，并将其与被称物体进行比较。若物体重于砝码，则保留该砝码；反之，则移除。接着，添加第二个次重砝码，并根据物体的重量与砝码的比较结果，决定是保留还是移除该砝码。这一过程持续进行，直至最小的砝码被考虑。最终，通过将所有保留的砝码重量相加，我们可以准确得出物体的重量。

逐次逼近型 A/D 转换器的工作原理与这一过程相似。它通过将输入模拟信号与不同的参考电压进行多次比较，使转换得到的数字量在数值上逐渐接近输入模拟量所对应的实际值。这种方法确保了转换的准确性和可靠性。

下面用实例说明逐次逼近 A/D 转换器的工作原理及转换过程。

【例】设图 6-8 电路为 4 位 A/D 转换器，输入模拟量 $U_X=5.4$ V，D/A 转换器基准电压 $U_A=8$ V。电压比较器按图 6-5 连接。写出输出的数字量。

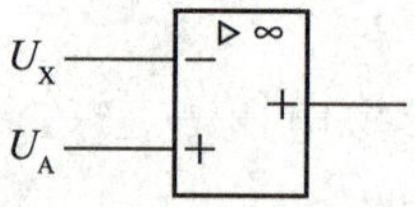

图 6-8 A/D 转换器中的比较器

【解】根据逐次逼近 D/A 转换器的工作原理，转换过程如下。

① 在第一个顺序脉冲 CP 到来时，置数控制逻辑电路产生的信号使逐次逼近寄存器第一次置数，将 4 位二进制数的最高位置 1，其余位置 0，即置数为 1 000。

1 000 经 D/A 转换输出的模拟电压为 $U_A=\frac{8}{2^4}(2^3+0+0+0)=4$ V，由于 4<5.4，即

$U_A < U_X$，所以电压比较器的输出为低电平，这个低电平信号送到置数控制逻辑电路。

② 由于 4<5.4，所以第一次置数使最高位所置的 1 应保留。在第二个顺序脉冲 CP 到来时，置数控制逻辑电路产生的信号使逐次逼近寄存器置数为 1100，即将次高位也置 1，其余位置 0。

1 100 经 D/A 转换输出的模拟电压为 $U_A = \frac{8}{2^4}(2^3 + 2^2 + 0 + 0) = 6\ \text{V}$，由于 6>5.4，即 $U_A > U_X$，所以电压比较器的输出为高电平，这个高电平信号送到置数控制逻辑电路。

③ 由于 6>5.4，所以次高位置数 1 应去除而变为 0。第三个顺序脉冲 CP 到来时，置数控制逻辑电路产生的信号使逐次逼近寄存器置数为 1010，1010 经 D/A 转换输出的模拟电压为 $U_A = \frac{8}{2^4}(2^3 + 0 + 2^1 + 0) = 5\ \text{V}$，由于 5<5.4，即 $U_A < U_X$，所以电压比较器的输出为低电平，这个低电平信号送到置数控制逻辑电路。

④ 由于 5<5.4，所以从高至低第三位置数 1 应保留。第四个顺序脉冲 CP 到来时，置数控制逻辑电路产生的信号使逐次逼近寄存器置数为 1011，1011 经 D/A 转换输出的模拟电压为 $U_A = \frac{8}{2^4}(2^3 + 0 + 2^1 + 2^0) = 5.5\ \text{V}$。

这样，经过四个顺序脉冲后，输入的模拟量 5.4 V 被转换成数字量 1011，这个数字量通过数据线输出，转换误差是 0.1 V。置数过程见表 6-2。显然，如果 A/D 转换器中逐次逼近寄存器的二进制数位数越多，误差将会越小。

表 6-2　顺序置数表

顺序脉冲 CP	置数				D/A 转换器的输出	比较判别	保留 / 去除本次置 1
	D_3	D_2	D_1	D_0			
1	1	0	0	0	4 V	4<5.4	留
2	1	1	0	0	6 V	6>5.4	去
3	1	0	1	0	5 V	5<5.4	留
4	1	0	1	1	5.5 V	5.5>5.4	留

知识拓展

D/A 和 A/D 转换器的应用领域

D/A 和 A/D 转换器的应用发展非常广泛，以下是一些主要应用领域。

1. D/A 转换器

（1）数字信号处理

在数字信号处理中，D/A 转换器用于将数字信号转换为模拟信号，以便于硬件设备进行处理和执行。

（2）数据采集系统

在数据采集系统中，D/A 转换器用于将计算机输出的数字信号转换为模拟信号，驱动执行机构进行测量和控制。

（3）仪器仪表

在仪器仪表领域，D/A 转换器用于连接计算机和仪器设备，实现数字化和智能化的仪器仪表。

（4）通信领域

在通信领域中，D/A 转换器用于将数字信号转换为模拟信号，以便于传输和接收。

2. A/D 转换器

（1）图像处理

在图像处理中，A/D 转换器用于将模拟图像信号转换为数字信号，以便于计算机进行图像识别和处理。

（2）音频处理

在音频处理中，A/D 转换器用于将音频信号转换为数字信号，以便于进行音频编辑和处理。

（3）医疗影像

在医疗影像领域，A/D 转换器用于将医学影像（如 X 光、CT、MRI 等）转换为数字信号，以便于医生进行诊断和治疗。

（4）自动驾驶

在自动驾驶领域，A/D 转换器用于将传感器采集的模拟信号转换为数字信号，以便于计算机进行自动驾驶决策。

随着科技的不断发展，D/A 和 A/D 转换器的应用领域还将不断扩大。未来，这些转换器将在更多领域中发挥重要作用，如物联网、人工智能、机器人等领域。同时，随着技术的发展，转换器的性能和精度也将不断提高，为各种应用提供更好的支持。

6.2.3 A/D 转换器的主要技术指标

1. 分辨率

A/D 转换器的分辨率以输出二进制数的位数来表示。它说明 A/D 转换器对输入信号的分辨能力。从理论上讲，n 位输出的 A/D 转换器能区分 2^n 个不同等级的输入模拟电压，能区分输入电压的最小值为满量程输入的 $1/2^n$。在最大输入电压一定时，输出位数愈多，分辨率愈高。例如 A/D 转换器输出为 8 位二进制数，输入信号最大值为 5 V，那么这个转换器应能区分出输入信号的最小电压为 19.53 mV.

2. 转换误差

转换误差通常是以输出误差的最大值形式给出。它表示 A/D 转换器实际输出的数字量和理论上的输出数字量之间的差别，常用最低有效位的倍数表示。例如，给出相对误差不大于 ±LSB/2（LSB 为最低有效位），这就表明实际输出的数字量和理论上应得到的输出数字量之间的误差小于最低位的半个字。

3. 转换速度

转换速度是指 A/D 转换器从转换控制信号到来开始，到输出端得到稳定的数字信号所经过的时间。A/D 转换器的转换时间与转换电路的类型有关。不同类型的转换器转换速度相差甚远。其中并行比较 A/D 转换器的转换速度最高，8 位二进制输出的单片集成 A/D 转换器转换时间可达到 50 ns 以内；逐次比较型 A/D 转换器次之，它们多数转换时间在 10 ~ 50 μs 以内；间接 A/D 转换器的速度最慢，如双积分 A/D 转换器的转换时间大都在几十毫秒至几百毫秒之间。

4. 相对精度

A/D 转换器的相对精度是指实际的各个转换点偏离理想特性的误差。在理想状态下，所有的转换点应当在一条直线上。

5. 电源抑制

在模拟电压保持恒定的条件下，转换电路的供电电源波动会导致输出产生相应变化。这种变化可以通过输出数字量的绝对变化量进行量化分析。A/D 转换器中基准电压的稳定性对转换结果的准确性具有直接影响，因此，确保电源电压的稳定性至关重要。为了确保A 除上述几项外，A/D 转换器还有功率消耗、温度系数、输入模拟电压范围和输出数字信号的逻辑电平等指标。

常用的集成逐次逼近型 A/D 转换器有 ADC0808/0809（8 位输出）、AD575（10 位输出）、AD574A（16 位输出）等。

6.2.4　集成 A/D 转换器及应用

集成 A/D 转换器规格品种繁多，常见的逐次逼近型 A/D 转换器有 8 位的 ADC0801/02/03/04，8 路 8 位的 ADC0809，具有内部采样保持电路的 8 位 AD7575、10 位 ADC1034、12 位 AD7896 等。常用单片双积分型 A/D 转换器信号有 $3\frac{1}{2}$14433、7126，$4\frac{1}{2}$7135 等。这里主要介绍 8 位逐次逼近型 ADC0804，因其价格低廉而在性能要求不高的场合得到广泛应用。

ADC0804 是单通道、8 位 A/D 转换器，具有 TTL 或 CMOS 标准接口，可以满足差分电压输入，具有输出数据锁存器，可直接与微机芯片的数据总线相连接，其引脚图如图 6－9 所示。

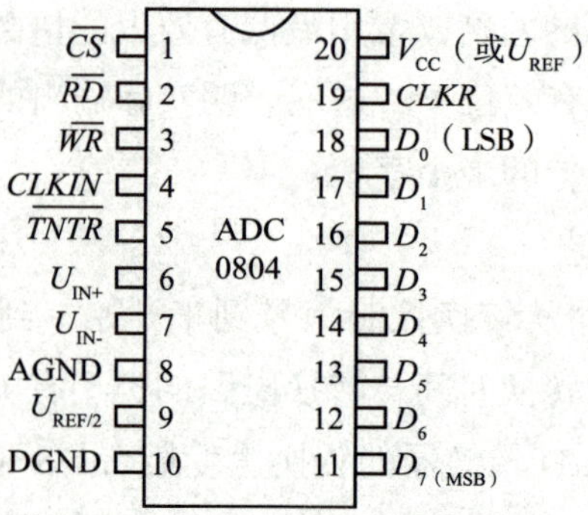

图 6-9　ADC0804 的引脚图

1. ADC0804 的主要参数

工作电压：+5 V 单电源供电。

模拟输入电压范围：0~+5 V。

分辨率：8 位，转换值范围为 0~255。

转换时间：100 μs。

转换误差：±1LSB。

2. ADC0804 各引脚功能

（1）$\overline{CS}$：片选信号输入端，低电平有效。

（2）$\overline{RD}$：及读信号输入端，低电平有效。当 $\overline{CS}$ 和 $\overline{RD}$ 均有效时，可读取转换后的输出数据。

（3）$\overline{WR}$：写信号输入端，低电平有效，当 $\overline{CS}$ 和 $\overline{WR}$ 均有效时，启动 A/D 转换。

（4）$\overline{INTR}$：转化结束输出信号，低电平有效。转换开始后，为高电平；转换结束后，变为低电平。

（5）$U_{REF}/2$：基准电压输入端。

（6）CLKIN：时钟信号输入端。

（7）CLKR：内部时钟发生器外接电阻端，与 CLK IN 端配合可由芯片产生时钟脉冲。

（8）U_{IN+}、U_{IN-}：模拟信号输入端，可接收单极性、双极性和差分输入信号。

（9）$D_0 \sim D_7$：8 位数据输出线，有三态功能，能与微机总结相接。

（10）AGND：模拟信号地。

（11）DGND：数字信号地。

3. ADC0804 的应用

图 6-10 为 ADC0804 工作在连续转换状态时的应用电路。图中，u_I 为模拟输入电压。CLKR 和 CLK IN 端所接的电阻 R 和 C 用来调节芯片产生的时钟脉冲频率。$\overline{CS}$ 和 $\overline{WR}$ 端接地，允许电路开始转换；因为不需要外电路读取转换结果，也将 $\overline{RD}$ 和 $\overline{INTR}$ 端接地，此时在时钟脉冲的控制下，ADC0804 对输入电压 u_I 进行模数转换。8 位二进制输出端 $D_0 \sim D_7$

接至发光二极管，当输出端为高电平时，发光二极管不亮；输出为低电平时，其对应的发光二极管点亮。通过发光二极管的亮灭，就可以得到 A/D 转换的结果。改变输入模拟电压的值，可以得到不同的二进制输出值。

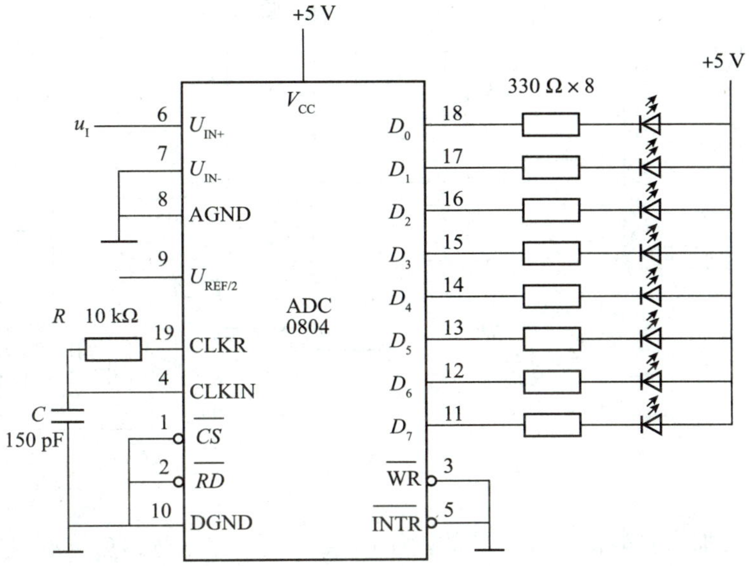

图 6–10　ADC0804 的应用电路

课后实训

一、实训名称

ADC 和 DAC 应用电路的仿真测试。

二、实训目的

（1）学习 ADC0804 和 DAC0832 的使用方法。

（2）学会 ADC 和 DAC 应用电路的测试方法。

三、仪器设备及元器件

数字实验系统、双踪示波器、函数发生器、ADC0804、DAC0832、电位器、电容 150 pF。

四、实训步骤

1. 用仿真软件创建仿真参考电路

（1）用仿真软件创建仿真参考电路，如图 6–11 所示。A/D 转换器选用 8 位 A/D 转换器。用探针显示 A/D 转换器的 8 位输出，同时将 A/D 转换器的 8 位输出接 IDAC8 的输

入端 $D_7 \sim D_0$。调节电位器 R_1 改变输入电压 u_I，观测 A/D 转换器的输出数字量和运放的输出电压的变化。

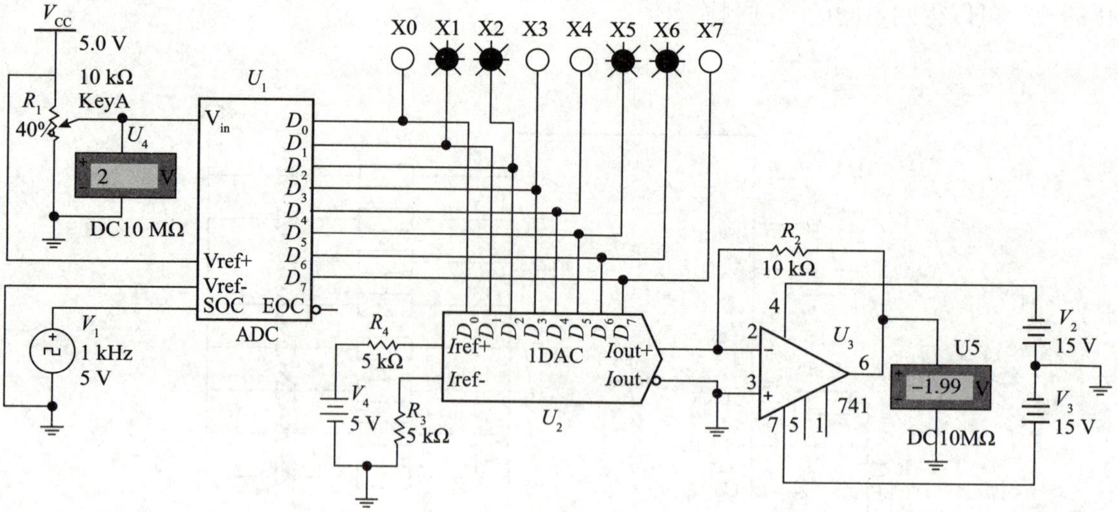

图 6-11　仿真参考电路

（2）在 u_I 端加入峰峰值为 4 V、频率为 10 Hz 的单极性正弦波，观察并记录的波形。仿真参考电路如图 6-12 所示。

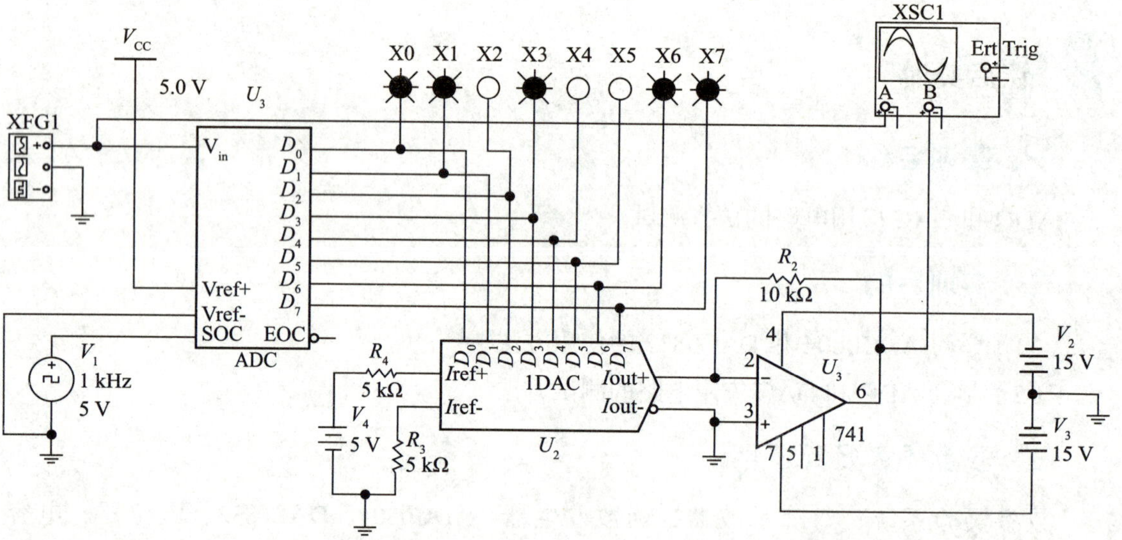

图 6-12　加入正弦波输入的仿真参考电路

2. 连接电路

由 ADC0804 和 ADC0832 构成的应用电路如图 6-13 所示，按图连接电路。

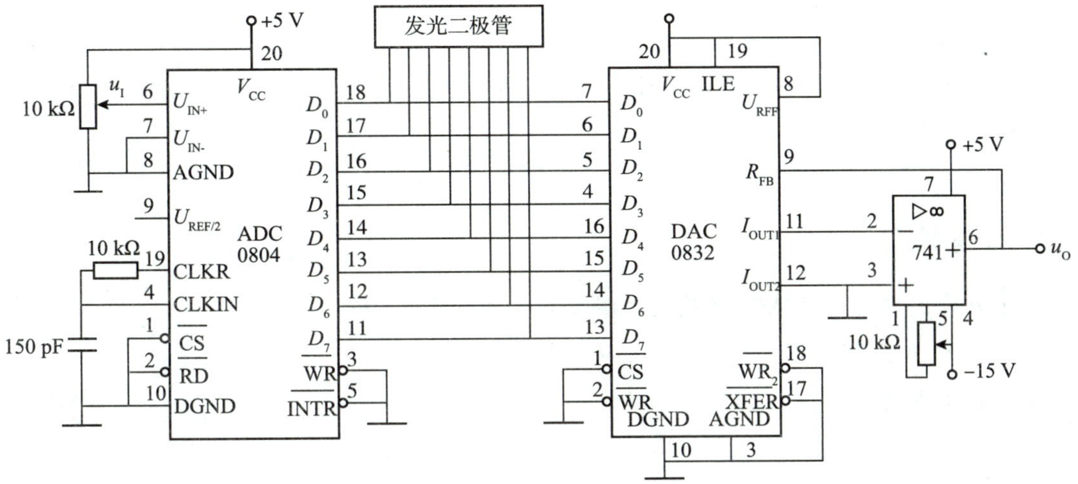

图 6-13　ADC 和 DAC 应用电路

（1）调节 10 kΩ 电阻器使输入电压 u_I，在 0～5 V 范围内变化，测试 ADC0804 的数字信号 D_7～D_0 和集成运放 741 的模拟输出电压值 u_O，填入表 6-3。

表 6-3　输出数字值和输出电压值

u_I（V）	0.5	1	1.5	2	2.5	3	3.5	4	4.5	5
D7～D0										
u_o										

（2）在 u_I 端加入峰值为 4 V，频率为 10 Hz 的单极性正弦波，观察并记录 u_O 的波形。

五、实训要求

（1）完成 A/D 转换器和 D/A 转换器应用电路的仿真测试。

（2）整理所测实验数据，画出输出电压 u_O 和输入电压 u_I 的波形。

项目小结

D/A 转换器和 A/D 转换器是电子系统中的重要组成部分，分别用于数字模拟信号转换和模拟数字信号转换。

$R-2R$ 型 D/A 转换器是一种具有代表性的数字模拟转换器，其电路结构简单，通过电阻网络实现数字模拟转换。$R-2R$ 型 D/A 转换器的工作原理是将输入的数字信号转换成模拟信号，通过电阻网络逐级逼近实现转换。其主要技术指标包括分辨率、转换速度、温度漂移等。在实际应用中，集成 D/A 转换器具有易于使用、稳定可靠、精度高等优点。

A/D 转换器是另一种重要的电子转换器，主要用于模拟数字转换。n 位逐次逼近型

A/D 转换器是其中一种常见的工作原理，通过比较器和寄存器实现逐次逼近。其主要技术指标包括分辨率、转换速度、功耗等。集成 A/D 转换器在应用中具有精度高、功耗低、易于使用等优点。

思考练习

1. *n* 位逐次逼近型 A/D 转换器由哪些部件组成？
2. 集成 A/D 转换器的种类有哪些？
3. *n* 位逐次逼近型 A/D 转换器的电路结构有哪些？

参 考 文 献

[1] 叶挺秀，潘丽萍，张伯尧 . 电工电子学 [M]. 5 版 . 北京：高等教育出版社，2021.

[2] 韩雪涛 . 零基础学电子元器件检测与应用 [M]. 北京：机械工业出版社，2021.

[3] 范立娜，王立夫 . 电力电子技术及其系统仿真 [M]. 北京：机械工业出版社，2022.

[4] 李晶皎，王爱侠，闫爱云 . 电子工业出版社 [M]. 北京：电子工业出版社，2022.

[5] 方元 . 电子学基础实验 [M]. 南京：南京大学出版社，2023.

[6] 詹义强 . 半导体光电子学 [M]. 北京：科学出版社，2023.

[7]][美] 保罗·霍洛维茨（Paul Horowitz）等 . 电子学的艺术 [M]. 北京：机械工业出版社，2024.

[8] 哈尔滨工业大学电工学教研室 . 电工学（第 8 版）（下册）[M]. 北京：高等教育出版社，2024.

[9] 李正军 . 零基础学电子系统设计：从元器件、工具仪表、电路仿真到综合系统设计 [M]. 北京：清华大学出版社，2024.